Wissenschaftliche Taschenbücher WTB

Chemie

Klaus Kühne

Werkstoff Glas

Akademie-Verlag · Berlin

WTB Wissenschaftliche Taschenbücher

GÜNTHER WAGNER
HANS KÜHMSTEDT
Pharmazeutische Chemie

ROLF SCHÖLLNER
Die Oxydation organischer Verbindungen mit Sauerstoff

ULRICH BEHRENS
MANFRED RINGPFEIL
Mikrobielle Polysaccharide

MARTIN FINKE
WALTER LEIPNITZ
Moderne Methoden der Erdölanalyse

ERICH GUNDERMANN
Chemie und Technologie des Braunkohlenteers

GERHARD KEMPTER
Struktur und Synthese von Vitaminen

FRIEDRICH JACOB
Bewegungsphysiologie der Pflanzen

HELLMUTH GÄBLER
Forstschutz

ALFRED PALISSA
Bodenzoologie in Wissenschaft, Naturhaushalt und Wirtschaft

LUDWIG SPANNHOF
Zellen und Gewebe der Tiere

JOACHIM RIEMER
Quantitative organische Mikroanalyse

ALFRED FRIESER
Mikrowellenmeßtechnik

HANS-WERNER NOLTE
Pflanzenschutz in der Landwirtschaft

WERNER HABERDITZL
Magnetochemie

HARRY PAUL
Lasertheorie, Teil I und II

D. TER HAAR
Quantentheorie

J. H. SANDERS
Die Lichtgeschwindigkeit

JEAN KUNTZMANN
Unendliche Reihen

JEAN KUNTZMANN
Systeme von Differentialgleichungen

JEAN KUNTZMANN
Komplexe Veränderliche

FERDINAND CAP
Einführung in die Plasmaphysik
I. Theoretische Grundlagen

FERDINAND CAP
Einführung in die Plasmaphysik
II. Wellen und Instabilitäten

FERDINAND CAP
Einführung in die Plasmaphysik
III. Magnetohydrodynamik

J. A. ROSANOW
Wahrscheinlichkeitstheorie

HARRY PFEIFER
Theorie linearer Bauelemente
Elektronik für den Physiker I

HARRY PFEIFER
Die Elektronenröhre
Elektronik für den Physiker II

HARRY PFEIFER
Schaltungen mit Elektronenröhren
Elektronik für den Physiker III

HARRY PFEIFER
Leitungen und Antennen
Elektronik für den Physiker IV

HARRY PFEIFER
Mikrowellenelektronik
Elektronik für den Physiker V

HARRY PFEIFER
Halbleiterelektronik
Elektronik für den Physiker VI

HARRY PFEIFER
Schaltungen mit Transistoren
Elektronik für den Physiker VII

STEPHEN G. BRUSH
Kinetische Theorie, Teil I und II

EBERHARD HOFMANN
Eiweiße und Nucleinsäuren als biologische Makromoleküle
Dynamische Biochemie, Teil I

EBERHARD HOFMANN
Enzyme und energiebereitstellende Reaktionen des Stoffwechsels
Dynamische Biochemie, Teil II

EBERHARD HOFMANN
Der Stoffwechsel lebendiger Systeme und seine Regulation
Dynamische Biochemie, Teil III

EBERHARD HOFMANN
Grundlagen der Molekularbiologie und Regulation des Zellstoffwechsels
Dynamische Biochemie, Teil IV

HERBERT GOERING
Elementare Methoden zur Lösung von Differentialgleichungsproblemen

PETER KRUMBIEGEL
Isotopieeffekte

D. M. BRINK
Kernkräfte

DIETER ONKEN
Steroide

DIETER KLAUA
Elementare Axiome der Mengenlehre
Einführung in die Allgemeine Mengenlehre I

GÜNTER TEMBROCK
Grundlagen der Tierpsychologie

J. F. VINSON
Optische Kohärenz in der klassischen Theorie und in der Quantentheorie

W. R. HINDMARSH
Atomspektren

GÜNTER TEMBROCK
Biokommunikation
Informationsübertragung im biologischen Bereich
Teil I und II

DIETER MERKEL
Riechstoffe

JOHN CUNNINGHAM
Vektoren

ERNST SCHMUTZER
Symmetrien und Erhaltungssätze der Physik

GERHARD LERCH
Pflanzenökologie

MICHAEL GÖSSEL
Angewandte Automatentheorie, Band I

MICHAEL GÖSSEL
Angewandte Automatentheorie, Band II

HEINRICH KINDLER
Der Regelkreis

A. R. Kessel
Akustische Kernresonanz

Wolfram Brauer
Hans-Waldemar Streitwolf
Theoretische Grundlagen der Halbleiterphysik

Harry Paul
Nichtlineare Optik, Teil I und II

Dieter Klaua
Grundbegriffe der axiomatischen Mengenlehre,
Teil 1 und 2
Einführung in die Allgemeine Mengenlehre II

E. G. Golstein
Konvexe Optimierung

Eberhard Teuscher
Pharmakognosie, Teil I und II

Siegfried Hauptmann
Über den Ablauf organisch-chemischer Reaktionen

A. S. Sonin
B. A. Strukow
Einführung in die Ferroelektrizität

L. A. Skornjakow
Elemente der Verbandstheorie

Hans-Martin Barchet
Chemie photographischer Prozesse

R. A. R. Tricker
Frühe Elektrodynamik

N. D. Shewandrow
Die Polarisation des Lichtes

A. A. Smirnow
Metallphysik

Volker Kempe
Theorie stochastischer Systeme

Rolf Borsdorf
Manfred Scholz
Spektroskopische Methoden in der organischen Chemie

Klaus Odening
Parasitismus

Wolfgang Pauli
Vierpoltheorie und ihre Anwendung auf elektronische Schaltungen

Dieter Klaua
Kardinal- und Ordinalzahlen,
Teil 1 und 2
Einführung in die Allgemeine Mengenlehre III

R. A. R. Tricker
Die Beiträge von Faraday und Maxwell zur Elektrodynamik

Hans Dawczynski
Temperaturbeständige Faserstoffe aus organischen Polymeren

Hans Dawczynski
Temperaturbeständige Faserstoffe aus anorganischen Polymeren

Helmut Friemel
Josef Brock
Grundlagen der Immunologie

Gerald Wolf
Neurobiologie

Horst Kehlen
Frank Kuschel
Horst Sackmann
Grundlagen der chemischen Kinetik

Hans Bergner
Tierernährung

Ulrich Sedlag
Biologische Schädlingsbekämpfung

Martin Schmidt
Pflanzenschutz im Gartenbau

WOLFGANG WAGNER
Chemische Thermodynamik

HANNELORE FISCHER
JOACHIM PIEHLER
Modellsysteme der Operationsforschung

ALBERT EINSTEIN
Grundzüge der Relativitätstheorie

ALBERT EINSTEIN
Über die spezielle und die allgemeine Relativitätstheorie

MICHAEL GÖSSEL
Wahrscheinlichkeitsautomaten und Zufallsfolgen

HANS-JÜRGEN TREDER
Elementare Kosmologie

PETER PAUFLER
DIETER LEUSCHNER
Kristallographische Grundbegriffe der Festkörperphysik

PAUL HOFFMANN
Photosynthese

WOLFGANG MEILING
Kernphysikalische Elektronik

WERNER DÖPKE
Stereochemie organischer Verbindungen

SIEGFRIED BREHMER
Einführung in die Maßtheorie

ULRICH RÖSEBERG
Determinismus und Physik

I. S. SHELUDEW
Elektrische Kristalle

DIETRICH BENDER
ERNST-EGON PIPPIG
Einheiten — Maßsysteme — SI

VOLKER KEMPE
Analyse stochastischer Systeme, Teil I

DIETER KÖNIG
DIETRICH STOYAN
Methoden der Bedienungstheorie

HEINZ GEILER
Ökologie der Land- und Süßwassertiere

HANS BANDEMER
ANDREAS BELLMANN
WOLFHART JUNG
KLAUS RICHTER
Optimale Versuchsplanung

KONRAD KREHER
Festkörperphysik

JOACHIM NITSCHMANN
Entwicklung bei Mensch und Tier

KLAUS KÜHNE
Werkstoff Glas

Vorschau auf die nächsten Bände:

REGINE WITKOWSKI
FALKO H. HERRMANN
Einführung in die klinische Genetik

WOLFGANG SCHÄFER
Theoretische Grundlagen der Stabilität technischer Systeme

WTB

BAND 176

Klaus Kühne

Werkstoff Glas

Mit 77 Abbildungen und 13 Tabellen

AKADEMIE-VERLAG · BERLIN

Reihe CHEMIE

Herausgegeben im Auftrage
der Akademie der Wissenschaften der DDR

von
Prof. Dr. H. Klare, Berlin
Prof. Dr.-Ing. Dr. h. c. E. Leibnitz, Berlin
Prof. Dr.-Ing. Dr. h. c. mult. K. Schwabe, Meinsberg
Prof. Dr. Dr. h. c. E. Thilo, Berlin

Verantwortlicher Herausgeber dieses Bandes:
Prof. Dr. Dr. h. c. E. Thilo

Verfasser:
Prof. Dr. rer. nat. habil. Klaus Kühne
Zentralinstitut für Anorganische Chemie der Akademie der Wissenschaften der DDR
Berlin

1976
Erschienen im Akademie-Verlag, 108 Berlin, Leipziger Straße 3—4

Lizenznummer: 202 · 100/540/76
Herstellung: VEB Druckhaus „Maxim Gorki“, 74 Altenburg
Bestellnummer: 762 039 7 (7176) · LSV 1254
Printed in GDR
12,50

Inhalt

1. Zur Geschichte des Glases

Wenn wir heute die Summe unseres Wissens über die Eigenschaftsbildung und -wandlung der Stoffe vom Standpunkt der exakten Wissenschaften aus betrachten, so müssen wir erkennen, daß nicht immer unsere Kenntnisse fundiert sind und das gerade auf solchen Gebieten die Empirie noch immer vordergründig ist, auf denen jahrtausendelange Erfahrungen gesammelt werden konnten. Eine solche Feststellung trifft mit Sicherheit für den Werkstoff Glas zu. Seit dem Beginn unseres Jahrhunderts wird es aber zunehmend deutlicher, welche Möglichkeiten der Anwendung gerade dieser Werkstoff in seiner Vielgestaltigkeit bietet, weit über den Bereich hinaus, für den er über die Jahrtausende Verwendung fand. Der zunehmende wissenschaftliche Erkenntnisprozeß bestätigt und festigt in den meisten Fällen das seit frühester Zeit angereicherte Wissen. Diese Tatsache aber ist immerhin so bemerkenswert, daß eine Darstellung unseres heutigen Wissensstandes nicht erfolgen sollte, ohne zuvor die mehrtausendjährige Geschichte des Glases, zumindest in großen Zügen, betrachtet zu haben.

1.1. Die Vorstufen der Glaserzeugung

Die frühesten Erkenntnisse über die Nutzung von Stoffwandlungsprozessen zur Erzeugung silikatischer Kunstprodukte wurden offensichtlich von den kulturell hochentwickelten Völkern der Frühzeit am Euphrat und Tigris, am Nil und vielleicht auch am Indus zusammengetragen. Aus dieser frühen Zeit sind Gebrauchs- und

Kultgegenstände aus derartigen Stoffen, meist in Form von Grabbeigaben, erhalten geblieben. Nicht immer ist erkennbar, wie und auf welchem Wege diese Gegenstände hergestellt wurden, so daß heute vielfach Versuche zu ihrer Reproduktion durchgeführt werden müssen, um die Geheimnisse dieser frühen Techniken aufzudecken. Über die ersten Anfänge der Glaserzeugung gibt es in der Literatur recht widerspruchsvolle Vorstellungen und es sind vielfach Herstellungsbeschreibungen gegeben, deren Wahrscheinlichkeitsgehalt nach heutigen Erkenntnissen relativ gering ist.

Die Geschichte des Glases beginnt mit Sicherheit nicht vor dem 15. Jh. v. d. Z. Alle Behauptungen, daß es bereits 4000 oder auch nur 2500 Jahre v. u. Z. Glas gegeben habe, dürften auf einen Irrtum oder auf einer Verwechslung mit anderen Werkstoffen beruhen. Bei den frühesten Glaserzeugnissen, die gefunden wurden, handelt es sich interessanterweise aber bereits um Produkte, zu deren Herstellung ein relativ hoher Grad an Beherrschung der Glasherstellungs- und -verarbeitungstechnologie erforderlich ist. Diese als Sandkerngefäße (s. S. 27) bezeichneten frühesten Glaserzeugnisse, erfordern für ihre Herstellung eine Vielzahl von Kenntnissen, die sicherlich nur über längere Zeiträume — durch eine langwierige empirische Praxis — erworben worden sein können. Es wäre erfreulich, wenn man einfache Vorstufen dieser ersten Glasprodukte gefunden hätte, die das Ergebnis einer folgerichtigen Entwicklung beinhalten und dokumentieren würden. Solche Vorstufen wurden aber bisher nicht gefunden. Wohl aber ist man heute in der Lage nachzuweisen, daß die technischen Vorkenntnisse zur Glasherstellung mit Hilfe anderer Werkstoffe gewonnen worden sein können, so daß sich dann später die eigentliche „Evolution“ des Glases innerhalb sehr kurzer Zeit vollziehen konnte.

Die chemische Zusammensetzung der frühen Gläser (ägyptische und vorderasiatische Gläser) bis hin zu solchen der frühen römischen Ära, also etwa von 1500 bis 200 v. d. Z., läßt eine erstaunliche Konstanz erkennen. In allen Fällen handelt es sich um Gläser des Dreistoffsystems $Na_2O-CaO-SiO_2$ mit einem rel. geringen Anteil an Verunreinigungen durch Stoffe, die sich in den natürlichen Ausgangsmaterialien wie z. B. den Wüstensanden vorfinden (Al_2O_3 in Form toniger Bestandteile, MgO, Fe_2O_3, TiO_2 etc.).

Das Dreistoffsystem $Na_2O-CaO-SiO_2$ (s. auch S. 12) stellt eine interessante Basis für die frühen, künstlich hergestellten silikatischen Erzeugnisse dar, für welche die stoffliche Grundlage natürlicherweise gegeben war. Die drei genannten Komponenten sind dabei als solche getrennt voneinander ganz sicherlich nicht bekannt gewesen. Zur Herstellung von Glas wurden im wesentlichen zwei Rohstoffkomponenten benutzt, Wüstensande einerseits und sog. Trona andererseits, deren Hauptbestandteil Natriumhydrogencarbonat ($Na_3H[CO_3]\cdot 2H_2O$) ist. Der erforderliche Kalk ist in jedem Fall Bestandteil des Wüstensandes gewesen, wie sich aus der Übereinstimmung des Konzentrationsverhältnisses von bestimmten Verunreinigungen, z. B. des CaO—MgO-Verhältnisses im Wüstensand und den entsprechenden Gläsern, nachweisen läßt [1].

Der Erzeugung von Glas sind — wie archäologische und naturwissenschaftliche Untersuchungen nachgewiesen haben — weitere silikatische Kunstprodukte (Sinter- und Schmelzprodukte) vorausgegangen, die zusammensetzungsmäßig ebenfalls dem Dreistoffsystem $Na_2O-CaO-SiO_2$ zuzuordnen sind [2].

Bereits im 5. Jahrtausend finden sich Alkaliglasuren, mit denen Steatiterzeugnisse überzogen waren, deren chemische Zusammensetzung nicht so wesentlich von denen der späteren Gläser abweicht. Die Erzeugung von Alkaliglasuren, besonders in den Gebieten Ägyptens, wo natürliche Sodaanreicherungen zu finden sind, wie etwa in den Wadis, den Trockentälern der Flüsse, ist eine relativ einfache und sicherlich durch den Zufall herbeigeführte Entdeckung. Glasuren stellen gewissermaßen unselbständige Gläser dar, die nur in Verbindung mit einem Glasurträgermaterial denkbar sind.

Es fällt trotz der sehr ähnlichen Zusammensetzungen nicht leicht, die Glasuren als unmittelbare Vorprodukte der Glaserzeugung anzusehen, insbesondere, wenn man von der Herstellungstechnologie beider Produkte ausgeht. Die frühesten Glasuren waren hinsichtlich ihrer Herstellung unkompliziert. So entsteht auf Steatit eine Glasur, wenn dieses mit einer Na_2CO_3-haltigen Lösung bestrichen und gebrannt wird, wobei sich eine sehr dünne Schicht eines Na—Mg-Silicatglases bildet. Wesentlich später erst lernte man Glasuren auf gebrannte Tonerzeugnisse aufzubrennen, die dann aber bereits kompliziertere Mehrkomponentensysteme, meist mit Bleioxid, darstellen. Die Herstellung einer solchen Bleiglasur geht z. B. aus einer assyrischen Keilschrifttafel aus dem Jahre 1700 v. d. Z. hervor, die bei Tell Uma (Seleucia) gefunden wurde. Diese Keilschrifttafel entstammt einer Zeit, in der Glas als Werkstoff selber noch unbekannt war. In einem Ausschnitt aus dem Text dieser frühesten schriftlichen Mitteilung über die Herstellung silicatischer Erzeugnisse heißt es z. B.:

„Die Herstellung einer grünen Glasur auf Tongefäße mache dadurch, daß das Gefäß über eine Zeit von drei Tagen in Kupfer getaucht wird, das mit Essig übergossen wurde. Danach das gemeinsame Verreiben und Erhitzen einer Mischung aus
$1^1/_2$ Schekel Zu-ka-ki-Schmelz (1 Schekel = 8,4 g)
(Zu-ka-ki-Schmelz wahrscheinlich ein alkalihaltiges Sinterprodukt)
$7^1/_2$ Körner Salpeter (?) (1 Korn = 76,75 mg)
$7^1/_2$ Körner Kupfer
$7^1/_2$ Körner Blei usw."

Es folgt weiterhin eine Beschreibung einer kultischen Handlung zum Gelingen der Arbeit und es wird gesagt, daß das zu glasierende Gefäß in die Glasur eingetaucht wird, wobei aus dem Text zu entnehmen ist, daß die Glasur eine Art Schlicker (fein zerkleinertes Schmelz- oder Sinterprodukt, das in Wasser suspendiert wurde) darstellt. Die Übersetzung der Keilschrifttafeln in eine uns heute geläufige Sprache, ist mit relativ großen Unsicherheiten verbunden, was sich besonders auf die Übersetzung von Eigennamen bezieht, für die zum Teil keine Synonyme gefunden werden konnten. Trotz allen aber vermittelt dieser Text einen Eindruck vom Kenntnisstand dieser frühen Zeitepoche. Die Glasurtechnik wurde sowohl in Ägypten als auch in Vorderasien bis zum Zeitpunkt der ersten Glasurerzeugung (1500 v. d. Z.) zu einem relativ hohen technischen Stand entwickelt, wie die gefundenen Objekte heute noch ausweisen. Die Glasuren auf der Basis von Na—Ca-Silicaten wurden insbesondere im Zusammenhang mit anderen Werkstoffen vervollkommnet, die sich als ideale Glasurträger erwiesen und die ebenfalls in das System $Na_2O—CaO—SiO_2$ einzuordnen sind.

Über den Charakter dieser Werkstoffe bestanden vor allem von archäologischer Seite her recht unklare Vorstellungen. Diese Tatsache findet u. a. darin ihren Ausdruck, daß in der internationalen Literatur für ein und dasselbe Material mehr als 10 verschiedenartige Namen und Bezeichnungen existieren, z. B. Ägyptische Fayence, Fritte, Terre émallée, Schmelzfluß, Schmelz, Glasschmelz etc. Dieser interessante Werkstoff, für den vom chemisch-technischen Standpunkt aus die Sammelbezeichnung Kieselkeramik oder Kieselfritte [2, 3] vorgeschlagen wurde, stellt einen Sinterwerkstoff dar, der bereits in den frühesten Perioden ägyptischer und vorderasiatischer Kultur (etwa 4000 Jahre v. d. Z.), also weit vor der Erzeugung des Glases, eine nicht unwesentliche Rolle gespielt hat.

In Abb. 1 sind die Zusammensetzungsbereiche der Gläser und Glasuren der Frühzeit und derjenige der Kieselkeramiken dargestellt. Alle diese Erzeugnisse besitzen eine gemeinsame stoffliche Basis, lediglich die Mengenanteile der einzelnen Komponenten sind unterschiedlich.

Wie aus dem Diagramm ersichtlich, handelt es sich bei den Kieselkeramiken um ein Material mit einem extrem hohen SiO_2-Gehalt, der durch die Bindung eines Anteiles von etwa 90% Quarzkörnern durch ein amorphes Bindemittel zustande kommt. Reproduktionsversuche dieses interessanten Werkstoffes ließen erkennen, daß zu seiner Herstellung rel. einfache Mittel und niedrige Temperaturen erforderlich sind [2]. Eine Mischung aus natürlicherweise

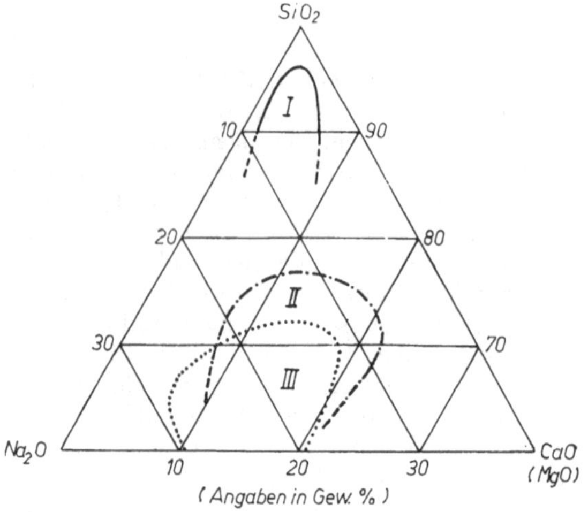

Abb. 1. Das Dreistoffsystem $SiO_2-CaO-Na_2O$ mit den Zusammensetzungsbereichen der Gläser, Glasuren und „Kieselfritten“ bzw. „Kieselkeramiken“ der Frühzeit.

Zusammensetzungsbereiche	Gew.-%		
	SiO_2	Na_2O	CaO
I. Kieselfritten (Kieselkeramiken)	92 – 97	1 – 6	2 – 6
II. Glasuren der Frühzeit	68 – 77	8 – 18	9 – 21
III. Gläser der Frühzeit	60 – 71	12 – 27	8 – 20

kalkhaltigem Sand und geringen Mengen alkalischer, natriumcarbonathaltiger Stoffe stellt nach einer entsprechenden Feinmahlung die fertige Ausgangssubstanz dar, die angefeuchtet nahezu plastisch verformbar ist. Beim Trocknen der aus dieser Mischung hergestellten Gegenstände, reichert sich die im Anmachwasser gelöste

Soda in der Oberfläche des Gegenstandes so stark an, daß beim Brand eine feste Brennhaut mit einer dünnen Glasurschicht darüber entsteht. Darüber hinaus sind aber alle Quarzkörnchen auch im Inneren des Materials durch ein sich bereits bei 700 °C bildendes, amorphes Na—Ca-Silicat zusammengekittet. Die Abb. 2 u. 3 stellen eine kleine Auswahl solcher Kieselkeramikerzeugnisse dar; es sind Kult- und Schmuckgegenstände, aber auch Erzeugnisse zum täglichen Gebrauch. Die Kieselkeramiken erwiesen sich als die idealen Glasurträger. Ihr Aussehen und ihre mechanische Festigkeit werden durch ein zusätzliches Aufbringen farbiger Glasuren weitgehend verbes-

Abb. 2. Kieselkeramikgefäß aus der Gründungsgrube des Mentuhotep-Tempels, Ägypten, XI. Dynastie um 2000 v. u. Z.

Abb. 3. Perlen, Ringe, Amulette und Gefäßscherben aus „Kieselkeramik“, etwa 3000 Jahre v. u. Z. bis 100 Jahre u. Z. aus Ägypten, Vorderasien und Europa.

sert. Die Farbgebung dieser Erzeugnisse war bereits über eine breite Palette möglich. Die am häufigsten vorkommende Farbe war blau (Cu^{++}), aber auch rot (Cu_2O), gelb ($Pb_3(SbO_4)_2$, ein Bleiantimonat, das in Form des Antimonocker als Mineral vorkommt), grün (Bleiantimonat + Cu^{++}) und violettschwarz (Mn^{3+}, Fe^{3+}) finden sich. Selbstverständlich wurden die Kieselkeramiken der verschiedenen Ursprungsländer in reichhaltigen Variationen des äußeren Erscheinungsbildes hergestellt; z. B. mit mehreren auf einem Kern aufgetragenen Schichten unterschiedlicher Körnung und Färbung, sodaß recht unterschiedliche Werkstoffe vorzuliegen schienen.

Eine Erhöhung des Alkaligehaltes der Ausgangsmischung führte zu einer wesentlich stärkeren Verglasung der gesamten Kieselkeramikmasse, aber besonders der Oberflächen der erzeugten Gegenstände. Bei einer visuellen Betrachtung derartiger Kieselkeramiken, ist eine Ver-

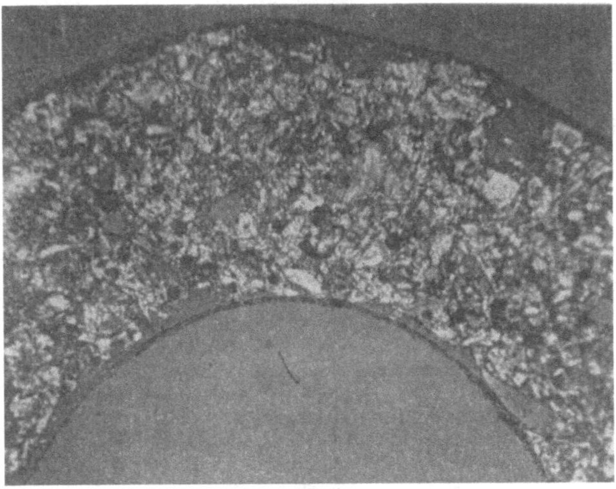

Abb. 4. Mikroaufnahme des Dünnschliffes einer Scheibenperle (Ägypten, etwa 2000 v. u. Z.) im polarisierten Licht; die hell erscheinenden Quarzkörner sind in eine glasige Matrix eingebettet.

wechslung mit einem Glas durchaus möglich und ganz sicherlich ein Grund für nicht zutreffende Datierungen angeblich sehr früher Glaserzeugnisse in der Literatur. Erst mit Hilfe eines Dünnschliffes und einer mikroskopischen Betrachtung ist es möglich, diese Kieselkeramiken von Gläsern zu unterscheiden siehe Abb. 4 [3]. Ein weiterer Grund für die äußerst unterschiedlichen Be-

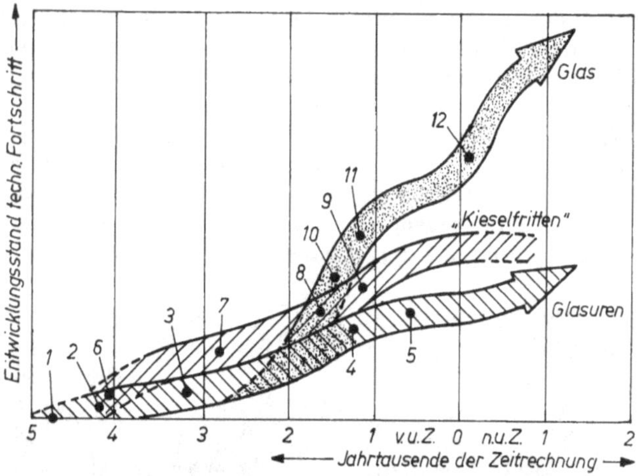

Abb. 5. Zeitlicher Entwicklungsfortschritt silcatischer Werkstoffe.
1 – erste Alkaliglasuren auf Kleingeräten aus Steatit aus einer jungsteinzeitlichen Siedlung bei Badari (Oberägypten), 5000 Jahre vor unserer Zeitrechnung; *2* – erste Bleiglasuren auf Ziegelsteinen, rot, gelb und braun, etwa 4200 Jahre v. u. Z.; *3* – blaue Kupferglasuren in Ägypten, etwa 3200 Jahre v. u. Z.; *4* – hochentwickelte Glasurtechnik, erste durch Zinndioxid getrübte Glasuren, 1200 Jahre v. u. Z.; *5* – glasierte Keramiken am Ischtartor in Babylon, 7. Jh. v. u. Z.; *6* – Perlen und Amulette aus Kieselfritten in Ägypten und Mesopotamien, 4200 Jahre v. u. Z.; *7* – rechteckige Wand- und Bodenplättchen für die Pyramide des Königs Djoser, etwa 2800 Jahre v. u. Z.; *8* – Blütezeit der Technik der ägyptischen Kieselfritten, 1600 Jahre v. u. Z.; *9* – Kacheln aus Kieselfritte aus dem Palast Ramses III., 12. Jh. v. u. Z.; *10* – erste Glaserzeugnisse, um 1500 v. u. Z.; *11* – Blütezeit der Sandkerntechnik in Ägypten, erste Millefioriarbeiten in Mesopotamien, 15. Jh. v. u. Z.; *12* – Erfindung des Glasblasens mit der Glasmacherpfeife.

zeichnungen der Kieselkeramiken und die Meinung, daß es sich z. B. bei den ägyptischen Materialien um etwas grundsätzlich anderes als bei den Materialien aus Vorderasien handelt, ist zweifellos auch auf den recht unterschiedlichen Erhaltungs- bzw. Verwitterungszustand zurückzuführen. So zeigen z. B. die in Mesopotamien (Babylon, Niniveh usw.) gefundenen Kieselkeramiken, die als „Fritten" bezeichnet werden, nur noch mit modernen physikalischen Mitteln nachweisbare Reste von Glasuren, während bei den ägyptischen Kieselkeramiken, die als „ägyptische Fayencen" bezeichnet werden, die volle Schönheit der Glasuren erhalten ist.

Die äußerst engen Beziehungen, die hinsichtlich der zeitlichen Entwicklung zwischen den Glasuren, den Kieselfritten und dann später dem Glas bestanden, sind in Abb. 5 in Form eines Diagrammes dargestellt. Der als Ordinate dargestellte Entwicklungsstand bzw. der technische Fortschritt stellen hier eine subjektiv eingeschätzte Größe dar! Wie aus dem Diagramm hervorgeht, ist der Weg von der Kieselfritte unter Einbeziehung der Glasuren zum Glas hin nicht mehr weit gewesen, zumal, wenn man die chemische Ähnlichkeit der Produkte in die Betrachtungen einbezieht (vgl. Abb. 1). Vom technischen Standpunkt aus, ist dieser Schritt allerdings recht bedeutsam gewesen und ist in der grundlegend veränderten Formgebungstechnologie zu sehen, die beim Glas das zähplastische Verhalten der Schmelze einbeziehen muß, im Gegensatz zu der thermischen Formbeständigkeit der Kieselfritten.

1.2. Das Glas der Frühzeit

Die Erzeugung von Gläsern im 15. Jh. v. d. Z. stellt mit hoher Wahrscheinlichkeit eine logische Weiterentwicklung der bereits bekannten silicatischen Erzeugnisse dar, wobei zufälliges Finden neuer Möglichkeiten durch Variation der Ausgangskomponenten und der technischen

Gegebenheiten sicherlich mitgespielt haben. Die verfügbaren und erforderlichen Glasrohstoffe unterschieden sich nicht von denen, die zur Erzeugung von Kieselfritten erforderlich waren. So standen in den Ursprungsgebieten des Glases (Ägypten und Mesopotamien) Sande zur Verfügung, die neben dem Hauptbestandteil SiO_2 stark wechselnde Mengen an Kalk und tonigen Bestandteilen enthielten. Die CaO-Gehalte der Wüstensande schwanken z. B., wie W. E. S. TURNER feststellte [4] zwischen 2 und 30 Gew.-%. Ein Gleiches gilt für den Alkaliträger, die sog. Trona. Diese natürliche Soda stellt im Wesentlichen ein Gemisch von $Na_3H(CO_3)_2 \cdot 2H_2O$, $Na_2CO_3 \cdot 7H_2O$, NaCl und Na_2SO_4 dar. Der für die Glasherstellung wirksame Alkaligehalt dieses Gemisches, war in der Frühzeit der Glasherstellung lediglich den Carbonaten zu entnehmen, was bedingte, daß der wirksame Na_2O-Wert dieses Rohstoffes etwa um 50 Gew.-% schwanken konnte.

Diese ausgeprägten Schwankungen im Wirkstoffgehalt beider Hauptrohstoffe, die für die Glaserzeugung erforderlich waren, werden eines der Hauptprobleme der Glasmacher der Frühzeit gewesen sein. Es kann nur eine Frage des Probierens gewesen sein, den Sand und die Trona bestimmter Vorkommen als geignet oder als ungeeignet zu charakterisieren. Wie die chemischen Analysen der frühen ägyptischen und vorderasiatischen Gläser erkennen lassen, muß es neben den bereits genannten Hauptkomponenten eine Reihe weiterer mineralischer Komponenten gegeben haben — besonders zur Farbgebung — die dem Glasgemenge zugesetzt wurden. Solche Minerale waren vor allem Malachit und Azurit und sicherlich auch sulfidische Kupfererze sowie Blei,-Antimon- und Manganerze. Alle diese Rohmaterialien brachten viele Verunreinigungen mit sich, wie K_2O, Al_2O_3, Fe_2O_3, TiO_2, selbst B_2O_3 usw., die trotz ihrer geringfügigen Konzentration zumeist einen günstigen Einfluß, besonders auf die chemischen Eigenschaften des Glases, ausübten, aber auch zu schwankenden Färbungen Anlaß gaben.

Über die Technologie der Glasherstellung gibt es in

Ägypten keinerlei schriftliche Aufzeichnung, obgleich doch gerade die Ägypter recht schreib- und darstellungsfreudig gewesen sind. Die Methoden der Glasherstellung und -verarbeitung sind deshalb auch nur aus den Fundobjekten rekonstruierbar bzw. müssen den aus dem Jahre 700 v. d. Z. entstammenden umfangreichen Glastexten der Keilschrifttafelsammlung des ASHURBANIPAL, die in Niniveh gefunden wurden, entnommen werden.

Die Glasherstellung war sowohl in Ägypten als auch in Vorderasien ein Privileg der Priesterkaste und wurde streng geheim gehalten. Glas und Glaserzeugnisse repräsentierten einen außerordentlich hohen Wert und sie waren den Edelsteinen sowie den Edelmetallen wertmäßig vergleichbar.

Zur Glasherstellung wurden die fein zerkleinerten und innig gemischten Glaskomponenten zunächst in Sinterpfannen (flache, runde Schalen aus gebranntem Ton) einem Sinterprozeß unterworfen und daraus eine Fritte hergestellt. Während dieses Fritte- oder Rohglasherstellungsprozesses, liefen alle Silicatbildungsprozesse und chemischen Reaktionen zwischen den Reaktionspartnern ab, und die mehr oder weniger aufgeschmolzenen Bestandteile trennten sich von den unaufgeschmolzenen, insbesondere von den sog. „Gallen". Diese Gallen bestanden vor allem aus NaCl und Na_2SO_4, die beide bei der Glaserzeugung lediglich in den schmelzflüssigen Zustand übergingen und chemisch unverändert am Ende des Schmelzprozesses verblieben (siehe auch S. 221). Nach dem Abkühlen wurden die Fritten aus der Sinterpfanne herausgeschlagen und sowohl die Gallen als auch die nicht aufgeschmolzenen Gemengeteile entfernt. Diese gereinigten Fritten stellten nun das Ausgangsmaterial, das Rohglas für die nun folgende Blankschmelze, die in besonderen Tontiegeln erfolgte, dar. Sicher wurden der gereinigten und zerkleinerten Fritte weitere neue Glaskomponenten wie farbgebende Stoffe oder erneut auch Alkali zugesetzt, bevor sie in den Ofen gebracht wurde.

Die Klarschmelze des Glases erfolgte bei Temperaturen,

die nicht höher als 1100 °C gelegen haben, allerdings über längere Zeiträume. In den bereits genannten Keilschrifttexten aus dem 7. Jh. v. d. Z. werden Schmelzzeiten von 7 Tagen angegeben! Das Ergebnis dieser Bemühungen war in keinem Fall ein klar durchsichtiges Produkt sondern ein immer opakes, farbiges Trübglas. In seinen blauen Variationen glich es den sehr geschätzten Türkisen und dem Lapislazuli.

Bei einer Betrachtung der Gläser der Frühzeit fällt, ähnlich wie bei den Kieselkeramiken und den Glasuren, der große Farbenreichtum auf. Die farbgebenden Komponenten sind von der gleichen Art. Im Vordergrund standen blaue und blaugrüne Farbtöne, die auf Cu^{++} zurückgehen. Blaufärbungen des Glases durch Kobalt sind bei den ägyptischen Gläsern recht selten; im Gegensatz zu den Gläsern aus Mesopotamien. Opake, rote Gläser, sog. Hämatinongläser, enthalten Kupfer-I-Oxid als farbgebende Komponente. Zu ihrer Herstellung mußten entsprechend reduzierende Bedingungen im Ofenraum erzeugt worden sein. Auf derartige, von der üblicherweise oxydierenden Schmelze abweichende Bedingungen, wird in den assyrischen Keilschrifttexten hingewiesen, in denen vorgeschrieben wird, solche Gläser einerseits in geschlossenen Gefäßen zu schmelzen und zum anderen rauchendes, also reduzierendes Feuer zu benutzen. Opake gelbe Gläser enthalten Bleiantimonate in Form feinverteilter Pigmenteinlagerungen. Die Einführung in die Glasschmelze ist an besondere Bedingungen gebunden, die in einer möglichst hohen Alkalikonzentration des Glases bestehen, um ein Auflösen des Bleiantimonates in der Glasschmelze zu vermeiden [2]. Mangan und Eisenminerale fanden ebenfalls sehr frühzeitig eine gezielte Verwendung zum Färben und später zum Entfärben des Glases. Das opak-trübe Aussehen aller Gläser der Frühzeit wird bedingt durch vielerlei mikroskopische Einschlüsse im Glas, wie feinverteilte Galletröpfchen, Gasblasen und feinste kristalline und mikrokristalline Einschlüsse; zum Teil sind es auch unaufgeschmolzene Gemengebestandteile oder aber sekundäre Kristallausscheidungen. Eine besondere Bedeutung besitzen ganz zweifellos die Kristallneubildungen, die als Einzelkristalle rel. groß sein können und in vielen Fällen einen nicht unerheblichen Anteil der Gesamtsubstanz einschließen (Abb. 6 u. 7). So finden

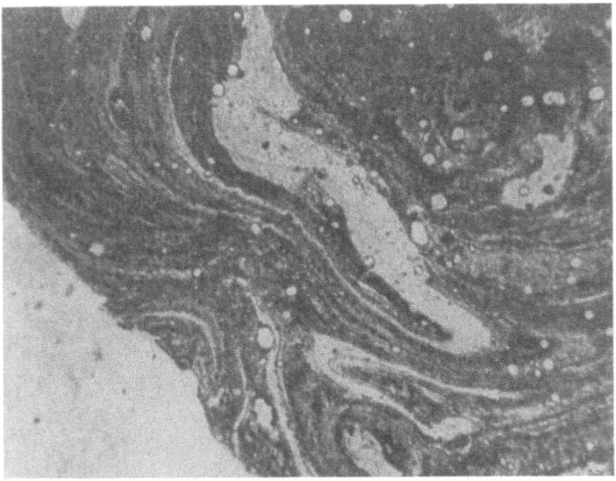

Abb. 6. Dünnschliff von einem Glasstab aus getrübtem blauen Glas (Querschliff) mit Luftblasen und Galleeinschlüssen sowie starken Schlieren mit Zonen klaren und getrübten Glases (Vergr. = 50×). Glas aus Ägypten, etwa 1350 Jahre v. u. Z.

sich Kristalle von Wollastonit ($\alpha-CaSiO_4$), Na—Ca-Orthosilicat ($Na_2CaSi_3O_8$), Devitrit ($Na_2O \cdot 3CaO \cdot 6SiO_2$), Nephelin ($KNa_3$ $[AlSi \cdot O_4]_4$), Mullit ($3Al_2O_3 \cdot 2SiO_2$), Diopsid ($CaMg[Si_2O_6]$) sowie eine Reihe weiterer silikatischer kristalliner Verbindungen.

Die mitunter größeren Mengen kristalliner Ausscheidungen, die von einer glasigen Restschmelze umgeben sind, beeinflussen die Eigenschaftsbildung des Gesamtproduktes nicht unwesentlich, da die glasige Restschmelze nach dem Ausscheiden der Kristalle meist an denjenigen

Bestandteilen verarmt ist, die die Erweichungstemperatur des Glases heraufsetzen. Experimentelle Untersuchungen bestätigen, daß die partiell auskristallisierten Na—Ca-Silicatgläser sich bei niedrigeren Temperaturen verarbeiten lassen, als die bei hohen Temperaturen erschmolzenen kristallfreien Gläser gleicher Zusammensetzung.

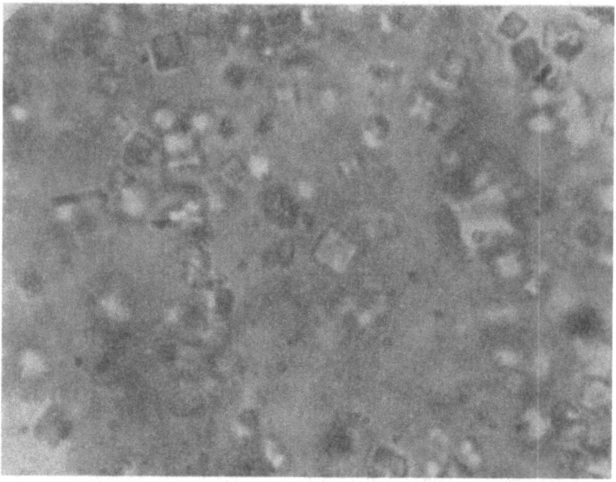

Abb. 7. Mikroaufnahme des gleichen Objektes wie Abb. 6 (Schlierenbereich starker Trübung) mit Einlagerungen von gut ausgebildeten Kristallen von Na—Ca-Orthosilcat ($Na_2CaSi_3O_8$) (Vergr. = 1000×).

Die Schmelzeinrichtungen, in denen das Glas seit dem 15. Jh. v. d. Z. geschmolzen wurde, sind uns nicht bekannt. Früheste Hinweise sind wiederum den Keilschrifttexten aus Mesopotamien, des 7. Jh. v. d. Z., zu entnehmen. Es ist sehr wahrscheinlich, daß sich das Bauprinzip dieser Öfen über lange Zeiten hin kaum geändert hat, so daß die Angaben der Keilschrifttexte eine reale Basis darstellen. Das daraus abzuleitende vermutliche Bauprinzip dieser Glasschmelzöfen ist in Abb. 8 dargestellt. Die Tatsache, daß ausschließlich Holz als Heizmaterial dieser Öfen Verwendung fand, bedingt einen relativ großen Ofenraum. Aus den Keilschrifttexten geht hervor, daß die erzeugte Wärme gleichzeitig genutzt wurde, einen Ofenanbau zu erwärmen — allerdings auf eine weitaus niedrigere Temperatur als den Ofen selber — in dem die

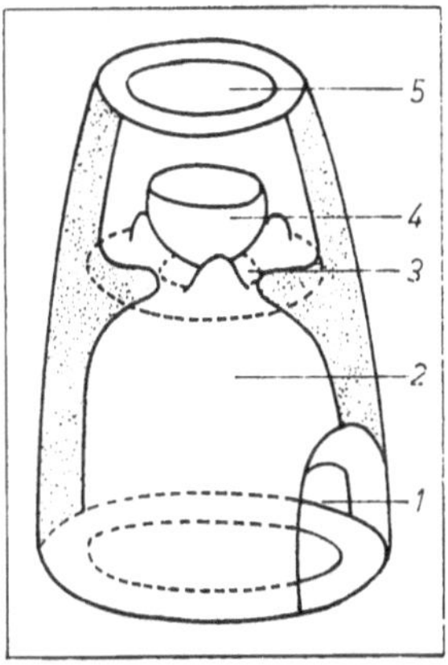

Abb. 8. Vermutliches Bauprinzip frühzeitlicher Glasschmelzöfen (Querschnitt)
1 — Feuerungsloch für Holz als Brennmittel; *2* — Feuerraum; *3* — Flammloch; *4* — Schmelztiegel bzw. Schmelzpfanne; *5* — Arbeitsloch; in diesen Öfen konnten Höchsttemperaturen von etwa 1100 °C erreicht werden.

fertigen Glaserzeugnisse einer langsamen Abkühlung unterzogen werden konnten. Die Kompliziertheit der Glasherstellung, verbunden mit einer großen Ungewißheit des Gelingens, bedingt durch die bereits erwähnten starken Schwankungen der Rohstoffe, gaben den Anlaß zu umfangreichen rituellen Handlungen, sowohl beim Bau der Öfen als auch bei der Glasschmelze selber, was ebenfalls den Keilschrifttexten zu entnehmen ist.

Die Verarbeitung der mühsam erschmolzenen Gläser bestand ganz sicher anfänglich darin, die Schmelze im Tiegel einfach abkühlen zu lassen. Der erkaltete Schmelzkuchen wurde zerbrochen und die Bruchstücke wurden geschliffen und poliert, wie man es mit den Edelsteinen tat. Diese Bearbeitungsart ist für den Werkstoff Glas wenig spezifisch, und sie entsprach noch ganz der bereits damals schon perfekt beherrschten Bearbeitung von Steinen.

Durch Eindrücken des noch heißen Glases in Formen aus Ton, Stein oder Gips, oder durch Formen der Glasschmelze mit Hilfe von nassem Holz war es — wie man sicherlich bald merkte — möglich, auf sehr einfache Weise Formkörper herzustellen, viel einfacher als durch das aufwendige Schleifen. Im Laufe einer relativ kurzen Zeitspanne muß sich dann allerdings eine Glasverarbeitungsmethode, die den Eigenheiten der zähplastischen Schmelze schon besser angepaßt war, entwickelt haben. Sie führte zu den sogenannten Sandkerngefäßen. Die zur Herstellung dieser Gefäße erforderliche Technik sollte dann über einen Zeitraum von eineinhalb Jahrtausenden die Formgebung des Glases bestimmen. Sandkerngefäße sind Glashohlkörper die durch Auftragen von Glasschmelze auf einen Sandkern hergestellt wurden. Aus der sich um den Sandkern bildenden Glashülle wurde, nach dem Abkühlen des Ganzen, der Sand herausgekratzt, und es hinterblieb ein hohler Glaskörper. Der Sandkern wurde aus einer Mischung von Sand und Ton hergestellt. Er konnte durch Brennen soweit verfestigt werden, daß er zwar mechanisch und thermisch das Überziehen mit Glas aushielt, sich aber danach trotzdem entfernen ließ. Abb. 9 veranschaulicht das Prinzip der Sandkerntechnik. Der Sandkern, mit einem Loch versehen, wurde an einem geeigneten Metallstab befestigt und zur Herstellung kleinerer Gefäße im erhitzten Zustand in die Glasschmelze eingetaucht oder besonders bei größeren Gefäßen mit zähflüssigem Glas umwickelt bzw. umgossen. Durch Eindrücken, Aufschmelzen und Verlaufenlassen bzw. Verziehen von farbigen Glasfäden oder -stäben auf der Oberfläche der Glasschicht wurden interessante Dekoreffekte erzielt, die für die verschiedenen Zeitepochen bzw. Werkstätten, in denen sie hergestellt wurden, charakteristisch gewesen sind.

Voraussetzung zum Gelingen der Herstellung eines solchen Sandkerngefäßes war das sinnvolle Übereinstimmen im Wärmedehnungsverhalten von Sandkern und Glas, was keinesfalls immer natürlicherweise gegeben war.

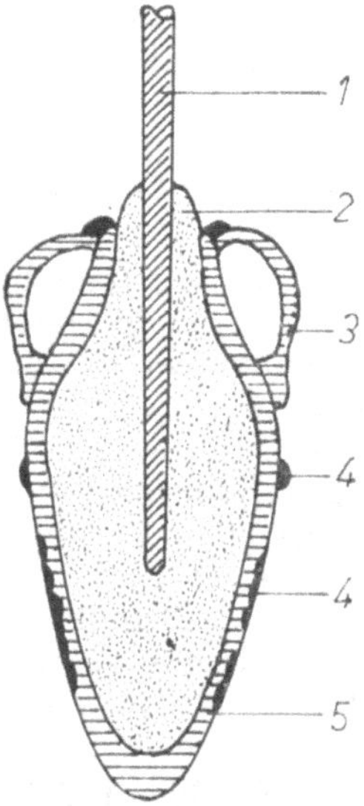

Abb. 9. Sandkerntechnik (schematische Darstellung).

1 – Metallstab; *2* – Sandkern; *3* – angesetzte Glashenkel; *4* – Glasfadenein- und auflegedekor; *5* – Glasschicht.

Das Ausdehnungsverhalten des Sandkernes wird beim Abkühlen bestimmt durch die Umwandlung von α-Quarz in β-Quarz, wobei im Bereich der Umwandlungstemperatur eine starke Dehnungsänderung erfolgt. Die Längenänderung des Glases in Abhängigkeit von der Temperatur muß unterhalb des Transformationspunktes (s. S. 60) kleiner oder höchstens gleich derjenigen des Sandkernes sein, wenn das Sandkerngefäß ohne zu zerspringen den

Abkühlungsprozeß überstehen soll. Bei den stark schwankenden Zusammensetzungen der Ausgangsstoffe ist die Einhaltung dieser Bedingungen nicht einfach gewesen, zumal ja die Zusammenhänge zu dieser Zeit absolut unbekannt gewesen sind. Trotz dieser Schwierigkeiten ist es bewundernswert, daß die Produktion von Sandkerngefäßen in Ägypten, Vorderasien und Griechenland relativ umfangreich gewesen ist. Bis heute wurden etwa 400 solcher Gefäße (s. Abb. 10) im z. T. gut erhaltenem Zustand ausgegraben. Der größte Teil davon wurde in Ägypten gefunden. Dabei ist zu bedenken, daß diese 400 Gefäße, der heute, nach etwa 3000 Jahren noch erhaltene Rest dieser einstmaligen Produktion gewesen ist. Die Blütezeit der Sandkerngefäßtechnik in Ägypten fällt in eine Periode der ägyptischen Geschichte, in der unter anderem die Künste und das Gewerbe unter der Schirmherrschaft Echnatons (Amenophis IV., 1361–1340 v. u. Z.) stark gefördert wurden und sich rege entwickelten — insbesondere in der damaligen Hauptstadt des Landes, dem heutigen Tell el Amarna. Das war eine Periode der Ruhe nach den vorderasiatischen Feldzügen ägyptischer Könige. Möglicherweise war die Sandkerntechnik bei diesen Feldzügen aus Vorderasien — speziell Mesopotamien — nach Ägypten gebracht worden. Allerdings gibt es hierfür keine Beweise.

Sandkerngefäße wurden in Ägypten bis zum Beginn des ersten Jahrtausend v. u. Z. hergestellt. Dann bricht die Produktion dieser Erzeugnisse plötzlich und vollständig ab. Möglicherweise bestehen Zusammenhänge mit dem allgemeinen Verfall des ägyptischen Reiches, der damals begann. Genaue Angaben hierüber fehlen. Sandkerngefäße wurden aber weiterhin hergestellt in Mesopotamien, im vorderen Orient sowie in Griechenland, und zwar ungefähr bis zum Beginn unserer Zeitrechnung. Dann wurde diese recht umständliche Technik durch eine neue, produktivere abgelöst.

Ganz sicherlich haben die Hersteller mit dem Glas und seinen Verarbeitungsmöglichkeiten auch experimentiert;

denn neben den Sandkerngefäßen hat man auch Schalen und Becher gefunden, die mit der gleichen Technik hergestellt wurden, und auch mit den gleichen Fadenmustern verziert sind.

Abb. 10. Sandkerngefäß aus dunkelblauviolettem Glas; Ägypten, Tell el Amarna, 1350 v. u. Z. (Staatliche Museen zu Berlin).

Für die Fadenmuster wurden Glasfäden benötigt, die sich relativ einfach herstellen lassen. Nachdem man über verschiedenfarbige Glasfäden verfügte, entwickelte sich gegen Ende des 13. Jahrhunderts v. u. Z. jene einzigartige Technik der Herstellung sog. Mosaik- oder — wie man später sagte — Millefiorigläser. Dabei wurden zunächst verschiedenfarbige Glasfäden derart gebündelt, daß der Querschnitt dieses Bündels irgendein Muster, z. B. ein Bild oder Schriftzeichen ergab. Durch Erhitzen dieses Bündels verschmolzen die Glasfäden miteinander, und es entstand eine kompakte Glasstange. Die noch im hocherhitzten Zustand befindliche Stange konnte in die Länge gezogen werden; dadurch wurde das Bild im Querschnitt verkleinert. Anschließend wurde die Stange in Scheiben geschnitten. Alle Schnittflächen zeigten dann jeweils das gleiche Bild. Die entstandenen Mosaikplättchen wurden als Amulette oder als Schmuckgegenstände verwendet.

Mit dem allgemeinen Niedergang Ägyptens im ersten Jahrtausend v. u. Z. geriet diese Technik zunächst in Vergessenheit und die Glasproduktion der frühen ägyptischen Zeit endete praktisch etwa mit dem Beginn des 9. Jh. v. u. Z.

Zu Beginn der römischen Kulturperiode im 3. Jh. v. u. Z. wird die Mosaiktechnik jedoch wieder entdeckt und weiterentwickelt. Aus den Bildplättchen werden einzigartige Gebrauchsgegenstände, z. B. Schalen, hergestellt. Hierzu werden die Blättchen z. B. auf eine Gipsunterlage, die die Form der zu erzeugenden Schale hat, mosaikartig dicht aneinandergelegt, bis sie die ganze Unterlage bedecken. Durch anschließendes Erhitzen werden sie miteinander verschmolzen, so daß eine Schale in der Form der Gipsunterlage entsteht. (Abb. 11). Diese Schalen von den Römern wahrscheinlich „vasa murrina" genannt, hatten einen unvorstellbaren Wert. Im 2. Jh. v. u. Z. sollen in Alexandrien sehr viele Murrinen hergestellt worden sein. Die ägyptische Königin Kleopatra (69—30 v. u. Z.) soll eine große Murrinensammlung besessen haben. Die antike

Literatur berichtet über den Wert derartiger Glaserzeugnisse, der für unsere heutigen Begriffe unvorstellbar hoch ist. Glas ist ein Luxusartikel und seine Herstellung ist mit einem ganz erheblichen Aufwand und der Überwindung vieler Schwierigkeiten und Zufälle verbunden. Die chemische Zusammensetzung der Gläser der Frühzeit, sowohl in Ägypten als auch im vorderen Orient, ist relativ konstant geblieben. Es waren ausnahmslos Natronkalkgläser mit hohem Alkali- und mittlerem Kalkgehalt bei zwangsläufig niederer SiO_2-Konzentration.

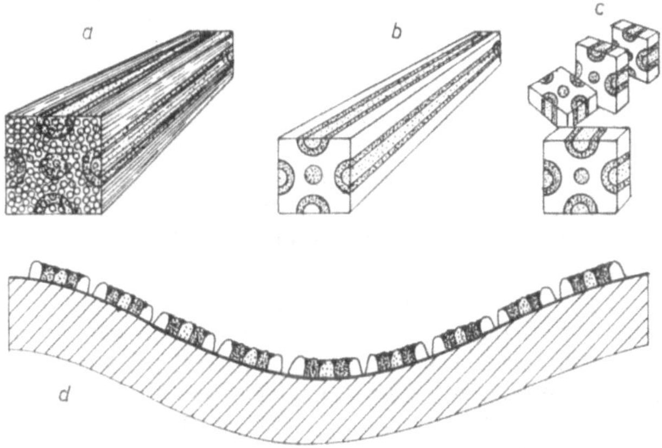

Abb. 11. Schema der Herstellung von Millefiorigläsern und -schalen in der frührömischen Periode.

a) Glasfäden unterschiedlicher Farbe und Stärke werden so gebündelt, daß im Querschnitt des Bündels ein bestimmtes Muster entsteht; *b*) Das Bündel wird soweit erhitzt, daß die Fäden zwar miteinander verschmelzen, das Muster aber erhalten bleibt; dabei kann die entstehende, kompakte Farbglasstange gleichzeitig in die Länge gezogen werden, so daß das Muster verkleinert wird; *c*) Die Farbglasstange wird in Scheiben geschnitten; jedes Scheibchen hat dann dasselbe Muster; *d*) z. B. auf einer schalenförmigen Gipsunterlage (hier im Querschnitt dargestellt) werden die Glasscheiben mosaikartig dicht aneinader gelegt, so daß sie die Unterlage vollständig bedecken. Durch Erhitzen werden sie miteinander verschmolzen. Die entstandene Schale wird noch geschliffen und poliert.

Äußerst interessant ist, daß in Europa, nördlich der Alpen, im Verbreitungsgebiet der Kelten während der frühen Eisenzeit (La Téne Zeit), Gläser erzeugt wurden, die hinsichtlich ihrer Qualität diejenigen des Mittelmeergebietes bei weitem übertroffen haben. Diese sog. „keltischen Gläser", etwa 400 bis 50 v. u. Z. hergestellt, sind meist klar durchsichtig, ohne visuell wahrnehmbare Trübung. Die Kelten haben aus ihrem Glas ausschließlich Schmuckgegenstände, wie Armringe und Perlen hergestellt [5]. Das Bemerkenswerte an diesen Gläsern ist die Tatsache, daß sie praktisch nicht verwittert sind, obgleich sie in den feuchten Böden Mittel- und Nordeuropas über 2000 Jahre gelegen haben. Die chemische Zusammensetzung dieser Gläser weist einen relativ neuzeitlichen Charakter auf, mit einem hohen SiO_2-Gehalt [6]. Zusammensetzungsmäßig liegen die keltischen Gläser in einem Gebiet des Dreistoffsystem $Na_2O-CaO-SiO_2$ das hinsichtlich der Schmelzbarkeit und der chemischen Beständigkeit besonders günstig ist (s. auch S. 107).

Zu Beginn unserer Zeitrechnung, wurde eine für die Glasverarbeitung umwälzende Entdeckung gemacht, die grundlegend neue Möglichkeiten der Verarbeitung und des Einsatzes des Glases mit sich bringen sollte. Es gelang, Glas durch Blasen im zähflüssigen Zustand mit Hilfe eines Metallrohres zu verformen und somit auf einfache Art und Weise Hohlkörper herzustellen. Diese Erfindung, wahrscheinlich in Sidon, dem heutigen Saida, einer frühen Handelsmetropole der Phönizier gemacht, stand im Zusammenhang mit einer Verbesserung der Glasschmelztechnik und somit auch der Glasqualität. Von dieser Erfindung gingen extrem starke Impulse aus. Die Glasmacherkunst breitete sich über das gesamte römische Weltreich aus. Mit dieser für den Werkstoff Glas nunmehr typischen Formgebungsmethode, die noch heute das entscheidende Arbeitsprinzip aller modernen Glasblasautomaten darstellt, beginnt ein neuer Abschnitt der Glastechnik.

Die Gläser der nun folgenden Zeit waren auf Grund der

verbesserten Schmelztechnologie jetzt auch zunehmend durchsichtig; nur selten noch waren sie opak, aber fast immer farbig. Waren die Glasmacher der ägyptischen Frühzeit der Glasherstellung noch Priester, so existierte zu Anfang unserer Zeitrechnung in Rom eine Glasmacherzunft. Die Glasmacher waren geschätzte Handwerker, da Glas ein wichtiger Handelsartikel wurde. Glashütten entstanden in Vorderasien, Gallien und England. Die Glasproduktion breitete sich weiterhin aus nach Trier, Köln und Worms. Glas wurde bald auch in Ländern hergestellt, die außerhalb des römischen Einflußbereiches lagen. Waren es anfänglich frei geblasene Hohlkörper — z. B. Flaschen mit kugel- oder birnenförmigem Bauch — so erweiterte sich der Formenreichtum der Glaserzeugnisse bald sprunghaft durch den Einsatz von mehrteiligen Formen aus Holz oder Metall (s. S. 256). Neue Methoden der Glasveredlung — z. B. durch Schleifen oder Gravieren — wurden entwickelt und kamen in Mode. Im späten 3. bzw. zu Anfang des 4. Jh. u. Z. erreichte die Schleiftechnik ihren absoluten Höhepunkt. Insbesondere in der rheinischen Glaskunst wurde eigentlich die sinnvolle Grenze dieser Technik bereits überschritten. Einzigartige Zeugen dieser Kunst sind die sogenannten Netzbecher oder Diatrete (Abb. 12). Diese Becher wurden wahrscheinlich so hergestellt, daß die Oberfläche eines besonders dickwandigen Überfangglases bis auf eine dünne Schicht abgeschliffen und eine netzartige Umhüllung ausgespart wurde. Auch andere geschnittene Reliefarbeiten der römischen Ära sind einmalige, bis heute unübertroffene Meisterwerke; das gilt u. a. für den Lykurgosbecher oder die Portlandvase, um besonders bekannte Beispiele zu nennen.

Verglichen mit dem gewaltigen Fortschritt, den die Erfindung des Glasblasens bedeutete, änderte sich die chemische Zusammensetzung der Gläser während der gesamten römischen Periode nur relativ wenig — abgesehen davon, daß man lernte, reinere Rohstoffe zu verwenden und so dem Glas eine bessere Durchsichtigkeit zu verleihen. Durch die Weiterentwicklung der Verfahrenstechnik war Glas zum Gebrauchsgegenstand des täglichen Bedarfs geworden.

Die in Europa am Ende des 4. Jh. u. Z. einsetzende Völkerwanderung, bei der germanische und slawische

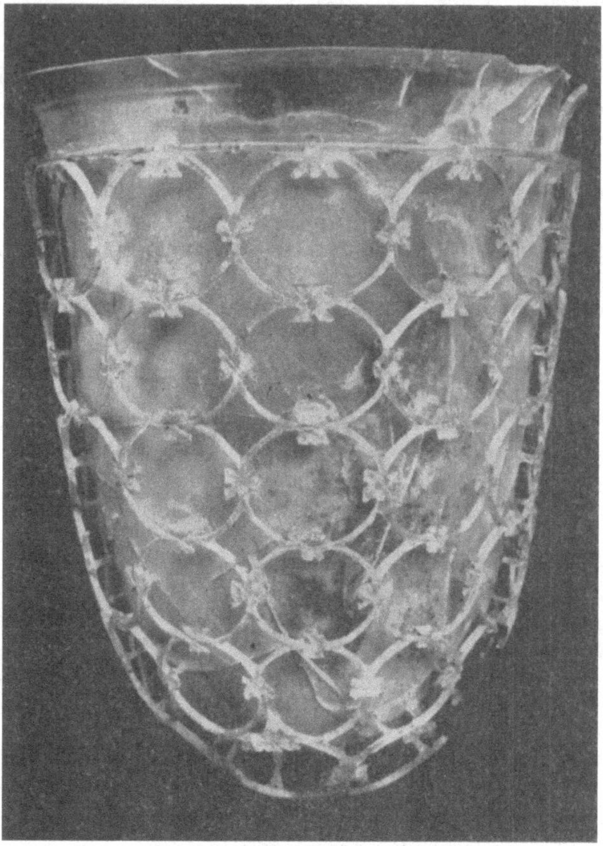

Abb. 12. Diatretglas oder Netzbecher aus der Blütezeit der römischen Glasmacherkunst (etwa 4. Jh. u. Z.), gefunden in Niederemmel (Landesmuseum Trier).

Völkerschaften begannen, das römische Weltreich zu zerschlagen, brachte nach dem Abzug der Römer aus dem Rhein-Main-Gebiet die hier hochentwickelte Glasschmelztechnik weitgehend zum Erliegen. Nachdem die Wirren der Völkerwanderung in Europa ihren Höhepunkt überschritten hatten, wurden während der Franken- und Merowingerzeit — im 5. Jh. — in Westeuropa erneut Gläser hergestellt. Sicherlich waren die Arbeitsvorschriften zur Glasproduktion aus der römischen Ära weitgehend verlorengegangen, denn die fränkischen Gläser sind wieder trübe, unsauber und meist stark farbstichig. Aus diesem Glas wurden hauptsächlich Trinkgefäße hergestellt, die seltsamerweise keine eigentlichen Standflächen haben und deshalb auch als Sturzbecher bezeichnet werden.

Damit endet die frühe Periode der Glasherstellung, die von primitivsten Anfängen bis zu einer bereits fortgeschrittenen Technik reichte. Immer jedoch stand die handwerkliche Geschicklichkeit im Vordergrund allen Schaffens. Stellten doch die Sandkerngefäße bereits Erzeugnisse dar, zu deren Herstellung eine meisterhafte Beherrschung der Werkstoffe erforderlich war, besonders angesichts der noch mangelnden technischen Voraussetzungen.

1.3. *Die mittelalterlichen Gläser und das Glas der Neuzeit*

In Europa beginnt die Geschichte des Glashandwerks etwa im 9. Jh. u. Z. mit dem Beginn des Mittelalters, nach Ausbildung eines freien Handwerkes, nachdem eine Trennung zwischen den Glasmachern und den Glasverarbeitern erfolgt ist.

Waren die römischen Gläser ausschließlich Natronkalkgläser, die auch im Rhein-Main-Gebiet unter Zuhilfenahme des aus den Mittelmeerländern importierten Natrons erschmolzen wurden, so gab es nun in Europa (Mittel-Ost- und Nordeuropa) ausschließlich Kalikalkgläser. Als Alkaliträger verwendete man nun meist

Pflanzenasche bzw. die an Kaliumcarbonat stark angereicherte sog. Pottasche. Zum Herstellen des Glases benutzte man z. B. ein Gemisch aus Buchenholzasche — die mit Kaliumcarbonat angereichert wurde — und Sand. Daraus wurde — ebenso wie in der Frühzeit der Glasproduktion — zunächst eine Fritte erzeugt, die dann als Rohglas erst in einem zweiten Schmelzprozeß zum „Feinglas" aufgeschmolzen wurde. Durch den Einsatz von Holzasche als Rohstoff wurde nicht nur Kalium anstelle von Natrium in das Glas eingeführt; im Vergleich zu den Gläsern der römischen Epoche stieg der Calciumgehalt fast auf das Doppelte. Aus den Pflanzenaschen wurde ferner ein nicht unwesentlicher Phosphoroxidgehalt in das Glas eingeschleppt. Die Schmelzöfen dieser Zeit unterschieden sich ebenfalls ganz wesentlich von den römischen Öfen. Angesichts der stark gesteigerten Gebrauchsglasproduktion entpuppten sie sich allerdings als gewaltige Holzfresser, die ganze Wälder verschlangen, sodaß die Glashütten häufig ihren Standort wechseln mußten, um ihren Holzbedarf decken zu können. Das in diesen Hütten erzeugte grünliche „Waldglas" wurde Jahrhundertelang kaum verändert; es zeigte eine stets gleichbleibende, schlechte Qualität.

Ganz anders war es zur gleichen Zeit um das orientalische Glas bestellt. Konstantinopel, das frühere Byzanz, wurde zum Ausgangspunkt der Produktion des byzantinischen Glases, das mit einem hohen Gewinn nach Europa exportiert wurde. Unter der Schirmherrschaft von KONSTANTIN I. (280 bis 337 u. Z.) kamen viele westeuropäische Glasmacher nach Konstantinopel. Ihr reiches Fachwissen vereinigte sich mit den Erfahrungen, die man im vorderen Orient in den vorhergehenden Jahrtausenden bei der Glasproduktion gesammelt hatte. Byzantinisches Luxusglas wurde zu einem unermeßlichen Erfolg der Glasmacher von Konstantinopel. Es war jedem Vergleich gewachsen — auch dem mit Gläsern aus Alexandrien. Es hatte sich also gelohnt, den Glasmachern von Byzanz besondere Privilegien einzuräumen!

Sowohl die ägyptischen als auch die orientalischen Gläser (auch als islamische Gläser bekannt) waren nach wie vor Natronkalkgläser, da die gleichen Rohstoffquellen ausgebeutet wurden wie in der Frühzeit. Die Qualität der Gläser war allerdings ganz erheblich besser. Die Farbgebung wurde beherrscht; kräftige Farbtöne waren üblich; als Intensivtrübungsmittel benutzte man Zinndioxid und zum Blaufärben des Glases dienten neben Kupfer- auch Kobaltverbindungen. Charakteristisch für das byzantinische Glas sind die hervorragenden Email- und Goldmalereien. Um das Jahr 1000 u. Z. ist die Kunst der Glasherstellung und -verarbeitung bei allen Kulturvölkern der Erde bekannt. Nicht nur im westlichen Europa und im vorderen Orient finden sich Glashütten, sondern auch in der Ukraine bei Kiew, in China und in Indien. Die Glasherstellung kannte man besonders in Indien und sicher auch in China bereits wesentlich früher. Entsprechend sicher fundierte Kenntnisse hierüber fehlen jedoch bis heute.

Die an den verschiedenen Stellen der Erde erzeugten Gläser spiegeln die Eigentümlichkeiten des jeweiligen Volkscharakters, und ihre Dekore und Formen sind der jeweiligen Mode- und Stilrichtung unterworfen. Viele Neuheiten der Dekortechnik werden entwickelt. Oft bilden sich sehr charakteristische Erscheinungsformen des Gebrauchsglases heraus. An der Verarbeitungstechnik und der Zusammensetzung ändert sich jedoch lange Zeit nichts Grundlegendes. Für das mittelalterliche europäische Glaswesen ist kennzeichnend, daß Form und Technik erstarren.

Allerdings erweiterte sich der Einsatzbereich des Glases im Mittelalter auf ein wichtiges Gebiet: Das Glasfenster erlangte größere Bedeutung. Zwar hatte man bereits um die Zeitenwende in Pompeji Glasscheiben zum Verschließen kleiner Fensteröffnungen benutzt; aber das waren Einzelfälle geblieben. Erst im 4. und 5. Jh. u. Z. wurden Fenster — in erster Linie von Kirchen — mit Glasscheiben verschlossen, die in Bleirahmen gefaßt waren. Von Italien aus breitete sich der Einsatz von Glasfenstern über ganz Europa aus, blieb aber weitgehend auf die Kirchen beschränkt.

Im 12. Jh. u. Z. wurden erstmals mit sog. Schwarzlot Strichzeichnungen auf bunten Fensterscheiben angebracht. Das Lot war eine Art Email, welches zu feinem Pulver zermalen und dann mit einem Bindemittel auf das Glas aufgetragen wurde. Die fertig bemalten Glasscheiben wurden danach gebrannt; dadurch schmolz das Lot und haftete dann fest auf dem Glas. Bald entwickelte man weitere, nunmehr farbige Glasemails, die in der Mitte des 15. Jh. auch erstmals mit Erfolg auf Metalle aufgetragen wurden. Die Stagnation, die in der Weiterentwicklung des Glases eingetreten war, wurde gegen Ende des 15. Jh. — im Zusammenhang mit kriegerischen Auseinandersetzungen um Konstantinopel — beendet. Die Glasmacher verließen fluchtartig die Stadt und wanderten nach Venedig ab, wo man sie mit Freuden aufnahm. Hier — auf der Insel Murano — wurde bald eine neue Art das Glasdekors entwickelt, das weiße Filigranglas, das in unvorstellbar reicher Vielfalt dem venezianischen Glas nahezu 200 Jahre lang eine unbestrittene Monopolstellung verschaffen sollte.

Die Technik der Filigranglasproduktion hat gewisse Analogien zur Herstellung von Mosaik- oder Millefioriglas in der mittleren ägyptischen Periode. Auch hier werden Glasstäbchen aus Milchglas in einer ganz bestimmten Weise mit einem farblosen Glas verschmolzen; das Ganze wird dann durch wiederholtes Zusammenschmelzen und Ausziehen zu einem filigranen Gewebe von feinsten weißen Glasfäden in einer farblosen Glasmatrix verarbeitet. Die so hergestellten Gefäße — wie Vasen, Schalen und Kelche — sehen so aus, als ob in ihrer hauchdünnen Wandung ein feines Stoffgewebe eingeschlossen wäre (Abb. 13). Die Technik der Filigranglasproduktion wurde mit allen zur Verfügung stehenden Mitteln geheimgehalten!

Noch heute werden auf Morano derartige Gläser — die sog. Fadengläser — hergestellt. Von dieser Insel kamen übrigens auch die ersten „Kristallgläser“, Glasthermo-

Abb. 13. Venezianisches Filigranglas; Murano, um 1600 u. Z. (Halle, Staatliche Galerie Moritzburg).

meter mit Alkoholfüllung (sog. Florentiner Thermometer), Brillengläser und mit Metall belegte Glasspiegel guter Qualität. Mit dem 15. Jh. zog auch in die Glashütten des übrigen Europa ein neuer Geist ein. Zum Teil wurden erneut Natronkalkgläser produziert; sie hatten aber bereits einen neuzeitlichen Charakter (hoher SiO_2-Anteil und geringerer CaO-Gehalt). Parallel dazu wurden aber auch noch die alten Glasarten hergestellt. Die Böhmischen Glashütten erzeugten den ersten „Böhmischen Kristall“, und in England wurde das „Bleikristallglas“ erfunden. Die Schmelztechnik der Glashütten verbesserte sich zunehmend. Die Rohstoffe wurden weitgehend gereinigt. Relativ reine Pottasche gewann man aus der Asche des in den Glasöfen verbrannten Holzes. Kalk wurde als gesonderter Rohstoff nunmehr bewußt in das Glas eingeführt. Der Schwerpunkt der Glasproduktion lag bei Glasscheiben, Glasflaschen, Trinkgefäßen und anderen Gebrauchsgläsern. Spiegelglas wurde hergestellt und Gläser für den Bedarf der Alchimisten und der Apotheken.

1550 wird die Lampenglasbläserei durch den englischen Alchimisten CHARNOCK als Methode einer Glasnachverarbeitung und somit Herstellung auch komplizierterer Apparaturen in die Praxis eingeführt. Georg AGRICOLA schreibt um 1550 zwölf Bücher vom Berg- und Hüttenwesen. Im 12. Buch, das „Von den Salzen und vom Glas“ handelt, finden sich recht vollständige Beschreibungen der Glasöfen und der praktischen Hüttenarbeit. In der Wende vom 15. zum 16. Jahrhundert entsteht der sog. „Römer“ als Trinkgefäß im Rheinland, er ist ein typisch deutsches Weinglas. 1686 entdeckte Heinrich SCHWANHARDT in Nürnberg die Möglichkeit des Glasätzens mittels Fluorwasserstoffsäure, wodurch ganz neuartige Möglichkeiten der Oberflächendekoration des Glases geschaffen wurden. Das 17. Jh. ist gekennzeichnet durch eine Reihe von Hüttengründungen in Europa und auch bereits in Amerika. 1691 entsteht in Frankreich der erste große Spiegel nach venezianischem Muster, wobei die Glasmasse mit einer Schöpfkelle auf eine Metallplatte gegossen wurde, um dann ausgewalzt zu werden. Die größte so hergestellte Glasscheibe hatte eine Fläche von 4 m².

1697 erfand Johann KUNKEL das Goldrubinglas, das Glas der Barockzeit! Seine Erfindung beruht auf einem recht komplizierten Mechanismus der Kolloidchemie. Die leuchtend rote Goldkolloidlösung hatte CASSIUS schon vor ihm hergestellt (CASSIUSscher Goldpurpur). KUNKELS großes Verdienst war es, daß er CASSIUS' Entdeckung auf die Verhältnisse im Glas übertrug. Mit Johann KUNKEL begann der Chemiker, sich mit dem Glas zu befassen, und die Zeit des völlig ungewissen Probierens ging langsam zu Ende.

1764 gelang es erstmals, Natriumsulfat für die Glasherstellung zu nutzen, indem man es mit Kohlenstoff reduzierte. Dadurch konnte man auf das teure, importierte Natron bzw. die weniger geeignete Pottasche verzichten. Auf diese Weise war das Alkaliproblem zunächst einmal in Europa gelöst, und bald wurden die „Sulfatgläser" überall erschmolzen.

Joseph v. FRAUNHOFER (1787—1826) gab der Glasproduktion einen starken Auftrieb von der Physik her. Es nutzte das GUINANDsche Rührverfahren*), um das bis dahin kaum ernsthaft beachtete optische Glas in einen besseren „optischen Zustand" zu versetzen. Nicht zuletzt durch die Möglichkeiten, die die verbesserten optischen Gläser boten, konnte FRAUENHOFER die Grundlage für die Spektralanalyse schaffen, die ihrerseits wiederum ganz wesentliche Rückwirkungen auf das Glas haben sollte.

Die Chemie lehrte, die verschiedenartigen Stoffe in ihre einfachsten Bestandteile, die Elemente, zu trennen bzw. zu zerlegen. So lernte man zu unterscheiden zwischen

*) GUINANDsches Rührverfahren- ein von GUINAND zu Anfang des vorigen Jh. eingeführtes Verfahren zum Homogenisieren einer optischen Glasschmelze. Das im Hafen erschmolzene Glas wird mit einem eingetauchten Schamottestab durchgerührt, bis es zähflüssig ist; dabei verschwinden Schlieren weitgehend.

Calcium und Magnesium, zwischen Natrium und Kalium usw. Im 19. Jh. begannen sich die Entdeckungen, die auf den verschiedensten Gebieten von Wissenschaft und Technik gemacht wurden, auf die Glasproduktion auszuwirken. Die erste Glaswanne, die regenerativ mit Gas beheizt wurde (s. Abschnitt 5.3.), nahm man 1867 in Betrieb. Gläser wurden nun auch für die verschiedensten technischen Zwecke eingesetzt, z. B. bei den (1895—1896) entwickelten Röntgenröhren, im ständig wachsenden chemischen Geräte- und Apparatebau und nicht zuletzt in der optischen Industrie. Die Funktion der Apparate und Geräte hing allerdings sehr stark davon ab, wie gut das zufällig eingesetzte Glas für den jeweiligen Zweck geeignet war.

Durch Fortschritte in der Meß- und Prüftechnik entdeckte man jetzt am Glas wesentliche Mängel. Beispielsweise zeigten Thermometer, die nicht mehr ganz neu waren, falsche Werte an; dabei ergab sich ein gesetzmäßiger Zusammenhang zwischen der Fehlergröße und dem zeitlichen Abstand vom Herstellungsdatum, der auf Nachwirkungsvorgängen in dem „fertigen“ Glas beruhte. Unter dem Einfluß der Röntgenstrahlung färbte sich das Glas der Röntgenröhren. Die Resultate chemischer Analysen wurden verfälscht durch das Glas der verwendeten Geräte, das sich in gewissem Umfang auflöste. Inhomogenitäten — z. B. Schlieren — in optischen Gläsern führten zu verzerrten und unscharfen Bildern. Im Mikroskop zeigten sich um die vergrößerten Objekte farbige Ränder, die stark störten. Die thermische Beständigkeit der Gläser war zu gering, um den gesteigerten Anforderungen an die chemischen Apparate und Geräte gerecht zu werden.

Derartige Fehler konnten mit den bisher üblichen, rein empirischen Methoden kaum beseitigt werden. Vielmehr mußte dazu der Werkstoff Glas eingehend chemisch und physikalisch untersucht werden. Man mußte versuchen, die charakteristischen Eigenheiten des Glases zu erkennen, die sich von denen anderer, schon recht eingehend untersuchter Werkstoffe — wie der Metalle und der kristallinen mineralischen Stoffe — recht wesentlich unterscheiden. Eine Stätte intensiver Glasforschung mit dem wissenschaftlichen Rüstzeug und den technischen Mitteln des ausgehenden 19. Jh. wurde Jena in Thüringen. Hier entstand durch das Zusammenwirken des Optikers und Mechanikers Carl ZEISS, des Physikers Prof. Ernst ABBE und des Chemikers Dr. Otto SCHOTT eine Arbeitsgemeinschaft, deren Ergebnisse zu den großen Pionierleistungen in der Geschichte der Wissenschaft und Technik gehören.

ZEISS betrieb in Jena eine optische Werkstatt, in der er hauptsächlich Mikroskope und andere Vergrößerungsgeräte herstellte. Die hierfür erforderlichen optischen Linsen wurden manuell geschliffen, wobei es nur selten gelang, mehrere Linsen mit gleichen optischen Werten zu erzeugen. Die Linsenkombinationen wurden durch „Pröbeln" mühsam zusammengestellt, und die Linsenabstände wurden experimentell ermittelt. ZEISS erkannte sehr bald die Grenzen, die ihm als Techniker beim Verbessern seiner Erzeugnisse gesetzt waren; daher machte er seine Werkstatt Ernst ABBE zugänglich, der bereit war, sein Wissen und Können einzusetzen, um die optischen Geräte zu verbessern. ABBE entdeckte recht bald, wo die Fehlerquellen bei allen damals gefertigten Mikroskopen zu suchen waren.

ABBE kannte selbstverständlich die optischen Gesetzmäßigkeiten, die FRAUNHOFER rd. 50 Jahre vorher entdeckt hatte. Er hatte selbst auf diesem Gebiet wissenschaftlich gearbeitet; dabei hatte er u. a. neue Erkenntnisse zur Wellenlängenabhängigkeit der Brechzahl eines optischen Mediums gewonnen. Mit diesem Wissen fand ABBE den Weg, der zu einer einwandfreien optischen Abbildung mit einer hohen Bildauflösung führte: Erforderlich waren homogene Gläser mit unterschiedlichen Lichtbrechungen und Dispersionen. Aus dieser wichtigen Erkenntnis ergab sich eine neue Aufgabe; denn damals war niemand in der Lage, solche Gläser herzustellen.

Otto SCHOTT führte in Witten an der Ruhr seit 1875 wissenschaftliche Untersuchungen über die Erzeugung technischer und optischer Gläser durch. Er versuchte systematisch weitere Elemente des Periodensystems zu nutzen, um die Glaseigenschaften zu beeinflussen.

1882 begann in Jena die Zusammenarbeit zwischen SCHOTT, ABBE und ZEISS, die den Grundstein legen sollte für eine äußerst erfolgreiche Entwicklung. SCHOTT gelang es, verbesserte Schmelzverfahren für optische Gläser zu entwickeln sowie Kron- und Flintgläser (s. Abschnitt 4.1.1.) mit definierter Lichtbrechung und Dispersion herzustellen. Mit diesen neuen Gläsern konnten ABBE und ZEISS erstmals weitgehend aberrationsfreie optische Systeme hoher Qualität erzeugen, die den Weltruhm der Zeisswerke und des Glaswerks in Jena begründeten.

SCHOTTS systematische Experimente erweiterten das Spektrum der Glasrohstoffe ganz erheblich. Vor allem erkannte man, daß ein Zusatz von Bortrioxid zum Glasgemenge zu hochwertigen Geräteglasern führt; sie sind chemisch wesentlich beständiger und können thermisch stärker beansprucht werden als borfreie Gläser. SCHOTTS Arbeiten klärten auch den Wirkungsmechanismus der verschiedensten Glasrohstoffe und Rohstoffkomponenten, die seit der Frühzeit des Glases benutzt worden waren. Für einen großen Teil der gebräuchlichen Elemente bzw. Oxide konnte man — zumindest funktionell — Zusammensetzungs-Eigenschafts-Relationen ermitteln.

Ein unmittelbar nutzbares Ergebnis dieser Arbeiten war die Entwicklung der nachwirkungsfreien Thermometergläser (1883), die es ermöglichten, Thermometer herzustellen, die die einmal ermittelten thermometrischen Werte unveränderlich beibehalten. Das Jenaer Thermometerglas „16^{III}" erlangte in allen Teilen der Welt höchste Bedeutung, und das Prinzip, nach dem es hergestellt wurde, wurde vielfach angewendet und nachgeahmt.

Zu Beginn des 20. Jh. wurden die physikalischen und chemischen Eigenschaften der Gläser mit verbesserten oder neuartigen Geräten gemessen und festgelegt. Es entstanden die ersten wissenschaftlich fundierten Glaskataloge. Nicht nur in Deutschland schenkte man dem technischen und optischen Glas zunehmende Beachtung; bedeutende Glasindustrien entwickelten sich auch in England, Frankreich und den USA.

Die Entwicklung des Glases im 20. Jh. wurde geprägt durch die nicht unwesentlichen Vorleistungen des 19. Jh. Zu Beginn des 20. Jh. stieg die Nachfrage nach Glaserzeugnissen in den verschiedensten Formen, z. B. als Flachglas für Fensterverglasungen, als Konserven- und Behälterglas sowie nicht zuletzt in Form von Lampenkolben für die sich entwickelnde Glühlampenindustrie Diese Nachfrage konnte mit der manuellen Verarbeitungstechnik nicht mehr gedeckt werden.

Maschinen hatten in allen Industriezweigen — vor allem in der Metallurgie — Eingang gefunden. Dieser Trend machte auch vor der Glasindustrie nicht halt. Allerdings ergaben sich hier ganz spezielle Probleme aus dem zähflüssigen Zustand der Schmelze sowie aus der Tatsache, daß der Glasfluß bei sinkender Temperatur nicht plötzlich, sondern nahezu kontinuierlich erstarrt. Die dabei auftretenden Probleme waren nicht leicht zu lösen, zumal es keine Vergleiche in der Metallurgie oder auch der Keramik gab, die sonst für die Glaserzeugung oft Vorbild gewesen waren. Glasverarbeitende Maschinen mußten im Prinzip eine ganz analoge Arbeit verrichten wie der Glasmacher, sie mußten in der Lage sein, aus der zähen Schmelze Bänder, Rohre, Stäbe und Fäden zu ziehen oder Hohlgefäße zu blasen bzw. zu pressen.

Es dauerte nicht lange, bis entsprechende Maschinen entwickelt wurden. 1904 bzw. 1905 gelang es dem Belgier FOURCAULT und dem Amerikaner KOLBORN, ein Flachglas-Ziehverfahren zu entwickeln, das bald auch technisch genutzt wurde. Nach diesem Verfahren werden endlose Glasbänder über eine Ziehdüse aus einer kontinuierlich arbeitenden Glaswanne nach oben abgezogen (vgl. Abschnitt 5.6.2.). Das war ein ganz erheblicher Fortschritt gegenüber den bislang üblichen, meist manuellen Zylinderblasverfahren zur Flachglasproduktion. Bald folgten weitere Verfahren zur maschinellen Glasverarbeitung, z. B. 1907 die ersten Flaschenblasautomaten von Owens in England und 1914 das maschinelle Rohrziehverfahren von Danner, das noch heute in Gebrauch ist. Alle diese Verfahren wurden in den folgenden Jahren mehrfach verbessert oder durch leistungsfähigere ersetzt. Die Produktion von Massengläsern läuft nun im nicht abreißenden Strom immer besser, immer schneller.

Für diese Massengläser bewähren sich aber immer noch die gleichen Rohstoffe — Kieselsäure, Kalk und Soda nun unter gezielter Zugabe kleinerer Mengen anderer Metalloxide — die schon vor 4000 Jahren in Ägypten und Mesopotamien zur Glasproduktion verwendet wurden.

Die 4000jährige Geschichte des Glases ist — wie in dem kurzen historischen Abriß gezeigt werden konnte — untrennbar verbunden mit der kulturgeschichtlichen Entwicklung der Menschheit. Geschichtliche Umwälzungen beeinflußten auch zwangsläufig die Entwicklung des Glases. Perioden stürmischen Fortschritts wurden abgelöst durch Stagnation; es erfolgte auch Abbruch einzelner Entwicklungsrichtungen verbunden mit zeitweiligem Rückschritt. So zeigt sich denn auch die Entwicklungskurve des Glases, die in Abb. 14 als Funktion von Zeit und Entwicklungsfortschritt dargestellt ist, als aus einer Reihe einzelner Entwicklungsabschnitte bestehend, deren jeweiliger Beginn zumeist nur sehr ungenau bestimmbar ist. Die einzelnen Abschnitte stehen im Einklang mit der kulturellen Entwicklung, der Blütezeit und dem Verfall der jeweiligen Kulturepoche. So endet die Erzeugung des ägyptischen Glases mit dem Beginn des 1. Jahrtausend

Abb. 14. Diagramm zur Darstellung der Entwicklungsgeschichte des Glases.

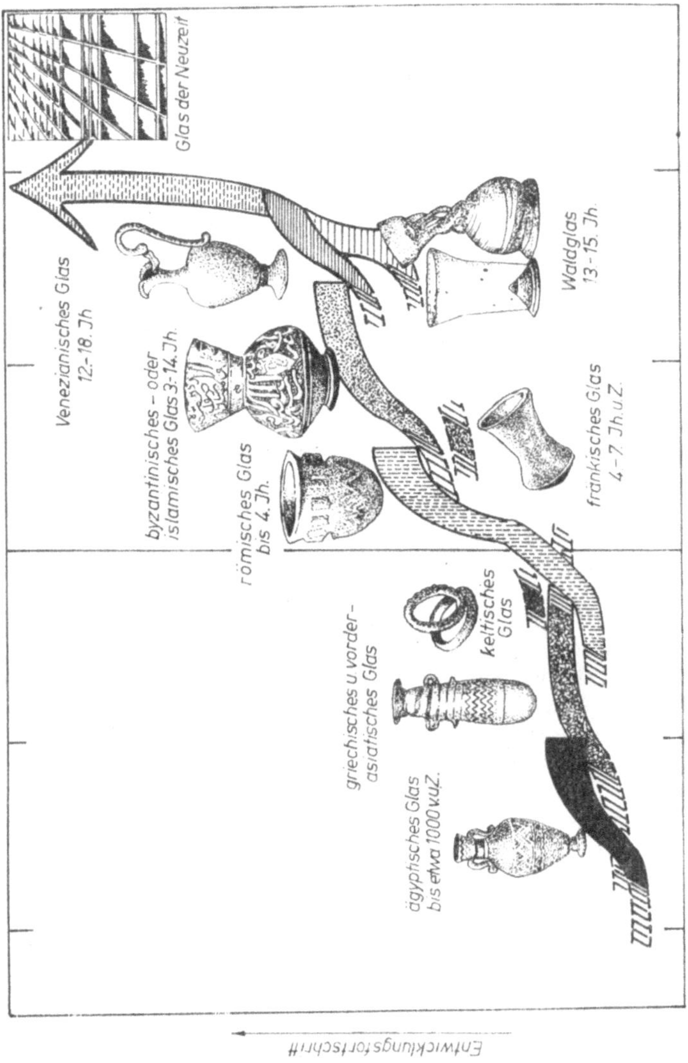
Glas der Neuzeit
Venezianisches Glas 12.-18. Jh.
byzantinisches - oder islamisches Glas 3.-14. Jh.
römisches Glas bis 4. Jh.
Waldglas 13.-15. Jh.
fränkisches Glas 4.-7. Jh. u.Z.
keltisches Glas
griechisches u. vorder-asiatisches Glas
ägyptisches Glas bis etwa 1000 v.u.Z.
2
1
0
1
2
vor unserer Zeitr.
unserer Zeitr.
Jahrtausende der Zeitrechnung
Entwicklungsfortschritt

v. u. Z., einer Zeit des zunehmenden Verfalles des ägyptischen Reiches. Das römische Glas steht und fällt mit dem römischen Weltreich usw. Jede neue Entwicklungsperiode baut auf dem Erfahrungsschatz früherer Epochen auf, ohne ihn aber voll übernehmen zu können. Die Ordinate der in Abb. 14 dargestellten Kurve trägt unter Abwägung der verschiedenen Gesichtspunkte subjektiven Charakter.

Zum Abschluß dieser kurzgefaßten Geschichte des Glases seien ein paar Worte zum Gebrauch des Namens Glas gesagt:

Bereits Tacitus und Plinius erwähnen das Wort Glas, jedoch als Bezeichnung für den Bernstein. Aus Schweden stammt das Wort „Gliis“ oder „Gläs“ für Gold. Auch im lateinischen findet man das Wort „glacies“ für Eis. Es sind alles glänzende oder durchsichtige Stoffe, die mit ähnlich klingenden Namen belegt sind. Auch im deutschen Sprachgebrauch finden sich noch Worte, wie Glaskopf, Spießglas und Glaserz, die mit dem Wort im heutigen Sinne nur das Glänzen gemeinsam haben. Viel älter ist ganz sicher der lateinische Name „vitrum“ für das Glas, der erstmals von Cicero (1. Jh. v. u. Z.) genannt wird. Dieses „vitrum“ findet sich im französischen als „verre“, im italienischen als „vetro“ und im spanischen als „Vietro“. Davon abgeleitet finden sich heute Begriffe wie „vitriform“ (glasförmig) oder „Vitrokeram“ oder im englischen Sprachgebrauch „vitrious“ (glasig oder gläsern).

Im griechischen Sprachgebrauch fanden sich für Glas Worte wie „hyalos“ (farbig, durchsichtiges Glas), was im lateinischen als „hyalus“ erscheint, „lithos chyte“ (gegossener Stein) und „krystallos“ (wasserhelles Glas).

1.4. *Die Bedeutung des Glases im 20. Jahrhundert*

Die interessante und abwechslungsreiche Geschichte des Glases hat gezeigt, daß der Entwicklungsweg vom mehr zufälligen Finden, verbunden mit zielgerichtetem

Erproben und sicherlich intensiver Naturbeobachtung, nach mehr als 4 Jahrtausenden zu einem Produkt geführt hat, das in seinen vielfältigen Anwendungsformen in unserer Zeit zum unentbehrlichen Werkstoff geworden ist. Ohne Glas ist eine moderne Wissenschaft und Technik nicht denkbar. Die besonderen physikalischen und chemischen Eigenschaften des fertig verarbeiteten Glases und die der Glasschmelze bei hohen Temperaturen waren und sind es, die ihm ein breites Einsatzspektrum ermöglichen.

Waren es in der Frühzeit der Glaserzeugung insbesondere die stark variablen Farbgebungsmöglichkeiten und später dann in Verbindung damit die Durchsichtigkeit, die das Glas für die Erzeugung von Perlen und anderen Luxusartikeln geeignet erscheinen ließ, so verschoben sich mit zunehmender Beherrschung der Herstellungs- und Verarbeitungstechnik die Verwendungsmöglichkeiten. Glas wurde zum Material, aus dem vielfältige Gebrauchsgegenstände des täglichen Bedarfs erzeugt wurden, wie besonders Behälter für Flüssigkeiten, Trinkgefäße usw. Das 20. Jh. entwickelte gerade diesen Zweig der Glasindustrie (Behälter und Verpackungsglas) zu einer heute meist vollautomatisierten Großproduktion, deren Produktionsausstoß den mengenmäßig größten Anteil an der Weltgesamtproduktion ausweist.

Die besonderen optischen Eigenschaften des Glases, seine Durchsichtigkeit, Lichtbrechung, Isotropie usw. stellten die Grundvoraussetzungen zur Herstellung optischer Geräte und damit zunächst zur Entwicklung optischer Handwerksbetriebe dar. Aus den Handwerksbetrieben wurden Industriebetriebe, deren Erzeugnisse ein unentbehrlicher Bestandteil unseres Jahrhunderts sind. Die Lichtdurchlässigkeit des Glases machte es geeignet zum Verschließen von Fensteröffnungen. Dienten die in Blei gefaßten Butzenscheiben zunächst mehr dem Schutz der Wohnung vor Wind, Nässe und Kälte bei gleichzeitigem Einlaß von Licht als der klaren, optischen Durchsichtigkeit, so richtete sich das Bestreben aber sehr bald danach, auch eine möglichst gute Durchsicht zu erhalten. Das 20. Jh. bietet mit seinen vielfältigen Flachglasherstellungsmöglichkeiten heute optimale Bedingungen für die Herstellung eines optisch ungestörten, völlig durchsichtigen Glases, auch bei dicksten Scheiben, deren Vorhandensein oft erst durch die Berührung feststellbar ist!

Die hohe Resistenz des Glases gegenüber den meisten chemischen Agentien führte dazu, Glas als Werkstoff für die Herstellung von Laboratoriumsgeräten und chemischen Apparaten zu verwenden.

Auch dieser Zweig der Glasanwendung reicht weit in die Geschichte zurück, und auch hier hat sich aus anfänglich handwerklicher Tätigkeit eine heute vielfach automatisierte oder zumindest mechanisierte Industrieproduktion entwickelt, deren Erzeugnisse umfassende, weltweite Anwendung finden.

Das 20. Jh. mit seiner intensiven naturwissenschaftlichen Forschung und technischen Entwicklung, auch auf dem Gebiet des Glases, hat zu einer ganz erheblichen Erweiterung der Einsatzmöglichkeiten glasiger Stoffe geführt, wobei der Rahmen der „klassischen“ Gläser hinsichtlich der chemischen Zusammensetzung weit gesprengt wurde.

Die Entwicklung grundsätzlich neuer Einsatzgebiete des Glases erfolgte im Bereich der Beleuchtungsindustrie, der Elektrotechnik und der Elektronik, wobei die erzielbare thermische Resistenz, und die elektrischen Isolationseigenschaften besondere Bedeutung erlangt haben. Andererseits tritt Glas in zunehmendem Maße als aktives elektronisches Bauelement in Erscheinung, wobei allerdings zum Teil ganz neuartige Stoffkombinationen im glasigen Zustand Bedeutung erlangen.

Die Verarbeitung des Glases zu feinsten Fäden und Glasseiden stellt das Ergebnis der Entwicklung einer hochqualifizierten Glasverarbeitungstechnik dar. Dieser Zweig der industriellen Nutzung des Glases wurde während des zweiten Weltkrieges in den USA zur relativ hohen Perfektion entwickelt. Die Verwendung feinster Glasseiden in Kombination mit organischen Kondensations- und Polymerisationskunststoffen, führte zur Herstellung mechanisch sehr widerstandsfähiger und relativ leichter Kombinationswerkstoffe, wie sie besonders in der Flugtechnik benötigt wurden. Nach 1945 entwickelte sich auch in allen anderen Ländern der Erde die Technik der Glasseidenherstellung und -verarbeitung in beachtenswerter Weise. Die Erzeugnisse fanden vielseitige Anwendung, z. B. als Verbundstoffe höchster Elastizität, nicht brennbare Dekorationsgewebe, Tapeten, thermisch beanspruchbare elektrische Isolationsmaterialen usw. Grobe Glasfasern finden in der Baustoffindustrie z. B. in Kombination mit Gips und organischen Bindemitteln als Isolationsmaterial Verwendung.

Die Isotropie der Gläser, in Verbindung mit ihren anderen spezifischen physikalischen Eigenschaften, hat den Weg geöffnet für eine Reihe von Anwendungsmöglichkeiten, die zu technisch und wissenschaftlich bedeutsamen Ergebnissen geführt haben. So ging der Weg von der Glasfaser und von den Fortschritten bei der Herstellung optischer Gläser zur Entwicklung „optischer Fasern" für die Licht- und Bildübertragung mit einer Bildauflösung bis zu 1000 Bildpunkten/mm^2 und in der höchsten bisher erreichten Perfektion zu den Lichtwellenleitern. Die hierfür erforderlichen Mantelfasern bestehen bei den Monomode-Glasfasern aus einer Kernfaser von etwa 1 μm Durchmesser, die von einem Glasmantel niederer Lichtbrechung umhüllt ist, derart, daß die Gesamtfaser eine gleichmäßige Stärke von z. B. 50 μm über eine Länge von mindest einem Kilometer aufweist. Damit über eine solche Faserlänge das eingestrahlte Licht nicht völlig absorbiert und zerstreut wird, muß das verwendete Glas eine kaum vorstellbare chemische und optische Reinheit besitzen. Derartige Glasfasern werden ein Nachrichtenübertragungsmittel der Zukunft sein!

Nach der Entdeckung des Kristallasers 1930 wurden 1961 Versuche durchgeführt, Gläser, die Neodym, Erbium, Ytterbium, Holmium und andere seltene Erden enthielten, ebenfalls als Lasermaterialien zu verwenden. Diese Entwicklung war möglich geworden, weil einerseits die Technik der Herstellung optischen Glases soweit fortgeschritten war, daß es gelang Lasergläser höchster optischer Reinheit zu erzeugen und andererseits bestimmte seltene Erden optische Übergänge aufwiesen, die nicht oder nur in geringfügigem Maße durch die umgebenden Glaskomponenten beeinflußt wurden. Die besonders gute Formbarkeit des Glases, sei es zu dicken Stäben oder zu dünnen biegsamen Fasern, zeichnete den Glaslaser gegenüber anderen Lasermaterialien aus; auch lernte man bald die möglichen Beeinflußbarkeiten gewisser Laserübergänge durch das umgebende Glas, bei geeigneter Glaszusammensetzung, vorteilhaft zu nutzen. Ein besonderes Interesse erlangen die „Pikosekunden-Rieseninpulslaser", die aus einem neodymhaltigen Glas hergestellt werden, mit denen es möglich ist, hohe Leistungen der Lichtimpulse bis zu 1000 Gigawatt im Pikosekundenzeitraum auszustrahlen. Vergleichsweise bedeutet das, daß die Leistung der Elektroenergieerzeugung der ganzen Welt für einen unvorstellbar kurzen Zeitraum in einem Lichtstrahl von wenigen Millimetern Durchmesser komprimiert ist! (Trotzdem ergeben aber 1000 Gigawatt für den Zeitraum einer Pikosekunde nur eine Wattsekunde.)

Die Entwicklung des Farbfernsehens, der Radartechnik und anderer Meßmethoden, deren Meßprinzip auf der Anwendung hochfrequenter Energieimpulse beruht, machten den Bau von elektrischen Verzögerungselementen erforderlich, mit deren Hilfe es möglich ist, die Laufzeit einer elektrischen Welle zeitlich zu verzögern. Auch hierfür erwies sich Glas höchster optischer Homogenität als der geeignetste Werkstoff. Der Verzögerungseffekt kommt so zustande, daß über einen Piezokristall die elektrischen Impulse in mechanische Schwingungen umgewandelt werden, die dann in einem speziell geformten Glaskörper mehrfach reflektiert werden, um danach wieder über einen Piezokristall in elektrische Schwingungen zurückverwandelt zu werden. Für die Erreichung des Verzögerungseffektes werden die zwischen der Geschwindigkeit der elektrischen Welle im elektrischen Leiter und der mechanischen Welle im Glas bestehenden erheblichen Unterschiede genutzt.

Weitere spezielle Anwendungsgebiete des Glases ergeben sich durch die interessante Tatsache, daß es möglich ist, Gläser herzustellen, die auf die Einwirkung von ultraviolettem Licht bzw. von Sonnenlicht mit einer Verminderung ihrer Transparenz reagieren. Dieser fotochemische Effekt beruht auf der Bildung von Farbzentren im Glas unter dem Einfluß energiereicher Strahlung (daher auch als fotochromatischer Effekt bezeichnet). Hierbei wird ein durch Fotoelektronen gesteuerter Dissoziationprozeß z. B. von im Glas enthaltenen Halogensilber ausgelöst, der ohne Diffusionsvorgänge im Reaktionsgebiet abläuft und deshalb reversibel ist. Bei Beendigung der Lichteinwirkung erfolgt eine Rekombination der Silberhalogenidkristalle und somit erneute Aufhellung des Glases.

Weitere Einsatzmöglichkeiten besonders „gezüchteter" Gläser sind in der Komputertechnik zu sehen, speziell für solche Gläser, die mit einem Schalt- und „Gedächtniseffekt" ausgestattet sind. Sie verfügen z. B. über sprunghaft veränderliche elektrische Leitfähigkeiten bei Einwirkung „optischer oder mechanischer Reize". Die klassischen Eigenschaftsforderungen an das Glas, wie die Durchsichtigkeit spielen hierbei kaum noch eine Rolle, auch die Herstellung solcher Gläser erfolgt nicht mehr nach den Methoden der Schmelztechnik, sondern sie werden z. B. in Form dünner Schichten aus der Gasphase abgeschieden.

Elektrodengläser, die zu dünn ausgeblasenen Membranen verarbeitet werden, verhalten sich z. B. gegenüber wäßrigen Lösungen mit unterschiedlichen pH-Wert — infolge eines Austausches von H^+-Ionen — wie Wasserstoffelektroden und gestatten es die Wasserstoffionenkonzentration zu messen. Derartige Elektroden finden in vielerlei Abwandlungen Anwendung für analytische

Untersuchungen und zum Steuern und Regeln chemischer Prozesse.

Die Entwicklung von Glaskeramiken (Vitrokerame, Sitalle oder Pyrocerame), über den glasigen Zustand durch gesteuerte Kristallisation hergestellte, feinkristalline Produkte mit einer glasigen Restphase, erschloß wiederum gänzlich neue Aspekte der Glasanwendung. Die Einsatzmöglichkeiten solcher keramikähnlichen Produkte reicht wegen des extrem weiten Eigenschaftsspektrums dieser Stoffgruppe von der stark reibungsbeanspruchten Raketenspitze über temperaturwechselbeständige Kochgeschirre bis zum astronomischen Spiegel mit Durchmessern bis zu 4 Metern und einem Gewicht von mehreren Tonnen. Erkennbar sind Möglichkeiten zur „Züchtung“ von Glaskeramiken mit Kristalliten besonderer elektrischer oder elektromagnetischer Eigenschaften.

So ungewöhnlich es auch immer erscheinen mag, Gläser finden in der Metallurgie als Hochtemperaturschmiermittel, z. B. bei der Heißverformung von Metallen, besonders von Stahl, Verwendung. Neben der Schmier- und Gleitwirkung, die auf das hochviskose Verhalten des Glases im Hochtemperaturbereich zurückzuführen ist, spielten die Oxidlöslichkeit als auch die allseitige Umhüllung, die Oberflächenspannung und die daraus resultierende Grenzflächenspannung zwischen dem Glas und dem Werkstück eine Rolle. Es ist selbstverständlich, daß für diese Zwecke nur Spezialgläser, z. B. bestimmte Ba—Pb-Borat- oder Phosphatgläser Verwendung finden können.

Diesen sehr speziellen Anwendungsmöglichkeiten der Gläser stehen diejenigen Einsatzgebiete gegenüber, bei denen Glas in erheblich großen Mengen zur Anwendung gelangt. Die Weltproduktion an Glas hat sich nach 1950 alle 10 Jahre verdoppelt. Diese enorme Wachstumsrate entsprach den zunehmenden Einsatzmöglichkeiten des Glases bei verbesserten Glaseigenschaften und wirtschaftlichen Herstellungs- und Verarbeitungsverfahren. Im Jahre 1970 umfaßte z. B. die Weltproduktion an Glas die beachtliche Menge von 45 bis 50 Millionen Tonnen. In den auf dem Glasgebiet führenden Ländern der Welt betrug die Prokopf-Produktion etwa 90 kg Glas. An der Gesamtproduktion war das Verpackungsglas mit 50 bis 80% weit an der Spitze, während Tafelglas mit nur 10 bis 30% rangierte. Der Anteil aller anderen Gläser liegt unter 10% der Gesamtweltproduktion an Glaserzeugnissen. Eine solche Aufstellung kehrt sich jedoch sofort um, wenn man an Stelle der Tonnage den Wert der Erzeugnisse setzt. In diesem Falle steht die Erzeugnisgruppe mit den geringsten Gewichtsanteilen an erster Stelle. Unter den Spezialgläsern nehmen, von der Menge her, die Gläser für den chemischen Geräte- und Apparatebau den größten Raum ein. Ihre Bedeutung für die naturwissenschaftliche Forschung, hier insbesondere die Chemie und Pharmazie braucht nicht besonders betont zu werden. Im zunehmenden Maße finden aber auch chemisch und thermisch resistente Gläser Verwendung zur Herstellung von Apparaturen im halbtechnischen und technischen Produktionsgeschehen der chemischen, der pharmazeutischen und der Lebensmittelindustrie. Technische Glasrohre finden Einsatz als Wärmeaustauscher, als Rohrleitungssysteme in Nahrungsmittel- und Molkereibetrieben, in Färbereien, der Foto- und Lackindustrie sowie in zunehmendem Maße in der Wasserwirtschaft.

Neben den Vorteilen, die Apparaturen oder Rohrleitungssysteme aus Glas bieten (Durchsichtigkeit, Korrosionsbeständigkeit, glatte Oberfläche, große Abriebfestigkeit etc.) stehen eine Reihe von nachteiligen Eigenschaften und hier im Vordergrund die Sprödigkeit des Glases und seine geringe Biegezugbelastbarkeit in Verbindung mit einer starken Streuung der Festigkeitswerte. Die große Differenz zwischen der praktischen und theoretischen Festigkeit des Glases gab in den vergangenen zwei Jahrzehnten Veranlassung, nach Möglichkeiten zu suchen um zu höheren Festigkeitswerten zu gelangen. Es wurde eine Reihe von Verfahren entwickelt, mit deren Hilfe günstigere Festigkeitswerte erreicht und somit die Einsatzbasis des Glases noch erheblich verbessert wurde. Hierdurch wurde immerhin erreicht, daß es z. B. möglich ist, lange Flachglasstreifen aufrollen zu können, schlagfeste Glasplatten und Panzerscheiben herzustellen und auch rel. dünnwandige Glasgefäße herabfallen zu lassen, ohne daß es Scherben gibt. Eine solche Verfestigung kann auf thermischem Wege erreicht werden oder durch Ionenaustauschprozesse im Bereich der Glasoberflächen.

Ganz sicher sind mit den bisher erzielten Festigkeitswerten die möglicherweise erreichbaren Grenzen noch nicht erreicht. Ganz gleich, wie hoch die Werte der Biegezugfestigkeit sind, die man je erzielen wird, Glas wird immer ein spröder Werkstoff bleiben. Das Sprödverhalten und vor allem die Tatsache, daß die Festigkeitswerte einer breiten Streuung unterworfen sind, wird z. B. den Einsatz von Glas als Konstruktionswerkstoff einschränken.

Weitere Einsatzmöglichkeiten des Glases sind gegeben in Form von thermisch hochisolierenden Schaumgläsern, als Wärmeschutz- und Filtergläser im Bauwesen und nicht zuletzt als Strahlenschutz- und neutronenabsorbierende cadmiumhaltige Bleigläser im Kernreaktorbau. Damit ist nur ein kleiner Teil der möglichen Einsatzgebiete des Glases umrissen, die Aufzählung kann nicht den Anspruch auf Vollständigkeit erheben.

Die Entwicklung der Glasmacherkunst vom Handwerk zur wissenschaftlich fundierten Technik (dieser Prozeß ist bei weitem noch nicht abgeschlossen) hat eine umfangreiche technisch-wissenschaftliche Fachliteratur hervorgebracht. Diese im Folgenden nur auszugsweise genannten Fachbücher die sich mit dem Glas befassen, stehen neben einer umfangreichen internationalen Reihe von periodisch erscheinenden Zeitschriften und verdeutlichen mit ihrer Zahl die Bedeutung, die dem Werkstoff Glas zugemessen wird. Die genannten Werke vermitteln insgesamt einen umfassenden Überblick über die Chemie, die Physik, die Technologie und die Anwendungstechnik glasiger Stoffe.

Internationale Buchliteratur: (Auswahl einiger bekannter Werke)

[249] Beyersdorfer, P.: Glashüttenkunde. Bergakademie Freiberg, Fernstudium 1964

[275] Bobeth, W./Böhme, W./Techel, J.: Anorganische Textilfaserstoffe Berlin. VEB Verlag Technik 1955

[59] Espe, W.: Werkstoffkunde der Hochvakuumtechnik, Berlin. VEB Deutscher Verlag der Wissenschaften 1960

[272] Giegerich, W./Trier, W.: Glasmaschinen, Springer-Verlag 1964

[246] Günther, R.: Glasschmelzwannenöfen. Frankf. Verl. Glastechn. Ber. 1964

[161] Geffken, W.: Beiträge zur angewandten Glasforschung. Stuttgart 1959

[7] Hinz, W.: Silicate, Band I u. II. Berlin VEB Verlag für Bauwesen 1971—72.

Jebsen-Marwedel, H.: Glastechnische Fabrikationsfehler. Berlin/Göttingen/Heidelberg, Springer-Verlag 1959

[247] Kitaigorodsky, I. I.: Technologie des Glases. Berlin, Verlag Technik 1959

[260] Kröger, C.: Wärmebedarf der Silicatbildung. Köln u. Opladen, Westdeutscher Verlag 1958

[238] McMillon, P. W.: Glass-Ceramics. New York, Academic Press 1964

[70a] Rawson, H.: Inorganic Glass-Forming Systems. London u. New York 1967

[11] Scholze, H.: Glas, Natur-Struktur und Eigenschaften. Vieweg Verlag Braunschweig 1964

[271] Salmang, H.: Die Glasfabrikation. Berlin/Göttingen/Heidelberg, Springer-Verlag 1957

[270] Schmidt, R. u. Voss, M.: Die Rohstoffe der Glaserzeugung, Leipzig, Akad. Verlagsgesellsch. Geest u. Portig 1958

Stanworth, J. E.: Physical Properties of Glas, Oxford, Clarendon Press 1950

[248] Tooley, F. H.: Handbook of Glass Manufacture, Vol. II, Ogden Publ. comp. 1961

[231] Volf, M. B.: Technical Glasses (Technicáskla). Praha 1953

[51] Vogel, W.: Struktur und Kristallisation des Glases, Leipzig 1963 u. 1971

[240] Weyl, W. A.: Coloured Glasses. Soc. Glass Technol, Sheffield 1951, Neudruck: Dawson's of Pall Mall, London 1959

[42] WEYL, W. A./MARBOE, E. CH.: The Constitution of Glasses. A dynamic interpretation, 2 Vol. Interscience Publishers, NY and London 1962 und 1965

Neben der großen Auswahl von Fach- und Lehrbüchern existiert ein breites Spektrum von Fachzeitschriften auf dem Glasgebiet oder solche, die den Werkstoff Glas zumindest als Teilgebiet neben anderen meist silikatischen Stoffen behandeln.

Auswahl der wichtigsten Zeitschriften:

Belgien:	Silicates Industriels
BRD:	Glastechnische Berichte
	Sprechsaal
	Glas-Email-Keramo-Technik
CSSR:	Sklar a Keramik
DDR:	Silicattechnik
Frankreich:	Verres et Refractaires
	Francaise de Ceramique
Großbritanien:	Physics and Chemistry of Glass
	Glass Technology
Italien:	Vetro e Silicati
Indien:	Central Glass and Ceramic Research Institute Bulletin
Japan:	Journal of the Ceramic Assoziation, Japan
	Journal of the Ceramic Society of Japan
Polen:	Szkło i Ceramica
UdSSR:	Steklo i Keramika
USA:	Journal of the American Ceramic Society
	American Ceramic Society Bulletin
	Glass Industry
	Journal of Glass Studies

Neben den aufgeführten Zeitschriften existiert noch eine große Anzahl von Betriebszeitschriften, besonders von den großen Glaswerken herausgegeben, in denen z. T. nicht unwesentliche wissenschaftliche und wissenschaftlich-technische Erkenntnisse publiziert werden.

Die Wissensexplosion, die auch auf dem Gebiet der Glasforschung im weitesten Sinne in den letzten 20 Jahren erfolgte, findet ihren Niederschlag in den genannten internationalen Zeitschriften und Fachbüchern; sie wurde in Hoch- und Fachschulen, in Forschungsinstituten und in den Forschungseinrichtungen der Glasver- und -bearbeitenden Industrie ausgelöst. Eine Aufzählung einiger der bekanntesten Forschungsstätten auf dem Glasgebiet in Europa sei an das Ende dieses Abschnittes gestellt: (entnommen [7])

Department of Glass Technol., University of Sheffield
Inst. für Silicatforschung der Frauenhofer-Gesellschaft, Würzburg, BRD
Inst. für Glas und Keramik, Warschau
Inst. für Glas und Feinkeramik, Sofia
Staatl. Glasforschungsinstitut, Hradec Kralove,
Inst. du Verre, Paris
Inst. National du Verre, Charleroi
Mendelejew-Institut für chemische Technologie, Lehrstuhl der chem. Technologie von Glas und Sitall, Moskau
Otto Schott-Institut, Lehrstuhl für Glaschemie der Fr. Schiller Univ. Jena
Staatliches Glasforschungsinstitut, Moskau
Zentrales Forschungs- u. Projektierungsinstitut der Silicatindustrie, Budapest
Zentralinstitut für anorganische Chemie, AdW der DDR, Berlin

Darüberhinaus finden sich in der Glasindustrie selber ganz wesentliche Glasforschungskapazitäten, die denen der Forschungsinstitute nicht nachstehen, sie z. T. sogar übertreffen. Einige der bekanntesten Glasproduktionsstätten, die solche Forschungseinrichtungen unterhalten seien genannt:

VEB Jenaer Glaswerk Schott u. Gen. Jena (DDR)
Jenaer Glaswerk Schott und Gen. Mainz (BRD)
Glaverbel, S. A. Gilly (Belgien)
Corning, Corning New York (USA)
Pilkington Broth., St. Helens and Lathon (England)
Asahi Glass Works Ltd., Research Lab. Yokohama (Japan)
Owens-Illinois Inc. (USA)
Pittsburgh, Pensylvania Plate Glass Comp.
usw.

Diese auszugsweise Nennung von Fachliteratur und der bekanntesten Forschungseinrichtungen, die sich mit dem Werkstoff Glas — im weitesten Sinne — befassen, soll verdeutlichen, welche Bedeutung dieser Stoffgruppe und den daraus hergestellten Erzeugnissen heute, im 20. Jh. in ökonomischer und wissenschaftlicher Hinsicht beizumessen ist.

2. Der glasige Zustand

2.1. Kriterien des Glaszustandes und Abgrenzungen gegenüber anderen physikalischen Zuständen

Eine Analyse des Phänomens der Glasbildung und des glasigen Zustandes der Materie ist erforderlich zum Verständnis und zur Abgrenzung der Bedingungen — in chemischer und physikalischer Hinsicht — unter denen Stoffe in den glasigen Zustand übergehen bzw. in ihm verbleiben können.

Es gibt nur wenige Stoffe bzw. Stoffgruppen deren Eigenheiten und Bildungsbedingungen mit den Mitteln der modernen Wissenschaft und Technik so eingehend untersucht wurden, wie gerade das Glas. Dennoch tragen alle Erklärungsversuche zur Glasstruktur und dem damit in Zusammenhang stehenden Phänomen der Glasbildung den Charakter von Hypothesen.

Glas ist unter den normalen Umweltbedingungen ein fester, physikalisch homogener Stoff, dessen hervortretendes Merkmal die isotrope Durchlässigkeit für elektromagnetische Wellen im sichtbaren Bereich ist. Bestehende Struktureinheiten müssen deshalb hinsichtlich ihrer Abmessungen unterhalb der Größe der Lichtwellenlängen liegen. Glas stellt eine besondere Zustandsform der Materie dar, der auf Grund röntgenologischer Untersuchungen, im Vergleich zum Kristall, ein strukturell hoher Fehlordnungsgrad zukommt. Die Unterschiede zum Kristall mit definierten Gitterpunkten bestehen darin, daß beim Glas Fernordnungsbeziehungen gänzlich fehlen, die für die Kristallstruktur markant sind und daß lediglich Nahordnungen um bestimmte Punktlagen existieren. Damit lassen sich aber enge Beziehungen zu den Flüssigkeiten und Flüssigkeitsstrukturen erkennen, über die man allerdings auch zum gegenwärtigen Zeitpunkt nicht ausreichende Kenntnisse besitzt. Solche Gemeinsamkeiten mit den Flüssigkeiten bestehen zum Beispiel hinsichtlich der Röntgendiagramme die sowohl bei Flüssigkeiten als auch bei Gläsern nur diffuse Beugungsmaxima aufweisen, die einen Hinweis auf eine statistische Verteilung der Atome geben. Abb. 15 zeigt als Prinzip-

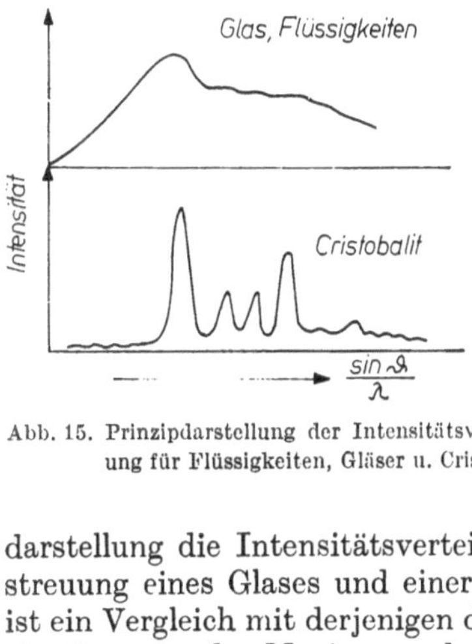

Abb. 15. Prinzipdarstellung der Intensitätsverteilung der Röntgenstrahlstreuung für Flüssigkeiten, Gläser u. Cristobalit.

darstellung die Intensitätsverteilung der Röntgenstrahlstreuung eines Glases und einer Flüssigkeit. Interessant ist ein Vergleich mit derjenigen des Cristobalit. Die Übereinstimmung des Maximums der diffusen Röntgenstreustrahlung beim Glas mit der Lage der Hauptlinie des Cristobalits machte es wahrscheinlich, daß Glas aus sehr kleinen Cristobalitkristalliten oder entsprechenden Bruchstücken, in denen die Kristallgitterelemente des Cristobalits erhalten geblieben sind, aufgebaut sein kann. B. E. Warren [8] wies jedoch nach, daß diese Übereinstimmung nicht mehr bedeutet, als daß die interatomaren Abstände in einer gleichen Größenordnung liegen.

Thermodynamisch ist Glas erst unterhalb des mit Tg bezeichneten sog. Transformationspunktes definiert (s. Abb. 16). Oberhalb dieser Temperatur liegt eine unterkühlte Flüssigkeit vor, deren Verhalten eindeutig durch die Gesetze der Thermodynamik bestimmbar ist. Abb. 16 erläutert an Hand des Temperatur-Volumen-Diagrammes die Unterschiede von Glasbildung und Kristallisation aus der Schmelze heraus.

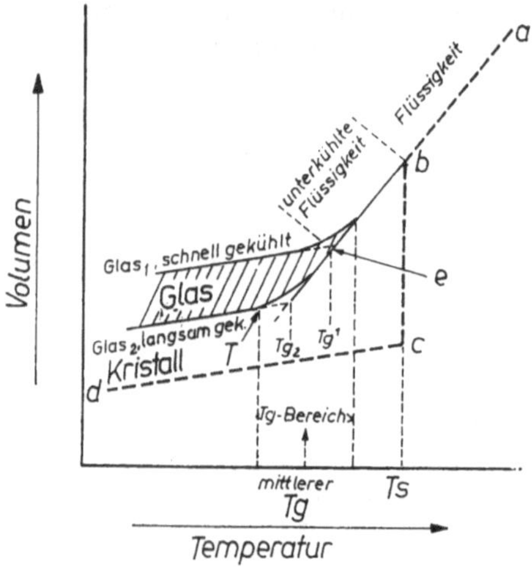

Abb. 16. Volumen-Temperatur-Diagramm zur Darstellung des Verhältnisses zwischen dem flüssigen, festen und glasigen Zustand (schematisiert).

Ebenso hätte an Stelle des hier dargestellten Volumen-Temperatur-Diagrammes ein anderes Eigenschafts-Temperatur-Diagramm Verwendung finden können wie z. B. das des Ausdehnungsverhaltens, der Lichtbrechungsindices, der Enthalpie usw. Bei der Betrachtung des Diagrammes gehen wir aus von einer Schmelze, deren Temperatur oberhalb der Liquidustemperatur (T_s) liegt und lassen diese mit einer bestimmten Geschwindigkeit abkühlen. Die Schmelze verringert entsprechend der Kurve *a—b* ihr Volumen. Im Punkte *b* ist die Schmelz- bzw. die Kristallisationstemperatur erreicht, und die Schmelze kristallisiert unter starker und spontaner Volumenkontraktion aus, entsprechend der Kurve *b—c*. Längs der Kurve *c—d*, beginnend bei *c*, findet sich dann unverändert ausschließlich die entsprechende kristalline Phase. Dieser Prozeß ist bekanntlich reversibel. Schmelzen die sich so verhalten, besitzen im Bereich der Kristallisationstemperatur, jedoch oberhalb der Liquiduslinie eine sehr

Tabelle 1

Viskositätswerte verschiedener Flüssigkeiten bei deren Schmelztemperaturen (nach MACKENZIE), [9]

Substanz	Schmelzpunkt °C	Viskosität (Poise)
Wasser	0	0,02
LiCl	613	0,02
$CdBr_2$	567	0,03
Na	98	0,01
Zn	420	0,03
Fe	1535	0,07
As_2O_3	309	10^6
B_2O_3	450	10^5
GeO_2	1115	10^7
SiO_2	1710	10^7
BeF_2	540	10^6

geringe Viskosität, die sich mit zunehmender Temperatur nur noch geringfügig verändert. Wie aus der Tab. 1 ersichtlich, handelt es sich hierbei um Salz- oder Metallschmelzen, deren Viskositätswerte bei den entsprechenden Temperaturen dem des Wassers sehr nahe sind.

Es gelingt bei sehr vorsichtiger Abkühlung, unter möglicher Vermeidung der Entstehung von Kristallisationskeimen, die Schmelze um einige °C zu unterkühlen. Dieser Zustand ist jedoch so instabil, daß er meist nur für kurze Zeit aufrecht zu halten ist. Demgegenüber steht eine zweite Gruppe von Stoffen oxidischer Zusammensetzung, die zur Bildung anorganischer Hochpolymere neigen, und die in vielen Fällen dann glasig erstarren. Die Schmelzen dieser Oxide zeichnen sich durch sehr hohe Viskositätswerte und durch einen großen Temperatur-Viskositätskoeffizienten aus. Verfolgt man das Verhalten solcher Schmelzen im Volumen-Temperatur-Diagramm (Abb. 16) so stellt man fest, daß die Schmelze bei Punkt *b*, zumindest unter normalen Zeitbedingungen, nicht kristallisiert und die Volumenänderung sich über den Punkt *b* hinaus kontinuierlich fortsetzt, entlang dem Kurvenast *a*—*b* in Richtung auf *e* (Gleichgewichtsgerade). Die zwischen *b* und *e* befindliche Schmelze stellt eine unterkühlte Flüssigkeit dar, die sich aber immer noch, allerdings nunmehr im metastabilen, thermodynamischen Gleichgewicht befindet. Im Bereich des Punktes *e* erfolgt eine zunehmend starke Eigenschaftsänderung. Dieser Temperaturbereich wird als Transformations- oder Einfrierbereich (T_g) bezeichnet. In diesem Gebiet kommt es zu einer starken Viskositätserhöhung und demzufolge zu einer Verminderung der Beweglichkeit der Moleküle. Die Einstellung eines strukturellen Gleichgewichtes bleibt nunmehr hinter der Temperatur zurück, und es friert je nach der Abkühlgeschwindigkeit, ein entsprechender Hochtemperaturzustand ein. Im Transformationsgebiet findet keine sprunghafte Eigenschaftsänderung statt, sondern sie erfolgt kontinuierlich über einen bestimmten Temperaturbereich, der dann auch als Transformationsbereich bezeichnet wird. Die Temperaturbreite des T_g-Bereiches ist abhängig von der Zusammensetzung der Gläser und kann sich zwischen etwa 50 und 100 °C bewegen.

Der Transformations- oder Einfrierpunkt stellt demzufolge nur einen Mittelwert dar, der dadurch erhalten wird, daß an die beiden Äste der Eigenschafts-Temperaturkurven die Tangenten gelegt werden, deren Schnittpunkt dann den T_g-Punkt ergibt. Da die Lage des Transformationsbereiches eines Glases, von der Geschwindigkeit der erfolgten Abkühlung oder Erwärmung stark abhängt, wurde durch internationale Vereinbarung seine Bestimmungsmethode festgelegt. Einzelheiten hierüber sind zu finden in [7], S. 150. Diese Erscheinung der Veränderlichkeit des Transformationsbereiches eines Glases ist typisch für den Glaszustand.

Es zeigt sich, daß bei einer schnellen Abkühlung der unterkühlten Flüssigkeit das entstehende Glas ein gestörtes Gleichgewicht aufweist, daß sich z. B. durch ein größeres Volumen, durch eine niedere Lichtbrechung usw. gegenüber dem langsam gekühlten Glas auszeichnet. Die Einstellung dieses Gleichgewichtes wird erreicht, wenn die Kühltemperatur über einen längeren Zeitraum bei der Temperatur T' (Abb. 16) gehalten wird. Hierbei verschiebt sich die Transformationstemperatur zu niederen Temperaturwerten hin und die Eigenschaften des Glases verändern sich längs der Linie b—e über e hinaus. Die für die Einstellung dieses Gleichgewichtes erforderliche Zeit wird als Relaxationszeit bezeichnet. Im Transformationsgebiet zeigt die Viskosität der Gläser, unabhängig von deren Zusammensetzung, einen weitgehend konstanten Wert, der im Bereich von 10^{13} Poise liegt. Die Relaxationzeit, die sich für eine Gleichgewichtseinstellung im Transformationsbereich bei 10^{13} Poise praktisch ergibt, beträgt 10 bis 20 Minuten (theoretisch jedoch nur 1 bis 2 Minuten). Bereits wenig unterhalb des T_g ist die Viskosität des Glases schon so stark angewachsen, daß sich für eine Einstellung des Gleichgewichtes bereits Stunden, Tage oder auch schon Monate ergeben würden. Bei einer Zähigkeit von 10^{17} Poise ist eine Gleichgewichtseinstellung (Entspannung) bei ausreichender Zeit gerade noch möglich. Bei noch höheren Werten der Viskosität also nur wenig weiter unterhalb des T_g wird eine Gleichgewichtseinstellung dann praktisch unmöglich. Für Viskositätswerte von 10^{25} Poise lassen sich rechnerisch Relaxationszeiten von etwa 10^6 Jahren ermitteln. In diesem Bereich haben wir es mit einem spröden und festen Körper zu tun, dem eigentlichen Glas.

Weitere charakteristische Eigenschaften zur Abgrenzung des Glases gegenüber anderen festen Stoffen, können in folgendem gesehen werden:

Die Nullpunktsentropie (S_0), die bei Kristallen und kristallinen Festkörpern entsprechend dem dritten Hauptsatz der Thermodynamik theoretisch den Wert Null aufweist, muß bei den Gläsern Werte annehmen, die größer als Null sind. Alle in dieser Hinsicht durchgeführten Untersuchungen bestätigen diesen Sachverhalt. Er wird verständlich, wenn man davon ausgeht, daß ja im Transformationsbereich eine Konfiguration eingefroren wird, die ungeordnet und dadurch energiereicher ist als im entsprechenden Kristall. Dieser Zustand bleibt auch bei zunehmend tiefen Temperaturen, also auch am absoluten Nullpunkt bestehen.

Umfassendere Untersuchungen zur Anwendung der Thermodynamik auf dem Glasgebiet wurden von L. Žagar durchgeführt [10] und finden sich auch bei Scholze [11].

Eine für die Verarbeitung des Glases entscheidende Eigenschaft ist in der kontinuierlichen Erweichung und umgekehrt in der kontinuierlichen Erstarrung in Abhängigkeit von der Temperatur zu sehen. Ähnliche Verhältnisse finden sich nur bei organischen Hochpolymeren (Thermoplaste) und werden auch hier zu einer werkstoffgerechten Verformung und Formgebung genutzt. Während beim kristallinen Festkörper mit steigender Temperatur sich nur wenige Bausteine auf Zwischengitterplätze verschieben oder sich verdrehen können, und erst bei Erreichung des Schmelzpunktes das Kristallgitter plötzlich zusammenbricht, werden bei den ungeordneten Glasstrukturen mit vielen Übergängen von schwächeren zu stärkeren Bindungen jeweils die schwächeren bei bereits niederen Temperaturen gesprengt, was zu einem langsamen Erweichen führt.

Für das Glas ist weiterhin die Möglichkeit einer unstöchiometrischen Zusammensetzung typisch. In dieser Hinsicht ist das Glas mit einer Lösung zu vergleichen, bei der z. B. das SiO_2 das Lösungsmittel und alle anderen Komponenten die gelöste Substanz darstellen. Dieser sehr einfache Vergleich hat den Vorteil, daß er die Vielzahl der sich hieraus ergebenden Zusammensetzungsmöglichkeiten veranschaulicht, zumal wenn man bedenkt, daß die Oxide von etwa 60 Elementen zur Glasherstellung Verwendung finden können, und das bei einer relativ großen Konzentrationsbreite. Nach Besborodow beläuft sich allein die Anzahl der glasbildenden Dreistoffsysteme auf etwa 2270. Von diesen waren bis 1960 nur etwa 100 untersucht.

Die große Zahl der Kombinationsmöglichkeiten macht es wahrscheinlich (zumal Realgläser meist Vielkomponentensysteme darstellen), daß in den Gläsern eine Vielzahl von strukturellen Baugruppen in ungeordneter Weise nebeneinander vorliegen können, die sich auch sonst bei den kristallinen Silikaten finden.

Kenntnisse hierüber sind jedoch zum gegenwärtigen Zeitpunkt nicht ausreichend, um eindeutige Aussagen machen zu können.

2.2. Die Funktion der verschiedenen Elemente im Glasverband

Die Bildung eines Glases ist an die Erfüllung ganz bestimmter Bedingungen gebunden, die einmal auf der rein stofflichen Ebene liegen, zum anderen aber davon abhängen, wie schnell es gelingt die Schmelze möglichst weit unterhalb des Temperaturbereiches der Liquidustemperatur abzukühlen.

So ist es möglich eine ganze Reihe von Stoffen im glasigen Zustand zu erhalten, wenn man eine möglichst kleine Menge der Schmelze in der erforderlich kurzen Zeit aus dem geschmolzenen Zustand heraus abkühlt. Für die Praxis spielen allerdings nur solche Gläser eine Rolle, die unter Berücksichtigung der technisch erforderlichen Zeiten, bei größeren Substanzmengen, im glasigen Zustand erhalten werden können. Alle anderen Gläser besitzen wissenschaftliches Interesse, oder sie sind geeignet für ganz spezielle Anwendungszwecke auf Grund besonderer Eigenschaften.

Die Glasbildung in Abhängigkeit von den chemischen Eigenheiten der Komponenten zu betrachten, ist Angelegenheit umfangreicher wissenschaftlicher Untersuchungen gewesen, wovon eine Reihe grundlegender Arbeiten Zeugnis ablegen. Es ist, wie alle diese Arbeiten ausweisen, nicht möglich, eine einfache Beziehung zwischen den chemischen Funktionspotentialen der verschiedenen Elemente bzw. ihren Ionen und der Fähigkeit Gläser zu bilden, herzustellen. Das Problem ist ganz offensichtlich sehr komplexer Natur und nicht durch einfache Funktionen darstellbar. Ganz vordergründig muß bei allen Betrachtungen die Tatsache berücksichtigt werden, daß das Verhalten der verschiedenen Komponenten im Glasstrukturverband konzentrationsabhängig ist, was z. B. besagen will, daß in einer Reihe von Fällen ein und dieselbe Komponente, je nachdem in welcher Konzentration sie selber am Aufbau des Glases beteiligt ist, ganz unterschiedliche Funktionen ausüben kann.

Glasbildung wurde, bei den Elementen selber, nur bei solchen der V. und VI. Gruppe des PSE beobachtet. Schwefel und Selen bilden Gläser, wenn ihre Schmelzen extrem schnell abgekühlt werden. Beim Schwefel liegen im Bereich der Schmelztemperatur Ringmoleküle mit je 8 Atomen vor. Mit zunehmender Temperatur brechen diese Ringe auf, und es kommt im Temperaturbereich von etwa 160 °C zur Polymerisation, wobei sich Ketten mit 10^5 bis 10^6 Atomen bilden. Hierdurch wird eine starke Viskositätserhöhung hervorgerufen (Schwefel-Anomalie). Wenn die Abkühlung der Schmelze in diesem Temperaturbereich schnell genug erfolgt, tritt Glasbildung auf. Die Transformationstemperatur des Schwefelglases liegt bei $Tg = -27\,°C$. Eingehende Untersuchungen dieses Phänomens wurden von Powell und Eyring [12], sowie Gee [13] durchgeführt.

Ähnliche Verhältnisse wie beim Schwefel wurden von Krebs [14] beim Selen gefunden.

Moynihau u. Mitarb. [14a] bestätigten und ergänzten 1971 diese Vorstellungen dahingehend, daß im glasigen

Selen Se_8-Ringe und hochpolymere Ketten mit radikalartigen Enden miteinander im Gleichgewicht stehen. Dieses Gleichgewicht liegt oberhalb der *Tg*-Temperatur vollständig auf der Seite der Se_8-Ringe. Die Glasbildung erfolgt beim Se jedoch bei höheren Temperaturen als beim S. Der *Tg*-Bereich des Selen-Glases liegt zwischen 30,5 und 31,5 °C. Bemerkenswert ist die niedrige Wärmedehnung des glasigen Selen die nach KIRBY u. ROTHROCK [29] $6{,}56 \cdot 10^{-7}$/grd bei 25 °C beträgt.

Beim Tellur konnte zwar ebenfalls kurz unterhalb des Schmelzpunktes die Ausbildung langer Molekülketten nachgewiesen werden, jedoch eine Glasbildung war nicht zu erreichen.

Von den Elementen der V. Gruppe des PSE wurde ausschließlich beim Phosphor die Möglichkeit zur Glasbildung nachgewiesen. 1962 stellte ELLIS [15] nach zwei völlig verschiedenen Methoden Phosphor in glasiger Form dar; einmal durch Erhitzen von weißem Phosphor auf Temperaturen über 250 °C unter Anwendung von Druck, und zum anderen durch Erhitzen von weißem Phosphor mit Quecksilber als Katalysator in einem geschlossenen, evakuierten Rohr auf 380 °C.

Darüber hinaus gelang es in keinem Fall andere Elemente in glasiger Form zu erhalten, obgleich es nicht an entsprechenden Versuchen gefehlt hat. Der glasige Zustand stellt für die Elemente eine wenig beständige Form dar. Eine praktische Bedeutung kommt in geringem Umfang lediglich dem glasigen Selen zu, da es bei Raumtemperatur noch beständig ist.

Ganz anders sieht es bei den Oxiden der verschiedenen Elemente aus. Auf Grund von Erfahrungen, läßt sich aus der Vielzahl der Sauerstoffverbindungen der unterschiedlichsten Elemente eine ganz bestimmte Gruppe aussondern, die in der Lage ist, für sich allein oder zusammen mit anderen Oxiden Gläser zu bilden. Die Elemente dieser allgemein als Glasbildner bezeichneten Oxide, finden sich in der III., IV. und V. Gruppe des PSE. Es sind dies B_2O_3, SiO_2, GeO_2, P_2O_5, As_2O_3 und Sb_2O_3. Diese

Oxide zeigen wiederum eine unterschiedliche Neigung zur Glasbildung, wie aus der Geschwindigkeit ableitbar ist, mit der die Schmelzen der Oxide gekühlt werden müssen, um im glasigen Zustand zu erstarren. DIETZEL [16] definierte das Maß für die Glasbildungsneigung („Glasigkeit") als den reziproken Wert der Kristallisationsgeschwindigkeit. Extrem gute Glasbildner sind B_2O_3, SiO_2, GeO_2 und P_2O_5 während As_2O_3 und Sb_2O_3 nur bei sehr schneller Abkühlung Gläser bilden. RANDALL und ROOKSBY [17] glaubten festgestellt zu haben, daß auch Bi_2O_3 ein Glas zu bilden in der Lage sei. Diese Feststellung konnte jedoch bisher nicht bestätigt werden. Die Glasbildungsneigung nimmt innerhalb der Gruppen des PSE mit zunehmender Ionengröße stark ab, was besonders deutlich in der V. Gruppe vom Phosphor zum Wismut zu beobachten ist. (Die Oxide des Stickstoffes, des ersten Elementes der V. Gruppe bilden als solche ebenfalls keine Gläser.)

Die „Glasbildner" zeichnen sich aus durch relativ kleine Ionenradien, durch Koordinationszahlen von $Kz = 4$ maximal auch 6 und durch relativ hohe Ionenladungen. Um eine zahlenmäßige Erfassung der Wirkungsweise der verschiedenen Oxide bei der Glasbildung zu ermöglichen und somit eine Kategorisierung vornehmen zu können, wurden verschiedenartige Maßzahlen herangezogen, die mit unterschiedlicher Genauigkeit, zumindest eine in der Größenordnung richtige Einordnung der Glaskomponenten in verschiedene Kategorien, gewährleisten. Aus der Vielzahl der Möglichkeiten seien einige herausgegriffen. DIETZEL [18] brachte mit seinen „Feldstärken" eine der wesentlichsten Maßzahlen, die eine einigermaßen gute Einordnung der verschiedenen Ionen hinsichtlich ihrer Wirkungsweise im Glasverband ermöglichte. Diese Feldstärken, ein Maß für die Anziehungskraft zwischen den Kationen und den benachbarten Sauerstoffionen, ergeben sich aus der Ladung z des Kations, dividiert durch das Quadrat des wirklichen Abstandes a zum Sauerstoff als z/a^2. Speziell für die Nebengruppenelemente, die mit einer höheren Polarisationskraft auf die Anionen einwirken

(Verfestigung der Bindung), wurden Korrekturen der berechneten Feldstärken vorgenommen, indem diese generell um 20% erhöht wurden (s. Tab. 2). Eine weitere Maßzahl nach Art der Feldstärken wurde ebenfalls von Dietzel mit P/r^2 vorgeschlagen, wobei P die Ionenladung und r den jeweiligen Ionenradius darstellen. Obgleich die Größe z/a^2 die wirklichen Verhältnisse wesentlich besser widerspiegelt und als Rechengröße geeigneter ist als P/r^2, gibt eine Diagrammdarstellung P/r^2 der verschiedenen Ionen gegen ihre Ordnungszahl aufgetragen — eine recht anschauliche Übersicht über die funktionelle Stellung der verschiedenen Ionen im Glasverband (s. Abb. 17). Es zeigt sich, daß die Glasbildner generell Anionenbildner mit hohen Feldstärken sind. Es ist aber auch zu erkennen, daß nicht die Ionen mit den höchsten Feldstärkewerten auch die besten Glasbildner sind (vgl.: Si^{4+} und As^{5+} oder Ge^{4+} und Sb^{5+}). Der Kohlenstoff, dem ein extrem hoher Feldstärkewert zukommt, ($z/a^2 = 2{,}40$), zeigt bezüglich seiner Oxide keine Glasbildungseigenschaften mehr.

Die Feldstärken der besten Glasbildner finden sich im Bereich mittlerer Werte, etwa bei z/a^2 von 1,4 bis 2,2.

Die Elektronegativitätswerte nach Pauling [19] — s. Tab. 2 — bieten die Möglichkeit, den jeweiligen Bindungsanteil (heteropolarer und homöopolarer Bindung) einer chemischen Verbindung zu ermitteln. Hiernach weisen glasbildende Oxide gemischte Bindungen auf. Mit einem bestimmten Vorbehalt kann danach Mischbindung als ein weiteres Kriterium für die Fähigkeit zur Glasbildung angesehen werden. So ergibt sich nach Pauling z. B. für die Si—O-Bindung ein Ionenbindungsanteil von etwa 45%. Alle anderen glasbildenden Oxide zeigen ähnliche Werte. Eine Verallgemeinerung dieser interessanten Feststellung ist jedoch nicht möglich, da z. B. diese Verhältnisse bei BeF_2- oder As_2S_3-Gläsern grundsätzlich anders sind, da diese Verbindungen einen sehr hohen bzw. sehr niedrigen Anteil an Ionenbindung aufweisen. Mittlere

Tabelle 2

Die Funktion der wichtigsten Elemente im Glasverband in Abhängigkeit von ihren chemischen Funktionspotentialen

Funktion des Elementes im Glasverband	Element bzw. Ion	Ionenladung	Koordinationszahl Kz	Feldstärke nach DIETZEL $[z/a^2]$	Elektronegativitätswerte nach PAULING	Bindefestigkeit nach SUN [kcal]
Glasbildner	P	5	4	2,08	2,1	88 – 111
	B	3	3 / 4	1,62 / 1,45	2,0	119
	Si	4	4	1,56	1,8	106
	Ge	4	4	(1,75)	1,8	108
	As	3 / 5	4	1,00 / 2,13	2,0	87 – 70
	Sb	3 / 5	6 / 4	0,83 / 1,76	1,9	85 – 68
Zwischenionen („intermediates")	V	3 / 5	6 / 4	(0,93) / (1,85)	1,6	112 – 90
	Zr	4	6	0,84	1,6	81
	Al	3	4 / 6	0,97 / 0,84	1,5	53 – 67 / 79 – 101
	Ti	3 / 4	6	0,89 / 1,25	1,5	73
	Pb	2 / 4	6, 8 / 6	0,34, 0,32 / 1,03	1,6	73 / 39
	Zn	2	4 / 6	(0,59) / (0,52)	1,6	72
	Be	2	4	0,86	1,5	63
	Cd	2	6	(0,44)	1,6	60
	Sn	2 / 4	6	0,41 / 1,13	1,8	46

Glaswandler	Mg	2	4 / 6	0,51 / 0,45	1,2	55 / 37
	La	3	8	0,43	1,1	58
	Ca	2	6 / 8	0,35 / 0,33	1,0	32
	Sr	2	8	0,27	1,0	32
	Ba	2	8	0,24	0,9	33
	Li	1	4 / 6	0,23	1,0	36
	Na	1	6 / 8	0,19 / 0,17	0,9	20 / 15
	K	1	8	0,13	0,8	13
	Rb	1	8	0,12	0,8	12
	Cs	1	8	0,10	0,7	10
Anionen-bildner	S	6	4	2,6	2,5	
	Se	6	4	2,25	2,4	
	Te	6	4	1,92	2,1	
	O	2	4		3,5	

Feldstärkewerte und Mischbindung sind danach nur typisch für Oxidgläser.

Aber auch hier muß einschränkend betont werden, daß sich Feldstärken und Bindungskräfte auf die statischen

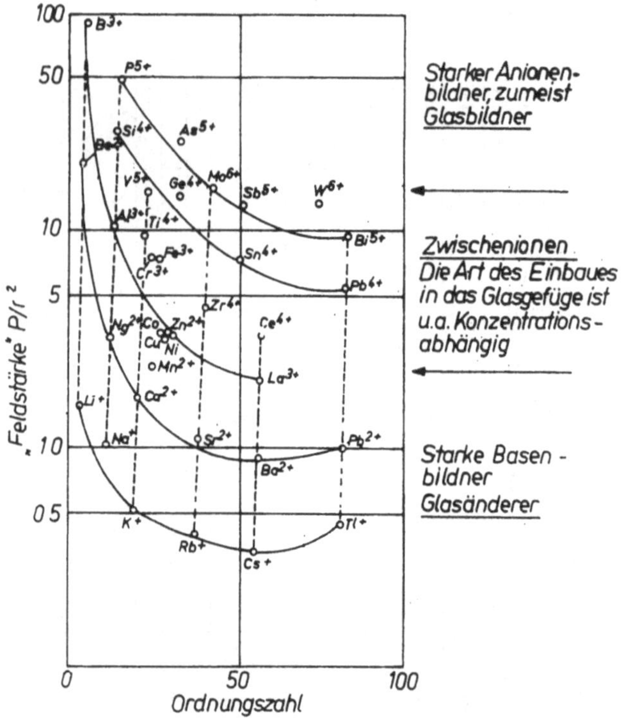

Abb. 17. Funktionelle Einordnung der Elemente in den Glasstrukturverband in Abhängigkeit von Feldstärke und Ordnungszahl.

Verhältnisse beziehen, daß aber die Glasbildung ein kinetischer Vorgang ist und Bindekräfte und Feldstärken hierfür **nicht** allein ausschlaggebend sind. Diese Tatsache findet u. a. ihren Ausdruck darin, daß es keine scharfen

Grenzwerte der genannten Eigenschaften für die Glasbildner gibt, sondern ein relativ breites Übergangsgebiet zu einer anderen Gruppe von Ionen hinführt, die als „Zwischenionen“ bezeichnet werden. Unter Zwischenionen werden solche Ionen verstanden, die die Fähigkeit aufweisen, unter bestimmten Bedingungen (bestimmte Konzentrationsverhältnisse, Anwesenheit stark polarisierender Ionen usw.) auch als Glasbildner in Erscheinung zu treten, jedoch nicht für sich allein. Sie können aber auch als Glasänderer fungieren und gemeinsam mit anderen Glasbildnern Gläser ergeben. Unter bestimmten Bedingungen können sie gleichgewichtsmäßig in einem Glas auch beide Funktionen ausüben. In der Literatur finden sich weitere Unterteilungen dieser Gruppe von Glaskomponenten (z. B. bei [7]), worauf hier jedoch nicht eingegangen werden soll, da eine solche Unterteilung sehr ungenau ist und die gegebenen Verhältnisse noch unübersichtlicher gestaltet. Die Zwischenionen zeichnen sich durch kleinere Feldstärkewerte (z/a^2 zwischen 1,6 und 0,6) und ebenfalls kleine Elektronegativitätswerte (1,8 bis 1,5), im Vergleich zu den eigentlichen Glasbildnern aus. Sie weisen im allgemeinen Koordinationszahlen gegenüber Sauerstoff von $Kz = 4$ und 6 auf. Die Zwischenionen zeigen zum Teil ein amphoteres Verhalten.

Die dritte Gruppe stellt stark basische Oxide dar, sie werden als „Glasänderer“ oder „Glaswandler“ bezeichnet. Zu ihnen zählen insbesondere die Alkalien und Erdalkalien sowie die Seltenen Erden und ein Teil der Übergangselemente. Sie sind nicht in der Lage für sich allein oder in Gegenwart anderer Oxide als Glasbildner in Erscheinung zu treten. Durch ihren Einbau in ein Glas erfährt dieses eine mehr oder weniger starke Eigenschaftsänderung. Die Gruppe der Glasänderer weist Feldstärkewerte z/a^2 im Bereich von 0,1 bis etwa 0,8 auf und die Elektronegativitätswerte reichen von 1,2 bis 0,7, was auf eine weitgehende Ionenbindung hindeutet.

Die Einteilung der verschiedenen Ionen des PSE in die genannten drei Gruppen hat sich für die praktische

Arbeit als sehr zweckmäßig erwiesen und bietet manchen Vorteil, obgleich sie, wie bereits erwähnt, nicht einer gewissen Willkür entbehrt. Eine ähnliche Aufteilung ergibt sich auch unter Verwendung der von SUN [20] beschriebenen Kationen-Sauerstoff-Bindefestigkeit. Diese wurde ermittelt als Dissoziationsenergie des auf RO_y entfallenden Anteiles des Oxides R_nO_m, wobei $y = n/m$ ist, dividiert durch die Koordinationszahl des Kations R. Die Werte für die Bindefestigkeit (s. Tab. 2) lassen bei den typischen Glasbildnern erkennen, daß zum Sauerstoff hin hohe Festigkeitswerte der Bindung bestehen, die über die Zwischenionen zu den Glasänderern stark abnehmen.

Ganz ähnliche Abhängigkeiten und Kriterien für eine Einordnung der Ionen wurde von CARINO-CANINA [21] mit den Glasbildungskoeffizienten gegeben, auf die hier auch nicht näher eingegangen werden soll, was ebenso für die Untersuchungen von STANWORTH [22] gilt.

Eine besondere Rolle spielen die Elemente der VI. Gruppe des PSE. So ist es auf der einen Seite möglich Oxidgläser zu erhalten, z. B. aus TeO_2 oder SeO_2 — auch in Kombination mit basischen Oxiden, allerdings in begrenzten Konzentrationsbereichen. So bilden TeO_2 und BaO (im Bereich von 11—18 Gew.-% BaO) durchaus stabile Gläser. Auf der anderen Seite bilden Schwefel, Selen und Tellur sog. Chalkogenidgläser in weiten Konzentrationsbereichen vornehmlich mit den Elementen der IV. und V. Gruppe des PSE. Gläser dieser Art haben große Bedeutung erlangt für die Herstellung spezieller Farbgläser mit hoher Infrarotdurchlässigkeit und für Halbleiterelemente. Umfangreiche Arbeiten hierzu wurden von sowjetischen Wissenschaftlern durchgeführt.

Zu den Kuriositäten — die hier nur genannt seien — zählen die Nitratgläser, die durch Zusammenschmelzen von Alkali- und Erdalkalinitraten bei möglichst schneller Kühlung der Schmelze gewonnen werden können. Sie besitzen ebenso wie die „Salz-Gläser“ (z. B. Fluorberyllat- oder Erdalkalifluorid-Gläser) oder solche auf Zinkchlorid-

Basis bisher nur Modellcharakter, da sie eine geringe Beständigkeit aufweisen.

Abb. 18 veranschaulicht die Funktion der Elemente des PSE in bezug auf die Glasbildung in übersichtlicher Form. Die hier nicht in eine der vier Gruppen eingeordneten Übergangselemente, erzeugen im Glas meist Färbungen durch „Farbionen“ oder bei den Edelmetallen durch Kolloidfärbung. Da diese meist nur in geringen Konzentrationen bei der Glasherstellung Verwendung finden, werden sie größtenteils als Glasänderer fungieren.

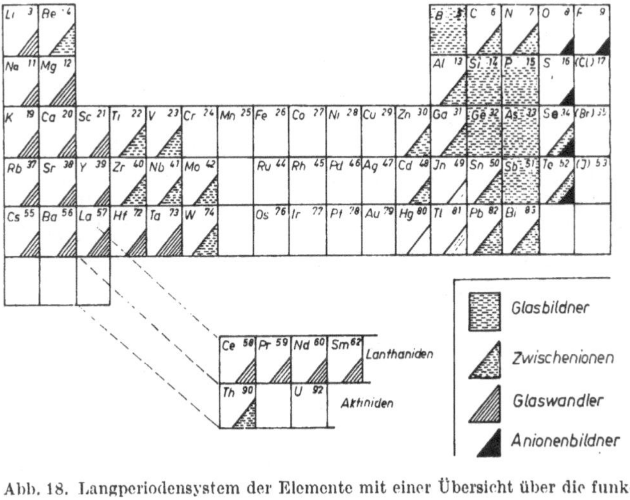

Abb. 18. Langperiodensystem der Elemente mit einer Übersicht über die funktionelle Einordnung der Ionen in den Glasstrukturverband.

2.3. *Vorstellungen zur Glasstruktur*

In den vergangenen 50 Jahren hat es nicht an Versuchen gefehlt, verschiedenartige Strukturmodelle für das Glas zu entwerfen und sie vom wissenschaftlichen Standpunkt aus zu interpretieren, um verstehen zu können, warum unter bestimmten Bedingungen einige Stoffe glasig erstarren können und andere nicht.

Die in dieser Richtung unternommenen Versuche, lassen sich in zwei zunächst voneinander unabhängige Richtungen einteilen. Einmal ging man von den chemischen Funktionspotentialen der glasbildenden Atome bzw. Ionen aus, also von ihren Bindekräften, koordinativen Anordnungen usw., verglichen mit denen anderer, nicht glasbildender Stoffe und versuchte, die möglichen Unterschiede herauszuarbeiten. Diese Betrachtungsweise war die ursprüngliche; aus ihr entwickelten sich eine Reihe von heute geläufigen Begriffen auf dem Glasgebiet. Die andere Richtung ließ zunächst jede strukturelle Betrachtung außer Acht und befaßte sich mit den kinetischen Problemen bei der Kristallisation einer Flüssigkeit unterhalb der Liquidustemperatur. Hier sind besonders die grundlegenden Arbeiten von TAMMANN und seiner Schule [23] zu nennen, der die Keimbildung und die Kristallisationsgeschwindigkeit in den Vordergrund stellte. Die Entwicklung insgesamt hat jedoch gezeigt, daß erst bei einer gemeinsamen Betrachtung beider Richtungen eine relativ befriedigende Theorie der Glasbildung entsteht, die zumindest eine brauchbare und mit Erfolg anwendbare Arbeitshypothese darstellt.

Kristallithypothese:

Um dem historischen Entwicklungsgang gerecht zu werden, sei die von der russischen Schule, 1921 von LEBEDEW [24] entwickelte Kristallithypothese an den Anfang gestellt.

Bei der Untersuchung der Brechungsindices von Gläsern in Abhängigkeit von der Temperatur, wurden Anomalien entdeckt, die im Temperaturbereich der Umwandlungstemperaturen der kristallinen SiO_2-Modifikationen lagen. Daraus wurde abgeleitet, daß im Glas sehr kleine geordnete Bereiche — sog. Kristallite — vorliegen, die über ungeordnete Bereiche miteinander verbunden sind. Diese

Kristallite können sehr unterschiedlicher Art sein und entsprechend der jeweiligen Zusammensetzung des Glases aus Silicaten und den kristallinen Modifikationen des SiO_2 oder entsprechenden Mischkristalliten bestehen. Diese Hypothese wurde gestützt durch Arbeiten von RANDALL, ROOKSBY und COOPER [25], die mit Hilfe von Röntgenstrahlstreuungen Berechnungen über die Größe sehr kleiner Kristalle vornahmen. Es ergaben sich nach diesen Methoden Werte für die im Glas vorliegenden Kristallite in der Größenordnung von 15 bis 20 Å. Andere Autoren glaubten noch kleinere Kristalliteinheiten annehmen zu müssen, wobei dann allerdings zu bedenken ist, daß man dann bereits in den Größenordnungsbereich einer Elementarzelle des Cristobalit (7,1 Å) gelangt, und dann nicht mehr von einem Kristallit sprechen kann. Ursprünglich gingen die Vorstellungen dahin, daß die geordneten und ungeordneten Bereiche im Glas mit scharfen Grenzen voneinander getrennt sind. Die Untersuchungen von WALENKOW und PORAI-KOSHITS [26] führten zur Modifizierung der Theorie, wonach ein kontinuierlicher Übergang von kleinen geordneten Bereichen in ungeordnete Gebiete erfolgen soll, wodurch ein System wechselnden Ordnungsgrades entsteht. Diese Betrachtungsweise näherte sich bereits weitgehend anderen Vorstellungen zur Glasstruktur und es ist heute erkennbar, daß es mit der nachfolgend beschriebenen Netzwerkhypothese eine Reihe von gemeinsamen Gesichtspunkten gibt, bzw. daß beide Theorien zu einer einheitlichen Vorstellung verschmolzen sind.

Netzwerkhypothese:

Während die Kristallithypothese im wesentlichen die Fragen der Nah- und Fernordnungszustände im Glas untersuchte, umfaßte die 1932 von ZACHARIASEN [27, 28] aufgestellte Netzwerkhypothese ein wesentlich breiteres Band von Abhängigkeitsgrößen bzw. Bestimmungsfaktoren.

Die ZACHARIASENsche Netzwerkhypothese ist ganz zweifellos eine der fruchtbarsten Glasstrukturtheorien, die in ihren inzwischen modifizierten Formen ganz entscheidend den heutigen Wissensstand auf dem Glasgebiet beeinflußt hat. ZACHARIASEN ging von der Tatsache aus, daß zwischen der glasigen und kristallinen Form des gleichen Stoffes nur geringfügige thermodynamische Unterschiede bestehen.

Hieraus und aus der Übereinstimmung bestimmter anderer physikalischer Eigenschaften — zwischen dem Glas und den entsprechenden Kristallen — schlußfolgerte ZACHARIASEN, daß im Glas die gleichen Bindekräfte und Struktureinheiten vorliegen müssen, wie im Kristall, daß aber Unterschiede im Ordnungsgrad bestehen. Die kleinsten Struktureinheiten des Siliciumdioxides und der Silicate sind in den SiO_4-Tetraedern zu sehen, die im Kristall zu einem regelmäßigen, dreidimensional vernetzten Kristallgitter über Brückensauerstoffe verbunden sind und beim Glas ein unregelmäßiges, aber ebenfalls dreidimensionales Netzwerk bilden. Diese Vorstellung veranschaulicht die Abb. 19, in der ein „verzerrtes" Kieselglasnetzwerk (*a*) neben dem eines SiO_2-Kristallgitters (*b*) dargestellt ist. Die Darstellung erfolgte flächenhaft, das jeweils vierte Sauerstoffatom der SiO_4-Tetraeder ragt nach oben oder unten aus der Zeichenebene heraus.

ZACHARIASEN stellte für diejenigen Stoffe, die ein Glasnetzwerk zu bilden in der Lage sind und die er als „Netzwerkbildner" bezeichnete, eine Reihe von Regeln auf, die mit nur geringfügigen Erweiterungen bzw. Einschränkungen noch heute volle Gültigkeit besitzen:

1. Die Koordinationszahlen der Kationen müssen gegenüber Sauerstoff relativ klein sein ($Kz = 3$ und 4).

2. Die Struktureinheiten (Polyeder aus 3 oder 4 Sauerstoffatomen um ein Zentralatom angeordnet) dürfen nur über die Ecken, nicht über Flächen oder Kanten miteinander verknüpft sein, und mindest drei Ecken eines Polyeders müssen mit anderen Polyedern gemeinsam sein.

3. Jedes Sauerstoffatom kann im Netzwerk nur an zwei Kationen gebunden sein.

Zachariasen leitete aus den sich ergebenden Strukturvorstellungen des Glases ab, daß die Energieinhalte der glasigen Körper nur wenig größer sind als diejenigen der analog zusammengesetzten kristallinen Stoffe. Da Gläser nicht nur aus glasnetzwerkbildenden Oxiden erschmolzen werden, sondern in den meisten Fällen auch andere Oxide

b)

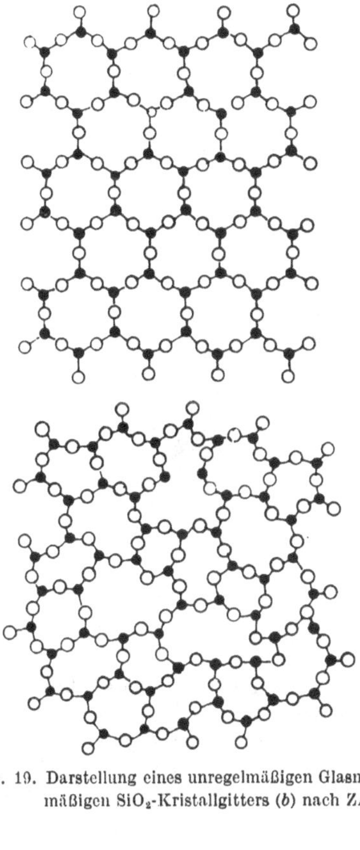

a)

Abb. 19. Darstellung eines unregelmäßigen Glasnetzwerkes (*a*) und eines regelmäßigen SiO_2-Kristallgitters (*b*) nach Zachariasen und Warren.

wie vornehmlich Alkalien und Erdalkalien enthalten, muß für diese eine entsprechende Einbaumöglichkeit in das System des Netzwerkes gegeben sein. Wie ein solches Glas nach den Vorstellungen von Warren [31] aufgebaut sein müßte, zeigt Abb. 20. Durch den Einfluß der zusätzlich in ein Glasnetzwerk eingebauten Oxide, die als „Netzwerkwandler“ oder als „Glaswandler“ bezeichnet werden, entstehen im Glasnetzwerk Trennstellen durch Spaltung von Si—O—Si-Brücken nach dem Schema:

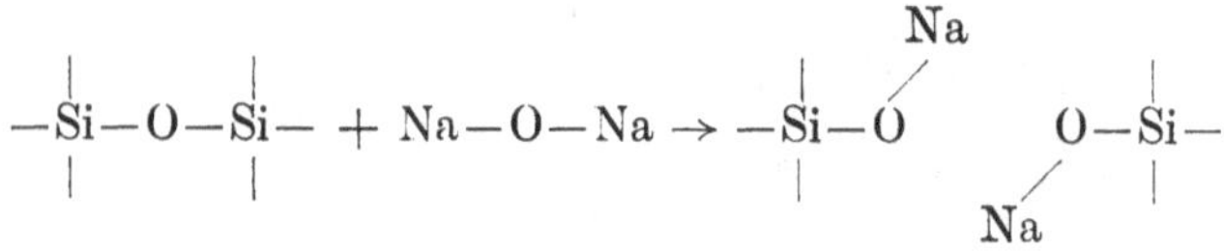

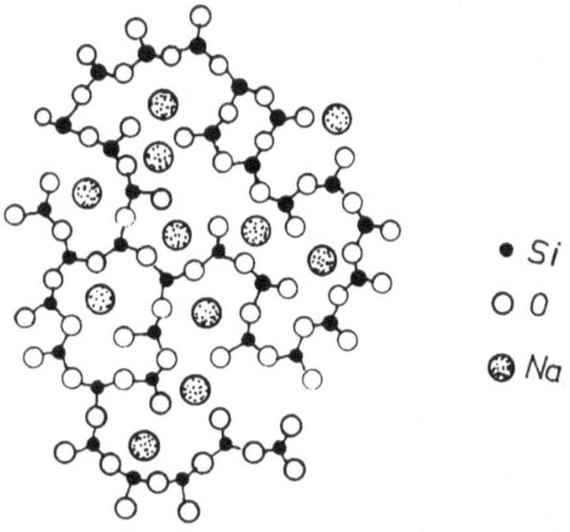

Abb. 20. Strukturvorstellungen über den Aufbau eines Na—Ca-Silicatglases nach WARREN (1938).

Eine solche Brückenspaltung führt zu einer Lockerung des Strukturverbandes, was sich in einer Herabsetzung der Transformationstemperatur bemerkbar macht. Anders ist die Einwirkung eines zweiwertigen Kations, z. B. des Ca^{++} auf das Netzwerk. Dieses bewirkt zwar ebenfalls eine $-\overset{|}{\underset{|}{Si}}-O-\overset{|}{\underset{|}{Si}}-$ Brückenspaltung, aber es bildet sich eine neue Brücke mit einer anderen Bindefestigkeit aus $\left(-\overset{|}{\underset{|}{Si}}-O-Ca-O-\overset{|}{\underset{|}{Si}}-\right)$.

Die in das Glasnetzwerk eingelagerten netzwerkändernden Ionen, haben das Bestreben sich koordinativ mit Sauerstoff abzusättigen, was sie unter Einbeziehung der Brückensauerstoffe in den Hohlräumen des Netzwerkes erreichen können. Es ist aber nicht möglich, beliebig viele solcher Sauerstoffbrückenspaltungen vorzunehmen, ohne bald die Grenze der Glasbildungsmöglichkeit nach den Zachariasschen Vorstellungen zu erreichen. Diese Grenze müßte theoretisch dann erreicht werden, wenn jedes SiO_4-Tetraeder nur noch über drei Ecken mit anderen Tetraedern verknüpft ist, da nur dann noch nach Zachariasen die Bedingungen für die Bildung eines dreidimensionalen Netzwerkes erfüllt sind. Ein solcher Zustand ist bei einer Zusammensetzung $R_2O \cdot 2SiO_2$ gegeben. Wird die Alkalikonzentration eines solchen Glases weiter erhöht, so findet eine zunehmende Aufspaltung weiterer Sauerstoffbrücken statt und es verbleiben schließlich lange Ketten, zwischen denen aber ganz offensichtlich noch an einer Reihe von Stellen Vernetzungen vorhanden sind, denn selbst bei Zusammensetzungen von $R_2O \cdot SiO_2$ werden noch Gläser erhalten! Wächst der Kationenanteil aber über 50 Mol-% an, so bilden sich zunehmend kürzere Ketten, bis schließlich nur noch isolierte Tetraeder vorhanden sind. Die Glasbildungsneigung solcher Schmelzen wird zunehmend geringer und ist letztendlich unter keinen Bedingungen mehr zu erreichen. Zachariasen hat über die Verteilung der Komponenten im Glasnetzwerk keine Vorstellungen entwickelt. Warren u. Mitarb. [30, 31] nahmen an, daß im Glas eine statistische, also zufällige Verteilung der in das Netzwerk eingebauten Kationen, vorliegt. Eine solche statistische Verteilung schließt ein, wie Jagodzinski [32] 1959 darlegte, daß sich Anhäufungen in bestimmten Bereichen — nach Art eines Schwarmes — ausbilden können und daß statistisch keinesfalls gleichmäßig bedeutet.

Eine Erweiterung der Vorstellungen von ZACHARIASEN wurde von WARREN u. Mitarb. [33] auf Grund von Untersuchungen der Beugung von Röntgenstrahlen an Gläsern vorgenommen. Die Untersuchungen WARRENS erstreckten sich auf eine Reihe von meist einfach zusammengesetzten Gläsern. Die Anwendung integraler Fourieranalysen brachte weitere Fortschritte, und die gute Übereinstimmung der nach den Vorstellungen Zachariasens berechneten und der experimentell ermittelten Werte der Röntgenbeugungskurven brachten eine Bestätigung des Vorhandenseins eines unregelmäßigen Netzwerkes als Bauprinzip der Gläser. Diese Aussagen WARRENS wurden später allerdings durch eine systematische Analyse der Fehler der FOURIER-Methode eingeschränkt.

Eine Modifizierung des Strukturmodelles von ZACHARIASEN ergab sich in den Folgejahren dahingehend, daß vor allem eine weit größere Ordnung im Glasstrukturverband angenommen wird, wofür u. a. die geringen Unterschiede der Entropiewerte zwischen Glas und Kristall sprechen. (S^0_{298} für Kieselglas $= 11{,}2$ und für β-Cristobalit $= 10{,}19 \left[\frac{\text{cal}}{\text{grd} \cdot \text{mol}}\right]$) [33a].

Nach Untersuchungen von OBERLIES und DIETZEL [34] ist Kieselglas vornehmlich aus SiO-Sechserringen aufgebaut, ähnlich wie der Cristobalit, jedoch sind diese Ringe gestört und Ringe mit einer anderen Zahl von Tetraedern sind dazwischengelagert. Nach WARREN überschreiten die geordneten Bereiche Dimensionen von 10—12 Å nicht, und auch andere Autoren sprechen von Ordnungsbereichen in der Größenordnung von 7,1—20 Å.

Die Netzwerkhypothese ZACHARIASENS ging aus vom kristallchemischen Standpunkt; die chemischen Bindungsverhältnisse waren zunächst kaum berücksichtigt worden. Im Laufe der weiteren Entwicklung wurden jedoch viele

Ergänzungen und Korrekturen vorgenommen, die weitere Faktoren mit einbezogen.

Sowohl die Kristallit- als auch die Netzwerkhypothese wurden durch zunehmende Erkenntnisse auf dem Glasgebiet einander soweit angeglichen, daß heute nur noch therminologische Unterschiede zwischen beiden Vorstellungen bestehen, die an sich unwesentlich sind. Entscheidende Beiträge hierzu lieferten weitere Strukturvorschläge, die zumeist das Netzwerk als integrierenden Bestandteil ansehen und die durch Präzesierung weiterer Einflußfaktoren zu unseren heutigen Vorstellungen führten.

Andere bzw. ergänzende Strukturvorstellungen vom Glas:

Hier seien einige weitere Theorien und halbempirische Regeln in Kurzform dargestellt. Einzelheiten können der angegebenen Literatur entnommen werden.

HUGGINS [35] unternahm mit seiner Strukturtheorie einen weiteren Versuch zur Klärung der Glasstruktur. Anlaß dazu gaben ihm Knickpunkte, die er in den Dichtekurven der Gläser in Abhängigkeit von der Zusammensetzung zu erkennen glaubte. Er nahm an, daß das Glas aus Bauelementen, den sog. Struktonen zusammengesetzt sei, die aus den jeweiligen Atomen mit den dazugehörenden koordinierenden Sauerstoffen bestehen. Die Vorstellungen HUGGINS haben stark hypothetischen Charakter und erscheinen vielfach gezwungen und wenig wahrscheinlich.

Ein anderer nicht uninteressanter Strukturvorschlag mit einem allerdings sehr speziellen Anwendungsbereich, stammt von TILTON [36]. Er betrachtet die SiO_4-Tetraeder als die kleinsten Grundbaueinheiten und nimmt an, daß sich diese zu 5er-Ringen zusammenlagern, die ihrerseits Pentagondodekaeder aus 20 Tetraedern bilden, die er Vitrone nannte. Eine Vergrößerung dieser Baueinheiten ist aus geometrischen Gründen nur unter Verzerrung der weiterhin angelagerten 5er-Ringe möglich, was eine Verbindung der einzelnen Vitrone über unregelmäßige Bereiche bewirkt. Diese 5zählige Symmetrie soll spezifisch sein für die Glasstruktur, da sie in Kristallen nicht vorkommt. Diese als Vitronentheorie von TILTON bezeichnete Vorstellung konnte sich allerdings ebensowenig behaupten, wie die Struktontheorie, obgleich mit ihr manche spezifischen Eigenschaften der Gläser erklärbar sind. Eine wesentliche Erweiterung unserer Kenntnisse über die Glasbildung brachten Untersuchungen von STEVELS [37; 38; 39], der den Strukturparameter „Y" einführte. Y ist ein Maß für die im Glas mögliche mittlere Anzahl von Brückensauerstoffen je Tetraeder, also ein Maß für den Grad der erfolgten Polymerisation. Im SiO_2-Glas, ebenso wie im SiO_2-Kristall beträgt $Y = 4$, was eine 3dimensionale Verknüpfung aller Tetraeder bedeutet. $Y = 3$ ergibt sich für ein Glas der Zusammensetzung $R_2O \cdot 2SiO_2$, bei dem die Tetraeder über drei Ecken miteinander verbunden sind. Für den Wert $Y = 2$, der bei der Zusammensetzung $R_2O \cdot SiO_2$ erreicht wird, besteht die Struktur (theoretisch) aus unendlich langen Ketten, die durch die glaswandelnden Ionen miteinander verknüpft sind. Gläser mit Strukturparametern $Y < 3$ dürften bei einer strengen Auslegung der Zachariasenschen Forderung bereits nicht mehr existieren! TRAPP und STEVELS gelang es jedoch [40] noch Gläser herzustellen mit $Y < 2$, indem sie im Glas mehrere unterschiedliche glasändernde Ionenarten mit unterschiedlicher Ladung und Ionengröße einbauten. Diese Gläser sind als „Invertgläser" bekannt geworden. Die Glaseigenschaften können in diesen Fällen nicht mehr durch ein Si—O-Raumnetzwerk bestimmt werden, sondern umgekehrt (daher „Invert") durch die verschiedenartigen Kationen. STEVELS erklärte diesen ungewöhnlichen Sachverhalt mit der Annahme, daß der hohe Unordnungsgrad, den die verschiedenen Kationen verursachen, Anlaß zur Glasbildung gibt.

Diese Vorstellung gibt einen Hinweis auf die Bedeutung, die den neben dem Silicium noch vorliegenden Kationen im Glasgefüge zuzumessen ist, deren unterschiedliche

Feldstärkenverhältnisse für die Ausbildung eines Ordnungszustandes hinderlich sind. Damit ergibt sich eine Erweiterung der Zachariasenschen Vorstellungen von der Glasstruktur.

Smekal [41] stellte 1951 die These auf, daß nur solche Stoffe zur Glasbildung fähig sind, bei denen die einzelnen Atome durch eine gemischte chemische Bindung untereinander verknüpft sind. Seine Überlegungen schließen die Notwendigkeit ein, daß zur Glasbildung ein ungeordnetes 3dimensionales Netzwerk erforderlich ist. Ein solches Netzwerk kann sich aber nicht bilden, wenn nur gerichtete oder nur ungerichtete Bindungen vorhanden sind. Stoffe, die nur rein kovalente Bindungen aufweisen, scheiden deshalb für eine Glasbildung aus, ebenso wie solche mit reiner Ionen- oder Metallbindung. Ein Grund dafür ist darin zu sehen, daß es für Ionen in einem ionogenen Material oder für Atome in einem Metall sehr leicht ist, sich bei der Kristallisationstemperatur zu einer regelmäßigen kristallinen Struktur zu ordnen, also ideale Gleichgewichtslagen einzunehmen. Die glasbildenden Substanzen, die eine Mischbindung aufweisen, sind in drei Gruppen aufteilbar:

1. Anorganische Verbindungen, wie SiO_2, GeO_2, B_2O_3 etc., bei denen die M—O-Bindungen zum Teil kovalent, zum anderen Teil ionogen vorliegen.
2. Elemente, z. B. Schwefel und Selen. Sie weisen Kettenstrukturen mit Anteilen von kovalenter und Metallbindung auf.
3. Verbindungen, die aus großen Molekülen bestehen, mit kovalenten Bindungen innerhalb der Moleküle und van der Waals-Bindungen zwischen diesen (organische Gläser).

Eine Netzwerkbildung ist weiterhin an bestimmte Koordinationszahlen gebunden ($Kz = 2$, 3 und 4). Smekal bezieht diese in seine Überlegungen ein, indem er feststellt, daß Gläser sich dann bevorzugt bilden, wenn die entsprechende Substanz in der kristallinen Phase ebenfalls diese Koordinationszahlen aufweisen. Smekal faßt seine Vorstellungen zur Glasbildung in folgender Überlegung zusammen:

„Ein unregelmäßiges Glasnetzwerk kann sich im Zustand eines stabilen Gleichgewichtes befinden, wenn es keine Möglichkeiten gibt zu einer Umbildung in geordnete Zustände durch eine kontinuierliche geometrische Verformung, ohne daß hierbei Valenzen aufgebrochen werden müssen.“

Mit Hilfe der PAULINGschen „Elektronegativitäten“, lassen sich für die verschiedenen glasbildenden Stoffe näherungsweise die Anteile an kovalenter und ionischer Bindung ermitteln. Hierbei ergeben sich allerdings recht unterschiedliche Werte für die einzelnen Bindungsarten, z. B. für SiO_2 einen kovalenten Anteil von etwa 50%, für As_2S_3 etwa 90% und für BF_2 etwa 20%. Diese extrem großen Unterschiede lassen berechtigte Zweifel aufkommen, ob die Mischbindung einen so gravierenden Einfluß auf die Glasbildung ausübt, wie SMEKAL es darstellte.

Weitere Beziehungen zwischen den strukturellen Eigenheiten bestimmter Atome oder Atomgruppen und der Neigung zur Glasbildung wurden u. a. von WEYL [42] mit der Abschirmtheorie (*engl.* Screening-Theorie) und von WINTER [43] gegeben.

WEYL nimmt Bezug auf das koordinative Verhalten der Atome und macht räumliche, energetische und kinetische Gesichtspunkte für eine Neigung zur Glasbildung verantwortlich.

WINTER zeigt, daß es bestimmte Zusammenhänge zwischen der Neigung der Stoffe zur Glasbildung und dem Aufbau der Elektronenschalen der entsprechenden Stoffe gibt, was sich auf das Vorhandensein gerichteter p-Elektronen zurückführen läßt. Danach sollen sich nur dann Gläser bilden, wenn entweder alle beteiligten Atome vier p-Elektronen besitzen oder eine Atomart vier p-Elektronen und die andere Atomart daneben aber mindest ein p-Elektron besitzt.

Weitere, sehr nutzbringende Vorstellungen zu einer Polymerstruktur des Glases, wurden aus dem Verhalten von Schmelzen bzw. Flüssigkeiten abgeleitet. Die Bildung organischer Polymere aus Monomeren ist immer verbunden mit einer kontinuierlichen Erhöhung der Viskosität, entsprechend des Fortschreitens des Polymerisationsvorganges, bis schließlich ein fester Stoff entsteht. Durch eine ständig fortschreitende Verknüpfung von z. B. SiO_4-Tetraedern über Brückensauerstoffe, bilden sich mehr oder weniger vernetzte Silicationen, im Extremfall ein dreidimensionales Netzwerk. Ein solches Netzwerk kann aber auch aufgefaßt werden als eine hochpolymere Verbindung. Nach WEYL [42] ist die treibende Kraft eines solchen Polymerisationsvorganges in dem Bestreben nach einer vollständigen koordinativen Absättigung aller Kationen zu sehen. Eine koordinative Absättigung mit Sauerstoff erfolgt bei einem Überschuß an nicht glasbildenden Oxiden gegenüber den Netzwerkbildnern in der Schmelze unter Ausbildung isolierter SiO_4-Tetraeder, ohne daß hierdurch die Elektroneutralität der Gesamtstruktur verletzt wird. In einem solchen Falle erfolgt keine Glasbildung. Besteht jedoch ein Mangel an Sauerstoffionen, durch nur geringere Anteile netzwerkändernder Oxide, so werden zur koordinativen Absättigung des Siliciums gemeinsame Brückensauerstoffe genutzt und somit ein Netzwerk aufgebaut, dessen „Polymerisationsgrad" vom Verhältnis Si:O bestimmt wird.

Die relativ geringen Unterschiede, die zwischen einer Schmelze und dem daraus gebildeten Glas bestehen, lassen auch geringe strukturelle Unterschiede zwischen beiden erwarten. Schmelzprozeß und Glasbildung sind reversible Vorgänge, wobei der Schmelzvorgang im Aufbrechen und die Glasbildung im Knüpfen von Bindungen zu sehen sind.

Eine progressive Temperaturerhöhung einer Schmelze führt generell zu immer kleiner werdenden Bruchstücken des im festen Zustand vorhanden gewesenen Kristallgitters oder -netzwerkes. So ist anzunehmen, daß auch in Silicatschmelzen Bruchstücke einer Vielzahl von silicatischen Verbindungen vorliegen können, je nachdem, welche Zusammensetzung die Schmelze hat. AVGUSTINIK [44] bezeichnete solche „Verbindungsradikale" als „Vorkeimgruppen". Eingehende Untersuchungen der Schmelzvergangenheit silicatischer Glasschmelzen mit Hilfe von Infrarotspektren zeigten, daß sich ganz wesentliche Unterschiede ergeben, wenn Schmelzen der gleichen Zusammensetzung bei unterschiedlichen Temperaturen über verschiedene Zeiten gehalten werden, bevor sie abgeschreckt werden und der jeweils entsprechende Hochtemperaturzustand eingefroren wird. Die in den Schmelzen enthaltenen Gitter- oder Netzwerkbruchstücke sind röntgenographisch nicht nachweisbar. Ihr Vorhandensein kann jedoch indirekt festgestellt werden. So ergeben z. B. Schmelzen von Bergkristall (α-Quarz), die nur wenig über den Schmelzpunkt erhitzt wurden, bei einer nachfolgenden Kristallisation wieder α-Quarz und nicht Cristobalit, wie nach dem Zustandsdiagramm zu erwarten ist. Sehr aufschlußreich sind in diesem Zusammenhang Untersuchungen, die den Nachweis über die Existenz definierter molekularer Baueinheiten bei Phosphatgläsern erbrachten [45, 46, 47]. Phosphatgläser lassen sich in Lösung bringen, ohne daß hierbei die vorhandenen Baueinheiten zerstört werden. Mit Hilfe der Papierchromatographie gelang der eindeutige Nachweis des Vorhandenseins dieser Baueinheiten. Selbst bei nichtstöchiometrischen Zusammensetzungen der Schmelze finden sich Gemische unterschiedlicher Strukturelemente, auch solche, die entsprechend des jeweiligen Zustandsdiagrammes nicht stabil sind.

Es ist anzunehmen, daß sich in einer Schmelze kein stationärer Zustand hinsichtlich des Vorhandenseins bestimmter Baueinheiten einstellen wird und auch bestehen bleibt, sondern daß vielmehr ständig fluktuierende Strukturverhältnisse bestehen, und es werden auch ganz sicher hierbei instabile Zwischenstufen gebildet werden (s. Reorganisationstheorie [159, 219]). Es ist sehr wahrscheinlich, daß ähnliche Verhältnisse auch bei Silicatglasschmelzen anzutreffen sind, jedoch hier noch nicht mit so einfachen Methoden nachgewiesen werden können, wie dies bei den Phosphatschmelzen möglich ist.

Diese Erkenntnisse machen es erforderlich — wie ja auch die Praxis zeigt — nicht nur die Wärmevergangenheit eines Glases bei der Festlegung seiner Eigenschaften zu berücksichtigen, sondern auch seine Schmelzvergangenheit, was besonders wichtig ist, wenn Gläser hergestellt werden sollen, deren physikalische und chemische Eigenschaften von Schmelze zu Schmelze reproduzierbar sein müssen, wie das z. B. bei optischen Gläsern der Fall ist.

2.4. *Die metastabile Entmischung und die Bildung von Mikrophasen in Glassystemen*

Entmischungen, verbunden mit Phasenneubildungen sind in der Metallurgie eingehend untersuchte Erscheinungen. Sie treten ebenso bei vielen anderen flüssigen Systemen auf, und Mischungslücken finden sich in verdeckter oder offener Form auch im Bereich der Gläser, was grundsätzlich zu erwarten gewesen ist aber erst relativ spät nachweisbar wurde.

In den Jahren 1917—1919 untersuchte THIENE [48], im Zusammenhang mit Vorbereitungsarbeiten zur Herstellung chemisch resistenter Gerätegläser im Jenaer Glaswerk Schott und Gen., Gläser des Systems $Na_2O-B_2O_3-SiO_2$. Er mußte feststellen, daß im Bereich bestimmter Zusammensetzungen beim Kühlen der Gläser, Trübungen auftraten und die chemische Beständigkeit der getrübten Gläser stark vermindert wurde.

TURNER und WINKS [49] stellten 1926 fest, daß Gläser des oben genannten Systems mit B_2O_3-Gehalten größer als 20 Gew.-% eine ausgesprochene Säurelöslichkeit aufweisen und daß nach einer Säurebehandlung poröse SiO_2-Skelette übrigbleiben, deren SiO_2-Gehalt bei etwa 95 Gew.-% liegt. Diese Entdeckungen waren schließlich der Ausgangspunkt für die Entwicklung des sog. „Vycorprozesses" durch Nordberg und Hood im Jahre 1934 (s. auch S. 207). Eine Erklärung der ungewöhnlichen Säurelöslichkeit dieser Gläser wurde in der Tatsache gefunden, daß im Glas eine Entmischung in eine lösliche $Na_2O-B_2O_3$-reiche und in eine säureunlösliche, SiO_2-reiche Phase erfolgt. Die Intensität der Entmischung ist thermisch steuerbar.

Erst 1956 wurden von OBERLIES [50] mit Hilfe elektronenoptischer Untersuchungen diese Entmischungen sichtbar gemacht.

In der folgenden Zeit wurden unter Nutzung des Elektronenmikroskopes, insbesondere von VOGEL u. Mitarb. an zahlreichen Glassystemen derartige Entmischungen nachgewiesen und die damit zusammenhängenden Erscheinungen in physikalischer und chemischer Hinsicht aufgeklärt. Eine Zusammenstellung der wesentlichen Arbeiten, die auf internationaler Ebene zur Lösung dieses Problemes durchgeführt wurden, sind in [51] zu finden.

Es zeigt sich, daß auch in einer Reihe von tyndalleffektfreien Gläsern mit Hilfe des Elektronenmikroskopes bzw. mit Streulichtuntersuchungen, tröpfchenförmige Entmischungsbereiche nachgewiesen werden konnten, die sich gegenüber dem Matrixglas durch eine Phasengrenze abzeichnen. In einem fortgeschrittenen Stadium der Entmischung treten dann durch Vergrößerung der Entmischungsbereiche Trübungserscheinungen auf. Die Phasentrennung wird durch die Schmelz- und Wärmevergangenheit des Glases gesteuert. Die Entmischungsneigung wird von der chemischen Zusammensetzung des Systems bestimmt und ist bereits meist als Mischungslücke im entsprechenden Phasendiagramm zu erkennen. LEVIN [52] stellte eine Reihe von Regeln zur Abschätzung des Auftretens von Mischungslücken in binären Systemen auf. Hiernach lassen sich bestimmte Zusammenhänge erkennen zwischen dem Koordinationsbestreben, den elektrostatischen Bindungsstärken sowie den Feldstärkeverhältnissen der netzwerkändernden und netzwerkbildenden Kationen und der Entmischungsneigung der Gläser. Die Frühstadien der Entmischung bilden sich bereits beim Abkühlen eines Schmelzflusses durch eine zunehmende Aggregation der netzwerkbildenden Komponenten, wie z. B. der SiO_4-Tetraeder, unter Bildung von Ketten, Ringen oder dreidimensionalen Aggregaten und unter gleichzeitiger Aggregation der netzwerkändernden Ionen (Schwarm- oder Clusterbildung). Infolge der beim Abkühlen des Schmelzflusses stark ansteigenden Viskosität, werden die Ordnungsvorgänge abgebremst und schließlich unterbrochen, sonst würde es zurKristallisation kommen. Die Schwarmbildung muß nicht den Status einer statistischen Verteilung überschreiten, sie bedeutet aber das Erreichen eines bestimmten Vorordnungsstadiums, das thermodynamisch eine Verringerung der freien Energie des Systems mit sich bringt. Betrachtet man den Prozeß der diesem Vorstadium folgenden Entmischung ebenfalls vom thermodynamischen Standpunkt aus, dann ist festzustellen, daß die Phasenbildung freiwillig nur dann abläuft, wenn sich hierbei die freie Energie des Systems weiter verringern kann. Die Bildung von Phasengrenzen stellt aber einen Arbeitsaufwand dar, der zur Erhöhung der freien Energie des Systems führt. Die Tatsache aber, daß der Entmischungsprozeß, wie die Erfahrung zeigt, ohne Einbringen einer zusätzlichen Energie von außen unter Bildung von Phasengrenzen abläuft, läßt vermuten, daß hierbei Ordnungszustände erreicht werden, die insgesamt mehr innere Energie des Systems freisetzen, als für die Bildung der Phasengrenzen erforderlich ist und somit das Gesamtsystem seinen Energieinhalt vermindern kann.

Die bei Entmischungsprozessen erreichbaren Ordnungszustände können, wie Untersuchungen gezeigt haben, in den Entmischungsbereichen selber bis zu stöchiometrischen Zusammensetzungen führen, und es können hier partielle oder vollständige Kristallisationsprozesse ablaufen (Abb. 21). Es kann deshalb als eine allgemeine Regel gelten, daß Gläser, die zur Entmischung neigen, auch leicht zur Kristallisation gelangen können.

Bei einer Reihe von Glassystemen gelang es, insbesondere VOGEL u. Mitarb. [51] elektronenoptisch nachzuweisen, daß mehrstufige (sekundäre) Entmischungsvorgänge möglich sind, bei denen mehrere Entmischungsphasen gebildet werden, obgleich nach der GIBBSschen Phasenregel nicht mehr als drei Phasen miteinander im Gleichgewicht stehen können. VOGEL erklärt diese Erscheinungen mit nacheinander bzw. sich stufenweise voll-

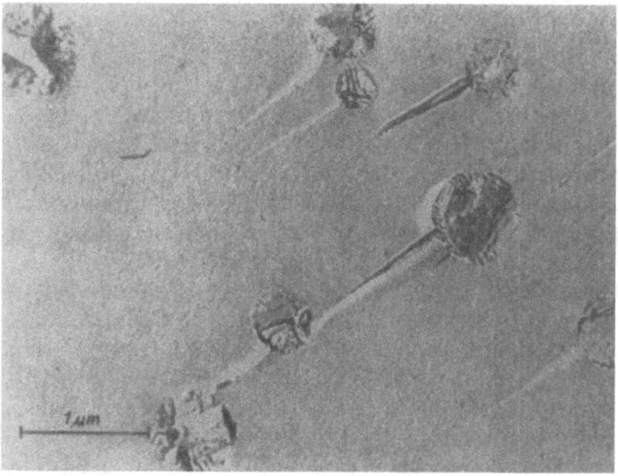

Abb. 21. Elektronenoptische Aufnahme eines entmischten Fluorsilicatglases mit einer beginnenden Kristallisation im Bereich der Tröpfchenphase. Die Kristallisation greift zunächst nicht auf die Matrixphase über (entnommen VOGEL [51]).

ziehenden Entmischungsprozessen, bei denen durch ein weiteres Ansteigen der inneren Ordnung in bestimmten sekundären Entmischungsbereichen eine zunehmende Verminderung der freien Energie des Systems erfolgt. Dieser Vorgang stellt sich folgendermaßen dar (Abb. 22):

Das System AB besitzt eine Subliquidusmischungslücke. Die Schmelze der Zusammensetzung x wird durch eine schnelle Abkühlung auf die Temperatur T_1 gebracht. Entsprechend des Phasendiagramms läuft nun ein primärer Entmischungsvorgang ab, durch den das Matrixglas der Zusammensetzung M_1 und Tröpfchen der Zusammensetzung Tr_1 gebildet werden. Bei einer weiteren Abkühlung der Schmelze, die verbunden ist mit einer zunehmenden Erhöhung der Viskosität, müssen weitere

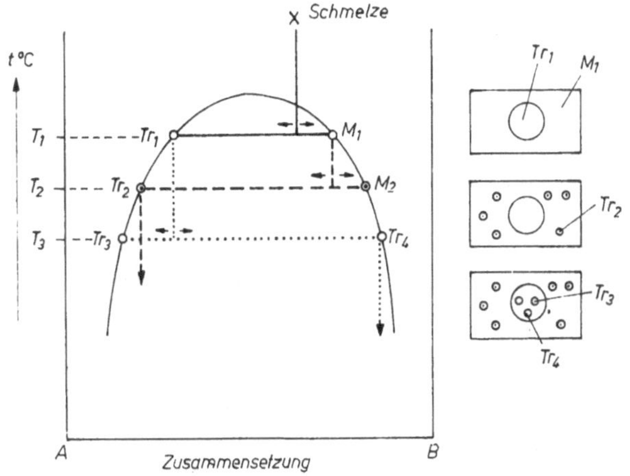

Abb. 22. Schematische Darstellung eines mehrstufigen Entmischungsprozesses, der aus der Schmelze heraus zu mehrphasigen Gläsern führt (entnommen VOGEL [51]).
M – Matrix; Tr – Tröpfchen

Gleichgewichtszustände durchlaufen werden, die jedoch infolge Viskositätserhöhung nicht mehr vollständig erreicht werden können. Die beiden Gläser M_1 und Tr_1 unterscheiden sich, wie aus dem Diagramm ersichtlich ist, weitgehend hinsichtlich ihrer Zusammensetzung und demzufolge auch in ihren Eigenschaften (Transformationsintervall, Viskosität usw.). Das Matrixglas M_1 entmischt sich nun seinerseits sekundär bei der Temperatur T_2 in das Matrixglas der Zusammensetzung M_2 und Tröpfchen der Zusammensetzung Tr_2. Bei der Temperatur T_3 folgt die Sekundärentmischung der Tröpfchen Tr_1 unter Bildung von Entmischungsbereichen der Zusammensetzung Tr_3 und Tr_4. Diese Prozesse können sich mit weiterhin vermindernder Temperatur solange fortsetzen, bis die zunehmende Viskosität des Glases dem ein Ende setzt. Es konnten z. B. bei Bariumborosilicatgläsern bis zu 6 Mikro-

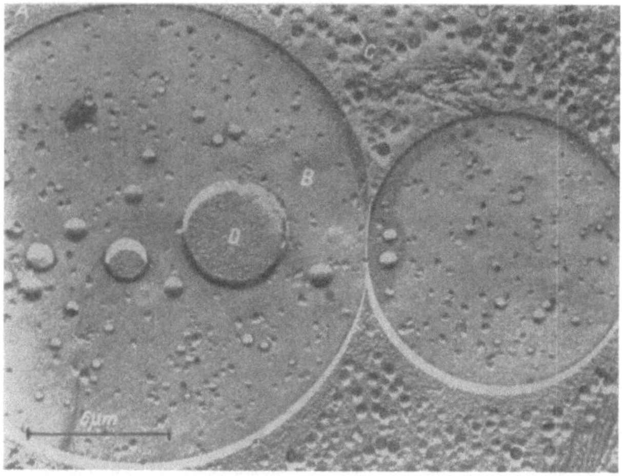

Abb. 23. Elektronenoptische Aufnahme eines mehrstufig entmischten Borosilicatglases.
Sowohl in den primär ausgeschiedenen Tröpfchen als auch in der Matrixphase haben sich über einen sekundären Entmischungsprozeß weitere Entmischungsphasen gebildet (entnommen VOGEL [51]).

phasen beobachtet werden, weitere sind aber durchaus denkbar (Abb. 23).

Beim Studium der Phasentrennung in glasigen Systemen mit Hilfe des Elektronenmikroskopes (wofür spezielle Präparationstechniken entwickelt wurden [53]), konnte gezeigt werden, daß es zwei Typen von Entmischungstexturen gibt.

In dem einen Fall bildet sich die Entmischungsphase in Form von Tröpfchen aus, die in eine Matrix eingelagert

(Abb. 23) sind, und im anderen Fall durchdringen sich die Entmischungsbereiche gegenseitig und bilden jeweils zusammenhängende dreidimensionale Systeme (Abb. 24).

CAHN [54] zeigte, daß diese Texturunterschiede bereits auf sehr frühe Stadien der Entmischung zurückzuführen

Abb. 24. Elektronenoptische Aufnahme eines entmischten Borosilicatglases vom Vycor-Typ, bei dem sich die ausbildende Entmischungsphase untereinander, schwammartig verbunden hat [234].

sind, und er fand auch hierfür eine thermodynamische Erklärung, die die Entstehung dieser Unterschiede verständlich macht. Innerhalb des Subliquidusentmischungsgebietes existiert ein Bereich des sogenannten spinodalen Zerfalles, der innerhalb der Mischungslücke durch die Spinodale (Abb. 25) begrenzt wird. Das Gebiet der spinodalen Entmischung ist dadurch charakterisiert, daß sich die Gläser der entsprechenden Zusammensetzungen ohne eine vorhergehende Keimbildung spontan entmischen.

Die beiden entstehenden Phasen weisen untereinander nur minimale Oberflächenspannungsunterschiede auf, so daß die Zusammenballung der einen Phase zu isolierten Tröpfchen unterbleibt und beide Phasen sich gegenseitig durchdringen. Hierbei entstehen Strukturen, die mit der eines Schwammes verglichen werden können (vgl. Abb. 24). Im metastabilen Bereich der Mischungslücke (Abb. 25)

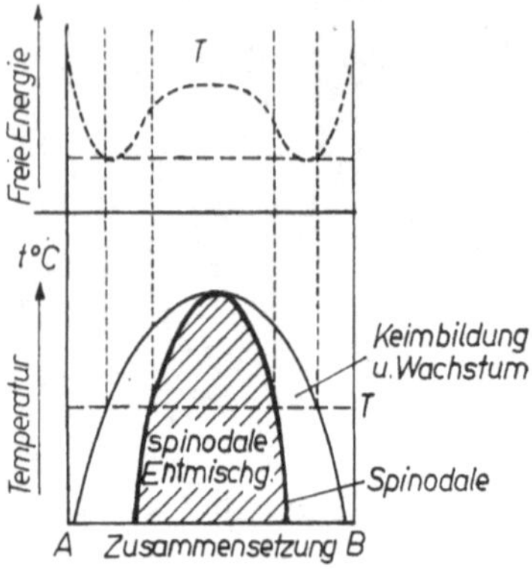

Abb. 25. Spinodale Entmischung (nach CAHN und CHARLES [56]).
Schematische Darstellung der Abhängigkeit der freien Energie von der Zusammensetzung bei der Temperatur T im Phasendiagramm eines Zwei-Flüssigkeiten Entmischungsgebietes, in welchem verschiedene Typen der Phasentrennung möglich sind.

zwischen der Entmischungsgrenze und der Spinodalen ist für den Entmischungsprozeß das Vorhandensein von „Vorentmischungsbezirken" — zumindest schwarmartigen Aggregationen — erforderlich, und es gelten ähnliche Bedingungen der Keimbildung wie für einen Kristallisationsprozeß. Eine eingehende Analyse des Prozesses der spinodalen Entmischung wird in [55] gegeben.

Nach CAHN und CHARLES [56] gibt es folgende charakteristische Unterschiede im Erscheinungsbild zwischen einer spinodalen Entmischung und einer solchen, die über Vorentmischungsstadien (Keimbildung) induziert ist:

Spinodale Entmischung:

- kontinuierliche Veränderung beider Phasen hinsichtlich ihrer Zusammensetzung in Abhängigkeit von der Zeit bis zum Erreichen der Gleichgewichtszusammensetzung,
- die Phasengrenzen sind im Anfangsstadium der Entmischung sehr diffus und werden bei fortschreitender Entmischung zunehmend schärfer
- Die Anordnung beider Phasen zueinander ist mit der Struktur eines Schwammes zu vergleichen, es bilden sich keine voneinander getrennten Tröpfchen aus.

Entmischung über Keimbildung und Wachstum:

- Unveränderlichkeit der Zusammensetzungen beider Phasen in Abhängigkeit von der Zeit bei konstanter Temperatur,
- die Phasengrenzen sind während des Wachstums immer von gleicher Schärfe,
- Tendenz zur zufälligen Verteilung der gebildeten Entmischungsphasen nach Lage und Stellung in der Matrix und Ausbildung runder Tröpfchen ohne gegenseitige Berührung.

Entmischungserscheinungen, gleich welcher Art, stellen erhebliche Inhomogenitätsbereiche im Glas dar. In einer Reihe von Fällen werden die mit einer Phasentrennung verbundenen chemischen und physikalischen Eigenschaftsänderungen der Gläser technisch genutzt (Abschnitt 4.3.), in anderen Fällen, speziell bei optischen Gläsern, sind sie unerwünscht und werden mit Recht als „pathologische" Zustände bezeichnet.

Als allgemein gültige Regeln zur Phasentrennung in Gläsern können folgende Prinzipien angesehen werden:

Entmischungsphasen haben das Bestreben, stöchiometrische Zusammensetzungen zu erlangen, sowohl in der Matrix als auch in den Tröpfchen. Das Gebiet der Entmischung liegt meist zwischen zwei Verbindungen. Im Entmischungsmaximum kommt es in der Regel zum Platzwechsel, was bedeutet, daß die Tröpfchenphase die Matrixfunktion übernimmt oder umgekehrt. Gläser besitzen dann einen homogenen Aufbau, wenn ihre Zusammensetzung stöchiometrisch definierten Verbindungen entspricht (VOGEL [51]).

3. Glasbildende Systeme, Glaseigenschaften und Verwendungsmöglichkeiten der Gläser

3.1. Oxidgläser

3.1.1. SiO_2- und Silicatgläser

Kieselglas und die sich vom SiO_2 durch Einbau anderer Metalloxide ableitenden Silicatgläser nehmen sowohl in technischer als auch in ökonomischer Hinsicht gegenüber Gläsern anderer Systeme eine Sonderstellung ein. Diese ist beim Kieselglas begründet durch die speziellen physikalischen und chemischen Eigenschaften, die einen Austausch durch andere Werkstoffe — bisher wenigstens — unmöglich machen. Die Silicatgläser, besonders diejenigen des Dreistoffsystems SiO_2—CaO—Na_2O, haben bereits aus historischer Sicht große Bedeutung erlangt (s. Abschnitt 1.) und stellen noch heute aus ökonomischen Gründen und aus solchen der relativ einfachen Schmelz- und Verarbeitbarkeit, den tonnagemäßig größten Anteil an der Weltglasproduktion mit mehr als 95% dar. Anwendungsmöglichkeiten dieser einfachen Gläser ergeben sich für die Erzeugung von Verpackungsgläsern, Flachgläsern und von Baugläsern im weitesten Sinne.

3.1.1.1. Kieselglas

Kieselglas wurde bereits 1839 von GAUDIN [57] als durchsichtiges Glas hergestellt. Seine technisch interessanten Eigenschaften gaben Veranlassung, speziell mit dem Beginn unseres Jahrhunderts, sich mit diesem Werkstoff näher zu befassen. Heute werden Kieselgläser in sehr unterschiedlichen Reinheitsabstufungen für die verschiedenartigsten Verwendungszwecke hergestellt, und das

Angebot reicht vom weniger anspruchsvollen Kieselgut das mit feinen Gasblasen durchsetzt ist, bis zum hochreinen, extrem optisch homogenen Material mit hoher Lichttransmission im ultravioletten, sichtbaren und infraroten Spektralgebiet. Die Eigenschaften des Kieselglases werden bestimmt sowohl durch die Art der eingesetzten Rohstoffe als auch durch die Herstellungsbedingungen. Kieselglas ist das einzige, technisch genutzte Glas mit nur einer Komponente — von Verunreinigungen abgesehen — und es ist somit aus chemischer Sicht der einfachste Vertreter der Gruppe der Oxidgläser.

Als Rohstoffe finden für die Herstellung von Kieselglas Verwendung:

1. Quarzsande, meist tertiäre Sedimentärsande, wie sie zur Glasherstellung Einsatz finden, eignen sich nur für die Herstellung von Kieselgut.
2. Bergkristall, sog. Schmelzquarz, möglichst pegmatitischen Ursprunges (Hauptvorkommen in Brasilien). Es können aber auch Gangquarze oder andere, sehr reine kristalline SiO_2-Rohstoffe Einsatz finden.
3. Siliciumtetrachlorid oder siliciumorganische Verbindungen, die thermisch gespalten werden.

Der Schmelzprozeß der SiO_2-Rohstoffe, gleich welchen Ursprunges, erfordert hohe Temperaturen ($> 1800\,°C$), bei denen Reaktionen mit den verschiedenartigsten Stoffen, die mit der Schmelze direkt (Tiegelmaterial) oder über die Gasphase in Berührung kommen, nicht zu vermeiden sind. Die Eigenschaftsbeeinflussung des Kieselglases durch Verunreinigungen, sowohl durch Metalloxide (Al_2O_3, Fe_2O_3, TiO_2, CaO, MgO, Na_2O, K_2O usw.) als auch durch OH-Ionen und Halogene etc., macht sich bemerkbar bei seiner Herstellung, Verarbeitung und Verwendung.

Die Verunreinigungen des Kieselglases liegen im ppm-Bereich, sie wirken sich aber trotzdem merklich auf die Veränderung der Eigenschaften aus, insbesondere auf die Transmission im UV- und IR-Bereich, auf die Viskosität und damit auf die Verarbeitbarkeit und nicht zuletzt auf das Rekristallisationsverhalten. Die in Kieselgläsern unterschiedlicher Herstellungsverfahren (s. Abschn. 5.6.8.) anzutreffenden Verunreinigungen lassen sich der folgenden Aufstellung entnehmen [58]:

1. Aus Bergkristall mit der Knallgasflamme erschmolzenes Glas:

Al	10,00 ppm
B	0,50 ppm
Ca	0,35 ppm
Fe	0,51 ppm
Na	0,06 ppm

2. elektrisch geschmolzener Bergkristall

Al	50,00 ppm
B	0,50 ppm
Ca	0,40 ppm
Fe	0,74 ppm
Na	4,00 ppm

3. Aus $SiCl_4$ durch Pyrolyse in der H_2-O_2-Flamme erschmolzen

Al	0,02 ppm
Ca	0,10 ppm
Fe	0,10 ppm
Na	0,04 ppm

Relativ groß sind die Schwankungen der Zähigkeitswerte der Kieselglasschmelzen, gemessen an den Erweichungstemperaturen bei $\eta = 10^{13}$ Poise, die zwischen 1120 und 1230 °C veränderlich sind, was besonders durch den Einbau netzwerkaufspaltender Komponenten wie OH-Ionen und Al_2O_3, hervorgerufen wird.

Die Alkalien und Erdalkalien begünstigen die Keimbildung und Rekristallisation des Kieselglases, während alle Schwermetallionen die UV-Durchlässigkeit und die OH-Ionen die IR-Durchlässigkeit beeinflussen. Eine besondere Beachtung ist dem Wasserdampf zu schenken, der in Abhängigkeit von der Art der angewandten Technologie in mehr oder weniger großen Konzentrationen beim Aufschmelzprozeß des Kieselglases entsteht und unter Brückensprengung mit dem SiO_2 unter Bildung von Silanolgruppen reagiert:

$$-\overset{|}{\underset{|}{Si}}-O-\overset{|}{\underset{|}{Si}}- + H-O-H \rightarrow -\overset{|}{\underset{|}{Si}}-OH\ OH-\overset{|}{\underset{|}{Si}}-.$$

Zwischen dem OH-Ionengehalt des Kieselglases und dem Partialdruck des H_2O in der das Glas umgebenden Atmosphäre bildet sich in Abhängigkeit von der jeweiligen Temperatur ein Gleichgewicht aus. Die OH-Ionen sind im Glas relativ gut beweglich, sodaß durch Veränderung der Wasserdampftension, bei Ungleichgewicht, optische Inhomogenitäten im Kieselglas entstehen können, da unterschiedliche OH-Ionengehalte chemische Inhomogenitäten bedingen. Der OH-Ionenanteil im Kieselglas ist erkennbar an der Intensität der Absorptionsbande bei 2,72 μm, und er kann bis zu 10^{20} OH-Radikale/cm^3 Glas betragen. Die Verwendung von Kieselglas mit einem hohen OH-Ionenanteil zur Herstellung von z. B. Quecksilberdampflampen, führt infolge der guten Beweglichkeit dieser Ionen bei der Arbeitstemperatur der Lampe zu einer Abgabe von Wasserdampf in das Vacuum und somit zur Verminderung der Lebensdauer der Lampe. Der Diffusionskoeffizient von H_2O im Kieselglas beträgt bei

$$1050\,°C \text{ etwa } 9{,}50 \cdot 10^{-10}\ cm \cdot sec^{-1}.$$

Das Erschmelzen des Kieselglases unter reduzierenden Bedingungen (z. B. in Graphit- oder Molybdäntiegeln unter Schutzgasatmosphäre) führt, wie HETHERINGTON und JACK [58] nachweisen konnten zur Ausbildung eines merklichen Sauerstoffdefizits, das in der Größenordnung von

$$SiO_{2-x} (x = 10^{-4} \text{ bis } 10^{-6})$$

liegen kann.

Ein besonderes Problem stellt die Kristallisationsempfindlichkeit des Kieselglases dar. Da SiO_2 in sehr unterschiedlichen Kristallmodifikationen auftreten kann, erscheinen die Ausscheidungsverhältnisse der kristallinen Phasen aus der Schmelze bzw. bei der Rekristallisation des Glases komplizierter als sie praktisch sind. Unter Normaldruck ist entsprechend des Phasendiagrammes bis zu Temperaturen von 867 °C der Quarz beständig, der bei 573 °C von der β (Tief-) Quarzform in die α (hoch-) Quarzform übergeht. Tridymit, der ebenfalls in mehreren Modifikationen existiert, ist im Temperaturbereich zwischen 867 und 1470 °C beständig. Hieran schließt sich das Beständigkeitsgebiet des Cristobalit an, das von 1470 bis 1723 °C reicht. Der Cristobalit hat eine markante Umwandlungstemperatur bei 272 °C von der α- in die β-Form. Bei Temperaturen oberhalb 1723 °C liegt eine homogene Schmelze vor. (Einzelheiten hierzu [60] und [64].) Bei der Entglasung des Kieselglases bilden sich bei allen Temperaturen oberhalb 1000 °C, bis hin zum Erweichungspunkt des Glases Cristobalit, obgleich Tridymit als die unterhalb 1470 °C stabile Kristallphase entstehen müßte.

Einen wesentlichen Einfluß auf dieses unnormale Verhalten haben Verunreinigungen, vor allem von Alkalien und Erdalkalien, die als Kristallisationskatalysatoren und -beschleuniger wirksam sind [61].

Stevels [62] wies darauf hin, daß die Glasstruktur hinsichtlich der Grundanordnung der SiO_4-Tetraeder, Ähnlichkeit mit der des Cristobalites besitzt und demzufolge die Bildung dieser Kristallphase ohne grundlegende Veränderungen des strukturellen Aufbaues erfolgen kann. Der Kristallisationsprozeß geht von Keimen aus (Verunreinigungen), die sich auf der Oberfläche des Glaskörpers befinden. Das mit dem Hautschweiß beim Anfassen eines Kieselglasgegenstandes auf dessen Oberfläche aufgebrachte Alkali reicht aus, um beim starken Erhitzen des Gegenstandes eine Oberflächenkristallisation auszulösen. Eingehende Untersuchungen über das durch

Alkalien induzierte Kristallisationsgeschehen beim Kieselglas wurden am System SiO_2—Na_2O von DIETZEL und WICKERT [63] durchgeführt. Es zeigt sich, daß Na_2O-Mengen in der Größenordnung von 0,32% im SiO_2-Glas ausreichen, um die Kristallisationsgeschwindigkeit um

Tabelle 3

Die wesentlichen physikalischen Eigenschaften von Kieselglas (Zahlenangaben stellen Mittelwerte dar [59]).

Dichte [g/cm³] bei 25 °C	2,1 – 2,3
Brechungsindex bei 18 °C und 5893 Å	1,4536
UV-Durchlässigkeit %	Durchlässigkeitsgrenze 1200 – 1800 Å, bei 3000 Å ≈ 98%
Härte 1. nach KNOOP [kp/mm²]	644
2. MOHS-Härte	7
Thermische Eigenschaften:	
Transformationstemp. (Tg) ($\eta = 10^{13,3}$ P)	1100 – 1120 °C
Erweichungstemp. (T_{soft}) ($\eta = 10^{7,6}$ P)	1655 °C
praktischer Verformungsbereich ($\eta = 10^{6} - 10^{5,5}$ P)	1900 – 2000 °C
spezifische Wärme [cal/g · °C]	100 °C = 0,20
	500 °C = 0,27
	1000 °C = 0,29
mittlerer Wärmedehnungskoeffizient [10^{-7} · grd^{-1}]	20 – 300 °C = 6,27
	20 – 1000 °C = 5,40
Elektrische Eigenschaften:	
spezifischer elektr. Widerstand (Ω · cm)	20 °C = $10^{17} - 10^{18}$
	350 °C = $10^{10,5}$
Dielektrizitätskonstante für $10^{3} - 10^{10}$ Hz	3,78

den 20 bis 30fachen Wert zu erhöhen. Eine Erhöhung der Kristallisationsgeschwindigkeit ergibt sich auch für die Anwesenheit von Al_2O_3 im SiO_2-Glas, bereits bei einem Al/Si-Verhältnis von $0,225 \cdot 10^{-2}$.

Einen sehr reinen Cristobalit kann man erhalten aus Kieselgutplatten, die zur Zustellung von Glasschmelzwannen eingesetzt wurden. Bereits nach rel. kurzer Zeit entsteht hier unter den Bedingungen der Glasschmelze Cristobalit!

Die physikalischen Eigenschaften des Kieselglases finden sich auszugsweise in Tab. 3 (nähere Einzelheiten [59]).

Hervorstechend ist die niedrige Wärmedehnung und daraus folgend die hohe Temperaturschockresistenz, die ein Abschrecken des Kieselglases von 1100 °C auf Zimmertemperatur gestattet. Gemeinsam mit der ausgezeichneten chemischen Beständigkeit, stellt Kieselglas ein ideales Material für den chemischen Apparate- und Gerätebau dar. Eine universellere Nutzung für diese Zwecke verbieten allerdings die hohen Herstellungskosten des Glases. In der optischen Industrie findet Kieselglas auf Grund seiner hohe Lichttransmission Verwendung, z. B. zur Herstellung von Prismen für Spektrographen, für UV-Optiken usw.

Für die Herstellung von Eichkörpern, wie Endmaße, ist es besonders wegen seiner hohen Maßhaltigkeit auch bei Temperaturschwankungen und infolge seiner hohen chemischen Resistenz geeignet. Die breiteste Anwendung findet Kieselglas in der Lichtquellenindustrie, wo ebenfalls die guten thermischen Eigenschaften in Verbindung mit der hohen UV-Durchlässgkeit maßgeblich sind.

3.1.1.2. Silicatgläser

Die Kombination von SiO_2 mit Oxiden anderer glasbildender oder -modifizierender Ionen führt zu Silicatgläsern mit sehr unterschiedlichen Eigenschaften. Da das SiO_2 in einem relativ großen Konzentrationsbereich durch sehr viele unterschiedliche Oxide in beliebig großer Zahl gleichzeitig und in völlig unstöchiometrischen Mengen ersetzt werden kann, ist die Anzahl der theoretisch herstellbaren, unterschiedlich zusammengesetzten Gläsern, praktisch beliebig groß!

Für die Praxis haben sich jedoch nur eine begrenzte Anzahl von Glaszusammensetzungen als brauchbar erwiesen, sowohl aus anwendungs- als auch herstellungstechnischen Gründen.

Von den möglichen Zweikomponentengläsern finden als solche lediglich die Natrium- und Kaliumsilicatgläser eine praktische Nutzung. Alkalisilicatgläser werden mit unterschiedlichen Molverhältnissen von Alkalioxid zu SiO_2 hergestellt; praktisch von 2 bis 4 Molen SiO_2 auf 1 Mol Na_2O oder K_2O. Es werden deshalb unterschieden: die alkalischen (2 : 1), die neutralen (3,3 : 1) und die kieselsäurereichen (3,8 : 1) Alkalisilicatgläser. Die alkalischen Gläser sind hygroskopisch und in Wasser gut löslich. Mit zunehmendem SiO_2-Gehalt vermindert sich die Wasserlöslichkeit. Die kieselsäurereicheren Gläser sind nur noch unter Druck im Autoklaven löslich [65].

Die wäßrigen Lösungen (gesättigt etwa 18%) werden als Natron- oder Kali-Wassergläser bezeichnet und stellen sirupöse, kompliziert zusammengesetzte, kondensierte Silicat- bzw. Kieselsäurelösungen dar [66]. Eine praktische Anwendung finden diese Wassergläser in großen Mengen (Weltproduktion 1950 > 1000 kt) in der Waschmittelindustrie, der keramischen und Emaille-Industrie, zur Herstellung von Kieselsolen und Gelen, zur flammfesten Impregnierung von Holz usw.

Im System Na_2O-SiO_2 existiert ein Gebiet metastabiler flüssiger Entmischung im Bereich von 80 bis 90% SiO_2.

Die binären Erdalkalisilicatgläser sind als solche ohne praktische Bedeutung. Ihre Glasbildungsneigung ist relativ gering; nur durch sehr schnelle Abkühlung entsprechender Schmelzen sind in relativ kleinen Zusammensetzungsbereichen Gläser zu erhalten. IMAOKA und YAMAZAKI [67] haben die Glasbildungsgrenzen der binären Erdalkalisilicatsysteme bestimmt. Sie konnten zeigen, daß auch im System $CaO-SiO_2$, zwischen 1 und 28 Gew.-% CaO, in der Schmelze — oberhalb der Liquidustemperatur — zwei nicht mischbare Phasen existieren, die beide glasig erstarren können. Den binären Systemen kommt im Rahmen der technisch genutzten ternären Systeme als Teilsystem, ein Interesse zu.

Das Ternäre System $Na_2O-CaO-SiO_2$ besitzt von allen bekannten Glassystemen noch heute die größte praktische Bedeutung. Innerhalb dieses Systems gibt es zwangsläufig eine große Anzahl von Kombinationsmöglichkeiten, die zu Gläsern mit recht unterschiedlichen Eigenschaften und demzufolge vielseitigen Anwendungsmöglichkeiten führen. Wie unter 1.1. bis 1.3. gezeigt wurde, stellten derartige Gläser auch die Basis für die Glaserzeugung im historischen Altertum und dem Mittelalter bis zur Neuzeit dar.

Die Einführung von Alkalien in ein SiO_2-Glas, führt zur Aufsprengung von Si—O—Si-Brücken und somit zur Lockerung des Strukturverbandes. Als Folge hiervon tritt eine Erniedrigung der Erweichungstemperaturen der Gläser auf, und sie verlieren zunehmend an chemischer Beständigkeit im Vergleich zum SiO_2-Glas. Ein zusätzlicher Einbau von CaO führt zwar auch zur Sprengung von Si—O—Si-Brücken, jedoch kommt infolge der höheren Ionenladung des Ca-Ions eine intensivere chemische Bindung zustande als durch das Alkaliion. Ein Ersatz von Na_2O durch CaO führt demzufolge wieder zu einer Erhöhung der chemischen Stabilität, einer Verminderung der elektrischen Leitfähigkeit (da nur die Alkaliionen auf Grund ihrer leichten Beweglichkeit im Strukturverband als Träger der Leitfähigkeit auftreten), zur Erhöhung der Erweichungstemperatur und zur Verminderung der thermischen Ausdehnung.

In Abb. 26 ist das Glasbildungsgebiet des ternären Systems $Na_2O-CaO-SiO_2$ dargestellt, wobei die Grenze des Glasgebietes durch Erschmelzen kleiner Substanzmengen, die relativ schnell gekühlt werden konnten, ermittelt wurde [68].

Ebenfalls in dieses Diagramm eingezeichnet wurde das relativ kleine Zusammensetzungsgebiet der praktisch genutzten Glaszusammensetzungen. Die Gegenüberstellung dieser beiden Gebiete im Dreistoffsystem veranschaulicht recht deutlich den großen Unterschied zwischen den theoretisch möglichen Glaszusammensetzungen und den davon praktisch nutzbaren. Ähnliche Relationen finden sich auch bei anderen Stoffsystemen.

Das Gebiet der technisch nutzbaren Gläser ist in Abb. 26 weiterhin eingeteilt in Glaszusammensetzungs-

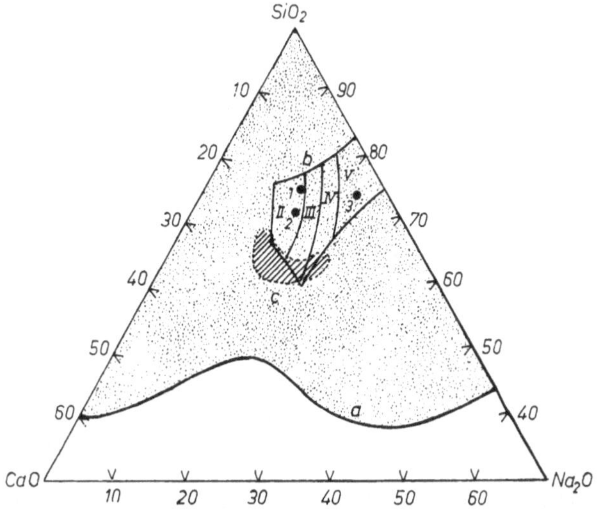

Abb. 26. Glassystem $Na_2O - CaO - SiO_2$.
a) Grenze des Glasgebietes nach Imaoka [68]
b) technisch genutztes Zusammensetzungsgebiet zur Glasherstellung. Zusammensetzungsbereich mit Gläsern der II., III., IV. u. V. hydrolytischen Klasse. *1* – Zusammensetzung „Keltischer Gläser" 450 bis 50 v. u. Z.; *2* – Zusammensetzung: 1 Mol Na_2O; 1 Mol CaO; 6 Mole SiO_2; *3* – Zusammensetzung des ternären Eutektikums mit der niedrigsten Liquidustemperatur (725 °C)
c) Zusammensetzungsbereich (Mittelwerte) von Gläsern der Frühzeit (ägyptische, vorderasiatische und römische Gläser).

bereiche unterschiedlicher hydrolytischer Beständigkeit (s. S. 190) nach Angaben von Eitel-Pirani [69]. Innerhalb des Glasgebietes, das die in diesem System höchstmögliche hydrolytische Beständigkeit aufweist (Klasse II), liegt die als „Standardglas" zu bezeichnende Zusammensetzung mit 1 Mol Na_2O, 1 Mol CaO und 6 Molen SiO_2, die auch besonders günstige Verarbeitungseigenschaften besitzt. Bei der Entwicklung anderer Gläser mit einer größeren Komponentenzahl als 3, wurde in vielen Fällen von dieser Zusammensetzung ausgegangen und durch entsprechende Substitutionen Veränderungen erzielt. Man muß es als einen „empirischen Volltreffer“ bezeichnen, den vor mehr als 2000 Jahren die Kelten mit ihren Gläsern erzielten, deren Zusammensetzung im optimalen Bereich dieses Stoffsystems liegt und deren chemische Beständigkeit (Verwitterungsfestigkeit) jeden Archäologen in Erstaunen gesetzt hat. Weniger günstig liegen dagegen die Zusammensetzungen der frühen ägyptischen, römischen und vorderasiatischen Gläser (Abb. 26).

Ein besonderes Problem stellt grundsätzlich bei allen Gläsern die Kristallisationsneigung und -geschwindigkeit dar. Eingehende Untersuchungen hierüber führte DIETZEL [70] an Gläsern des 3-Stoffsystems im Bereich von 12 bis 20 Gew.-% Na_2O und 6 bis 16 Gew.-% CaO durch. RAWSON [70a] hat die DIETZELschen Untersuchungsergebnisse in das Phasendiagramm des 3-Stoff-Systems eingezeichnet (Abb. 27) hieraus lassen sich interessante Zusammenhänge ermitteln zwischen der Kristallisationsstabilität der Gläser und den jeweiligen Liquidustemperaturen. Die in das Phasendiagramm eingezeichneten Linien verbinden solche Glaszusammensetzungen, bei denen die entsprechenden Gläser gleiche Kristallisationsgeschwindigkeiten aufweisen. Die Zahlenwerte, mit denen diese Linien bezeichnet sind, entsprechen den Zeiten, die erforderlich sind, um 10 μm lange Kristalle zu erhalten, was bedeutet, daß hohe Zeitwerte geringen Kristallisationsgeschwindigkeiten entsprechen. Aus Abb. 27 ist weiterhin ersichtlich, daß im Tridymit-Feld des Systems die Linien gleicher Kristallisationsgeschwindigkeit nahezu parallel mit denen der Liquidustemperatur verlaufen. Je höher diese Temperatur ist, um so weniger kristallisationsstabil sind die entsprechenden Gläser.

Die Gläser des 3-Stoffsystems sind in ihren Eigenschaften stark veränderlich, wenn eine Substitution der

Komponenten durch andere erfolgt. So sind Na_2O und CaO partiell oder auch vollständig austauschbar durch andere Alkali- oder Erdalkalioxide, ebenso, wie das SiO_2 zum Teil durch B_2O_3 und Al_2O_3 ersetzbar ist. Weitere zusätzliche Komponenten, z. B. färbende Ionen können

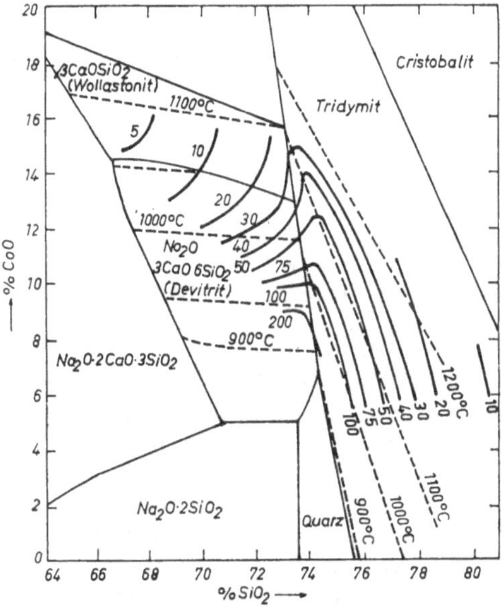

Abb. 27. Ausschnitt aus dem Phasendiagramm des Systems $Na_2O - CaO - SiO_2$ mit Linien gleicher Kristallwachstumsgeschwindigkeit (Anteil % Na_2O = % CaO + % SiO_2 – 100%), (entnommen RAWSON [70a])

hinzugefügt werden. Die hierdurch entstehenden Vielkomponentengläser, deren Eigenschaften gegenüber denen des Dreistoffsystems erheblich verändert sein können, wurden in speziellen, technisch vorteilhaften Richtungen entwickelt. Die mit der Anzahl der Komponenten zunehmende Kompliziertheit und Unübersehbarkeit der Einflußfaktoren der verschiedenen Komponenten auf die Eigenschaftsbildung der Gläser bedingt, daß unsere

Kenntnisse auf diesem Gebiet ausschließlich auf empirischer Basis entstanden sind und daß bis heute lediglich ebenfalls empirisch ermittelte Faktoren bekannt sind, mit deren Hilfe Berechnungen über die Änderung bestimmter Eigenschaften bei Änderung der Zusammensetzung durchgeführt werden können. Diese Faktorenrechnungen setzen eine Additivität und Linearität der Eigenschaftsänderungen voraus, was jedoch nur zu einem geringen Teil, und dann nur in sehr kleinen Konzentrationsbereichen, zutrifft. Besonders umfangreiche Arbeiten zur Ermittlung von Faktoren zur Eigenschaftsberechnung führten WINKELMANN und SCHOTT, HUGGINS und SUN, APPEN, NÁŘAY-SZABO, u. a. durch. Bei nicht zu extrem zusammengesetzten Gläsern lassen sich für die verschiedenen Eigenschaften Werte errechnen, die als Richtwerte bei einer gezielten Eigenschaftskorrektur bzw. Eigenschaftsanpassung der Gläser mit Erfolg verwendet werden können. Einzelheiten hierzu, in zusammengefaßter Form siehe [7, 11]. Eine Zusammenstellung von technisch interessanten Glaszusammensetzungen, die zum Teil auf ein Glassystem $M_2O-MO-SiO_2$ zurückzuführen sind, finden sich in Tab. 4.

Von technisch großer Bedeutung sind neben den Gläsern des Systems $Na_2O-CaO-SiO_2$ und den hieraus ableitbaren Vielstoffsystemen vor allem die Borosilicatgläser. Ein partieller Austausch des SiO_2 durch B_2O_3 führt zu einer besseren Schmelzbarkeit des Glases. Hierdurch ist es möglich, Gläser mit wesentlich höheren SiO_2-Gehalten, bei auch großtechnisch noch realisierbaren Temperaturen, zu erschmelzen, was zu Gläsern niedriger Ausdehnung und hoher chemischer Beständigkeit führt. Enthalten die Gläser zusätzlich relativ geringe Mengen an Aluminiumoxid ($< \sim 5\%$), so erhöht sich die Kristallisationsbeständigkeit des entsprechenden Glases und andererseits vermindert sich gleichzeitig die Entmischungsneigung, die besonders bei Borosilicatgläsern recht ausgeprägt ist. Damit erhält man Glaszusammensetzungen, die geeignet sind für die Herstellung von chemisch und thermisch

Tabelle 4

Beispiele für technisch bedeutsame Silicat- und Borosilicatgläser

Glasart	chemische Zusammensetzung [Gew.-%]							
	SiO_2	B_2O_3	Al_2O_3	MgO	CaO	BaO	ZnO	K_2O
Haushalts- u. Verpackungsgläser, Flach- u. Bauglas Na – Ca-Silicatgläser	69 – 73		1 – 2	2 – 4	8 – 10			
Instrumentengläser vom Typ „Thüringer Glas" (mittlere Zusammensetzung)	67 – 74		3 – 5		6 – 8	zur Eigenschaftsverbesserung gelegentlich geringe Anteile an ZnO, BaO, MgO		2 – 7
typische Zusammensetzung	67		3		12			3
Neutralgläser (mittlere Zusammensetzung)	65 – 74	3 – 9	2 – 11	4 – 10				6
typische Zusammensetzung (Fiolax-Glas, Jena)	66,4	9	10		5,9			
Gerätegläser mittlerer Ausdehnung (mittlere Zusammensetzung)	74,5 – 77	7,0 – 9,0	4,5 – 5,5		0,75 – 1,0	3,5 – 4,5		
typische Zusammensetzung (Geräteglas „G 20"-Jena)	76,5	8,3	4,4		0,5	3,6		1,1
Gerätegläser vom Pyrex-Typ (mittlere Zusammensetzung)	78 – 80	10 – 15	1,5 – 4		0,1 – 1,3			0,0 – 1,0
typische Zusammensetzung „Rasothem" Jena	79,8	11,8	2,9		0,2			
Spezialgläser mit hoher Erweichungstemperatur „Supremax-Typ" (mittlere Zusammensetzung)	53,5 – 57	7 – 10	20 – 24	9 – 10	4,5 – 15,5			
typische Zusammensetzung „Supremax" Jena	54	10	21	10	5			
Thermometergläser typische Zusammensetzung „16III" Jena	67,5	2	2,5		7,0		7,0	

Eigenschaften					Einsatz- und Anwendungsmöglichkeiten der Gläser
		chemische Beständigkeit			
Transformationstemperatur [°C]	Elektrische Leitfähigkeit T_{k100} [°C]	hydrolytische Klasse DIN 12111 TGL 14809	Säureklasse DIN 12116 TGL 14804	Laugenklasse DIN 12122 TGL 14803	
500–600		3–5	II–III	II	Massengebrauchsgläser unterschiedlichster Anwendung
500–570	150–210	2–5	II–III	II	zur Herstellung „einfacher" chemischer Geräte und Apparate für geringe chemische und thermische Belastungen
555		3	II	II	
		1	II–III	II	Ampullen in der Medizintechnik (Blutkonserven etc.) und zur Aufbewahrung PH-empfindlicher Medikamente u. Chemikalien
573		1	III	II	
500–590	210–250	1	I	II	Chemischer Geräte- und Apparatebau, hohe chemische u. mittlere thermische Beständigkeit
585	195	1	I	II	
510–560		1	I	II	Chemische Geräte u. Apparatebau, hohe chemische und hohe thermische Beständigkeit
554		1	I	II	
700–750	570–590	1	III	III	für Anwendungszwecke bei relativ hohen Temperaturen und mechan. Beanspruchungen (z. B. Bombenrohre etc.)
730		1	III	III	
530	165	3	I	II	zur Herstellung von Thermometern und Meßinstrumenten, da Glas frei von Nachwirkungserscheinungen (Relaxationsfreiheit)

hochbeanspruchbaren Geräten und Apparaturen. Einige Beispiele solcher Borosilicatgläser sind ebenfalls in Tab. 4 aufgeführt.

Eine Besonderheit stellen Gläser des Dreistoffsystems $Na_2O-B_2O_3-SiO_2$ dar, indem sie die Grundlage für die technisch interessante Gruppe der Gläser vom Pyrex- und

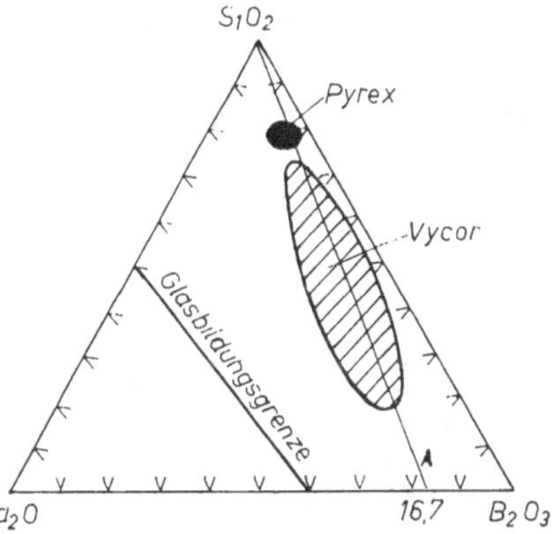

Abb. 28. System $Na_2O-B_2O_3-SiO_2$ mit den Zusammensetzungsgebieten der Vycor- und Pyrex-Gläser.
(In Anlehnung an VOLF [231]); *A*-Linie der maximalen Borsäureanomalie (Anomaliegerade)

Vycor-Typ bilden. Das Glasgebiet dieses Systems erstreckt sich über einen weiten Zusammensetzungsbereich, wie aus dem Diagramm Abb. 28 ersichtlich ist. Innerhalb des Glasgebietes existiert ein Zusammensetzungsbereich, in welchem die Gläser eine metastabile flüssige Entmischung aufweisen. Diese Gläser sind durch eine Wärmebehandlung bei Temperaturen zwischen etwa 500 und 740 °C entmischbar. Die Mikrophasentrennung ist bei einem ausreichenden Anwachsen der Entmischungsbezirke durch eine Opaleszenz der Gläser erkennbar. Elektronenoptisch lassen sich ausgeprägte Grenzflächen der einzelnen Phasen nachweisen (s. Abb. 24). Die in diesem System intensiv verlaufenden Phasentrennungsvorgänge werden gezielt genutzt zur Herstellung von hochkieselsäurehaltigen Gläsern nach dem Vycorverfahren. Einzelheiten hierzu (s. S. 207). In der SiO_2-reichen Ecke des Systems findet sich das Gebiet der Gläser vom Pyrex-Typ, bei denen durch Zugabe anderer Oxide in geringen Konzentrationen — vornehmlich von Al_2O_3 — die zweifellos auch hier bestehende, aber bereits schwächere Entmischungsneigung praktisch vollständig zurückgedrängt wird. Das Subliquidus-Entmischungsgebiet verläuft längs der als „Anomaliegerade" bezeichneten Linie, die von der SiO_2-Ecke zur $Na_2O-B_2O_3$-Seite und hier zum Punkt 16,7 Mol-% Na_2O führt. Die Anomaliegerade ist jene Konzentrationslinie, längs der die durch Alkalizugabe in das Glas eingebrachten Sauerstoffionen gerade noch aufgebraucht werden, um einen Koordinationswechsel von 3 nach 4, also von $[BO_3]$-Dreiecken zu $[BO_4]$-Tetraedern zu ermöglichen. Unterhalb dieser Grenzkonzentration des Na_2O — gekennzeichnet durch die Anomaliegerade — treten keine Sauerstoffbrückensprengungen im Borsäurenetzwerk auf; erst beim Überschreiten dieses Konzentrationsbereiches bilden sich derartige Trennstellen, was sich dann auch durch eine sprunghafte Eigenschaftsänderung bemerkbar macht. Die Erscheinung der Borsäureanomalie wurde von Biscoe und Warren [71] röntgenografisch aufgeklärt (neuere Untersuchungen zur Borsäureanomalie [71a, 71b]).

Eine weitere Gruppe von Silicatgläsern mit speziellen Eigenschaften sind die Alkali-Alumosilicatgläser. Im Stoffsystem $Na_2O-Al_2O_3-SiO_2$ finden sich eine Reihe kristalliner Verbindungen, die zum Teil petrografisch von Bedeutung sind und gesteinsbildenden Charakter tragen (Natronfeldspäte, Nephelin, Carnegieit). Gläser bilden sich in weiten Bereichen des Systems. Besonders interessant sind diejenigen in der Nähe der Zusammensetzung Albit (= Natronfeldspat $Na_2O \cdot Al_2O_3 \cdot 6SiO_2$), die sich durch eine extrem hohe Kristallisationsfestigkeit auszeichnen, woraus ihre technische Anwendung abzuleiten ist. Das Al_2O_3 zeigt im Silicatverband gegenüber Sauerstoff eine wechselnde Koordinationszahl in Abhängigkeit vom Na_2O-Gehalt, wodurch eine wechselnde Stellung des Al_2O_3, einmal als netzwerkbildende und zum anderen als netzwerkändernde Komponente, bedingt wird. Beträgt das Verhältnis $R_2O/Al_2O_3 > 1$, so liegt das Aluminiumion in Viererkoordination vor, während es bei einem Verhältnis < 1 sechsfach koordiniert ist. Gläser dieses Systems mit einem R_2O/Al_2O_3-Verhältnis im Bereich des Wertes 1 könnten ähnliche Strukturverhältnisse aufweisen, wie dies beim Kieselglas der Fall ist, da Ähnlichkeiten im Viskositätsverhalten feststellbar sind. So liegt die Viskosität des „Albitglases" im Bereich des Schmelzpunktes des Albit etwa 1000mal höher als die Viskosität handelsüblicher Natron-Kalk-Silicatgläser im Bereich ihrer Liquidustemperatur. Das besondere Merkmal dieser Gruppe von Gläsern ist, wie bereits erwähnt, die extrem große Kristallisationsbeständigkeit. SCHAIRER [72] zeigte, daß „Albitglas" selbst bei einer mehrjährigen Wärmebehandlung bei Temperaturen kurz unterhalb des Schmelzpunktes des Albit nicht zur Kristallisation zu bringen ist. Erst mit Hilfe geeigneter Mineralisatoren erfolgt Kristallisation, wobei sich Hochtemperatur-Albit bildet, der sich in der Natur auch in vulkanischen Gesteinen findet.

Eine praktische Bedeutung ist ebenfalls den Gläsern des Systems $M_2O-PbO-SiO_2$ zuzumessen, da sie die Grundlage für eine Reihe hochbrechender optischer Gläser sowie für die sogenannten „Bleikristallgläser" darstellen. Alle Bleisilicatgläser zeichnen sich durch relativ niedrige Transformationstemperaturen aus. Die Gläser sind bei niedrigen Temperaturen schmelz- und verarbeitbar. Das System $Na_2O-PbO-SiO_2$ sowie das entsprechende System mit K_2O weisen eine Reihe ternärer Eutektika auf, mit Schmelztemperaturen im Na_2O-System zwischen 630 und 730 °C und im K_2O-System zwischen 570 und 685 °C. Bleisilicatgläser können bis zu 90 Gew.-% PbO enthalten! Der Einbau solch hoher PbO-Mengen in das SO_2-Gerüst ist nur verständlich, wenn man annimmt, daß die Bleiionen nicht mehr als netzwerkändernde Ionen, nach einer entsprechenden Si—O—Si-Brückensprengung, in die Hohlräume des Netzwerkes eingebaut werden, sondern selber unter Bildung von $[PbO_4]$-Tetraedern als Netzwerkbildner fungieren. Bei einem PbO-Gehalt von 50 bis 60 Mol-% tritt der genannte Funktionswechsel der Bleiionen, der mit einem Ionenladungs- und Koordinationswechsel verbunden ist, in Erscheinung [51]. Es stellt sich ein konzentrationsabhängiges Gleichgewicht zwischen Pb^{2+}- und Pb^{4+}-Ionen ein. Wie nachgewiesen werden konnte, treten in binären Bleisilicatgläsern mit hohen PbO-Gehalten Phasentrennungserscheinungen auf, wobei in einem bleireichen silicatischen Grundglas, feindisperse SiO_2-reiche Phasen eingelagert sind.

Lediglich ein theoretisches Interesse besitzen die sogenannten „Invertgläser" (s. S. 84), bei denen es sich um Gläser des Systems $M_2O—MO—SiO_2$ handelt. Stevels und Trapp [73, 74] zeigten, daß selbst bei SiO_2-Gehalten von nur noch 40 Mol-% Gläser entstehen, wenn gleichzeitig mehrere unterschiedliche Alkali- und Erdalkaliionen anwesend sind. Derartige Gläser finden sich z. B. im System $Na_2O—K_2O—BaO—SiO_2$ oder $K_2O—CaO—BaO—SiO_2$ usw.

3.1.2. *B_2O_3- und Boratgläser*

Das Bortrioxid spielt, wie bereits in 3.1.1. gezeigt, in der Glasschmelztechnik eine hervorragende Rolle. Insbesondere sind es die Borosilicatgläser, die sich durch wertvolle Eigenschaften auszeichnen. Daneben gibt es aber eine Reihe von Boratgläsern, die ebenfalls technisches Interesse besitzen.

Das Bortrioxid selber ist in der Lage, ähnlich wie das SiO_2 und andere Netzwerkbildner, für sich allein Glas zu bilden. Dem B_2O_3-Glas kommt allerdings nur ein theoretisches Interesse zu, da es chemisch sehr unbeständig ist und bereits durch die Feuchtigkeit der Luft angegriffen wird. Die Boratgläser, bei denen B_2O_3 die Funktion des

Netzwerkbildners übernimmt, zeichnen sich besonders aus, durch die hohen Lichtbrechungsindices der Blei- und Seltenen Erden-Borate, bzw. finden als Email und Glasuren technische Verwendung, und nicht zuletzt besitzen die Aluminium-Boratgläser eine hohe Natriumdampfresistenz, so daß sie zur Herstellung von Glaskolben der Natriumdampflampen Verwendung finden.

Zwischen den physikalischen und chemischen Eigenschaften des SiO_2- und B_2O_3-Glases gibt es grundlegende Unterschiede, die Anlaß gaben zur Durchführung eingehender Strukturanalysen. Das glasige B_2O_3 entsteht durch Schmelzen von Ortho-Borsäure (H_3BO_3). Die Wasserabgabe erfolgt hierbei recht zögernd, und selbst bei einem mehrstündigen Schmelzen bei Temperaturen von 1200 °C sind noch immer etwa 0,25 Gew.-% Wasser in der B_2O_3-Schmelze enthalten, dabei zeigt es sich, daß die Viskosität der Schmelze stark vom Wassergehalt abhängig ist. Der Schmelzpunkt des wasserfreien B_2O_3 liegt bei 450 °C. Bemerkenswert ist die minimale Kristallisationsneigung des B_2O_3-Glases. Es gelingt nur unter Anwendung hoher Drucke und hoher Temperaturen [75] daraus kristallines B_2O_3 zu erhalten das hexagonale Kristalle bildet. Ausgeprägte Unterschiede bestehen zwischen der Dichte des glasigen und kristallinen B_2O_3. Ersteres weist eine Dichte von 1,778 bis 1,838 g/cm³ auf, während das kristalline Bortrioxid eine solche von 2,46 bis 2,56 g/cm³ zeigt. Auch die bestehenden großen Unterschiede zwischen den Schmelzentropien beider Formen des B_2O_3 machen es sehr wahrschinlich, daß relativ große Strukturunterschiede zwischen diesen beiden Zustandsformen vorliegen müssen, ganz im Gegensatz zum glasigen und kristallinem SiO_2, wo nur geringfügige Ordnungsunterschiede bestehen! Die Bildung von Bortrioxidkristallen aus der glasigen Schmelze heraus muß aller Wahrscheinlichkeit nach mit einem grundlegenden Umbau ganzer Struktureinheiten verbunden sein. WARREN u. Mitarb. [76] untersuchten glasiges Bortrioxid röntgenografisch und kamen zu der Feststellung, daß es aus BO_3-Dreiecken bestehen muß. Neuere Untersuchungen, die von verschiedenen Seiten aus durchgeführt wurden, ließen erkennen, daß die BO_3-Dreiecke Deformationen zeigen und unregelmäßige Schichtlagen bilden, wobei es als möglich dargestellt wird, daß nur relativ kleine Molekülgruppen (B_3O_6-Gruppen) untereinander, vornehmlich durch van der Waalssche Kräfte, miteinander verknüpft sind. So unterschiedlich die Meinungen über die Struktureigenheiten des B_2O_3-Glases auch sein mögen, alle Autoren sind sich darüber einig, daß es sich um ein kontinuierliches Netzwerk handeln muß!

Tabelle 5

Grenzen der Glasbildung in binären Boratsystemen (Imaoka) [68]

System	Grenzgebiet Mol-% B_2O_3	Gew.-% B_2O_3
K_2O	100,0 – 62,3	100,0 – 55,0
Na_2O	100,0 – 62,0	100,0 – 65,0
	33,5 – 28,5	36,3 – 31,0
Li_2O	100,0 – 57,3	100,0 – 76,0
BaO	83,0 – 60,2	69,0 – 41,0
SrO	75,8 – 57,0	68,0 – 47,0
CaO	72,9 – 58,9	77,5 – 64,1
MgO	57,0 – 55,8	70,0 – 69,0
La_2O_3	81,0 – 71,8	47,5 – 35,3
Tl_2O	100,0 – 55,5	100,0 – 17,0
ZnO	56,0 – 36,4	52,5 – 33,0
CdO	60,9 – 45,0	45,5 – 29,5
PbO	80,0 – 23,5	56,0 – 8,8
Bi_2O_3	78,0 – 34,7	34,8 – 8,0

Die binären, glasbildenden B_2O_3-Systeme wurden eingehend von Imaoka [68] untersucht. Die Glasbildungsbereiche lassen sich der Tab. 5 entnehmen. Imaoka benutzte für seine Untersuchungen Substanzmengen in der Größenordnung von 1—3 g, die er in Platintiegeln abkühlen ließ. Bemerkenswert ist, daß in den Systemen mit Li_2O, Na_2O, K_2O und Tl_2O kontinuierliche Reihen von Gläsern existieren, die vom reinen B_2O_3 bis zur jeweiligen Maximalkonzentration der modifizierenden Oxide, bei denen noch eine Glasbildung zu verzeichnen ist, reichen.

Eine Besonderheit findet sich im System $Na_2O-B_2O_3$, wo es zwei Glasgebiete gibt, von denen das eine von 0–38 Mol-% Na_2O und das andere von 66,5–71,5 Mol-% reicht. Zwischen diesen beiden Glasgebieten liegt ein Zusammensetzungsbereich nicht glasiger Erstarrung. Die Zugabe von Na_2O zum B_2O_3 läßt die Liquidustemperatur der Schmelze extrem stark anwachsen. Bei einem molaren Verhältnis von 1 Na_2O zu 4 B_2O_3 steigt der Schmelzpunkt auf 816 °C und bei einem Verhältnis 1 Na_2O zu 1 B_2O_3 sogar auf 966 °C an.

Von den ternären Boratsystemen besitzen die glasigen Produkte, besonders der Systeme $B_2O_3-BaO-PbO$ und $B_2O_3-Al_2O_3-MO$, praktisches Interesse.

Hirayama [77] untersuchte die Alumoboratsysteme mit MgO, CaO, SrO, BaO und CdO, von denen er sowohl die Glasbildungsgebiete bestimmte als auch die physikalischen Eigenschaften der Gläser in Abhängigkeit von der Zusammensetzung untersuchte. Interessant war hierbei die Feststellung, daß es im binären System $B_2O_3-Al_2O_3$ außerordentlich schwierig ist, überhaupt Gläser zu erhalten, daß sich aber durch Zugabe von anderen zwei-

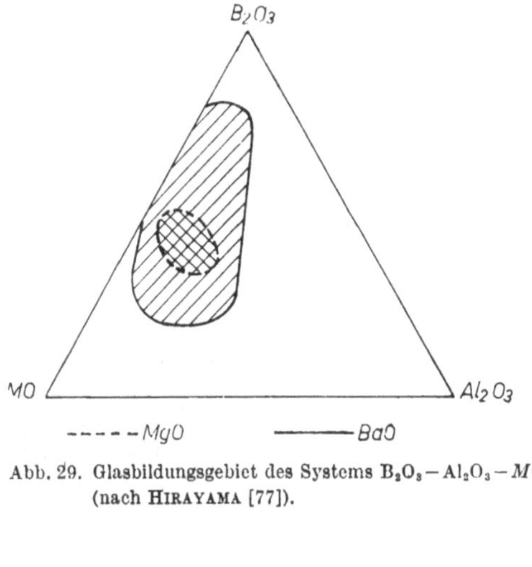

Abb. 29. Glasbildungsgebiet des Systems $B_2O_3-Al_2O_3-MO$ (M = MgO, BaO) (nach Hirayama [77]).

wertigen Ionen relativ große Glasbildungsgebiete ausbilden. Die Ausdehnung der jeweiligen Glasgebiete nimmt mit zunehmender Ionengröße der Erdalkalien an Umfang zu. In Abb. 29 sind die Glasbildungsgebiete der Alumoborate des Barium und Magnesium nach Angaben von HIRAYAMA dargestellt. Die Erdalkali-Alumoboratgläser sind insofern von Interesse, als sie ausgezeichnete elektrische Eigenschaften aufweisen. Einige Gläser dieses Systems besitzen einen höheren elektrischen Widerstand

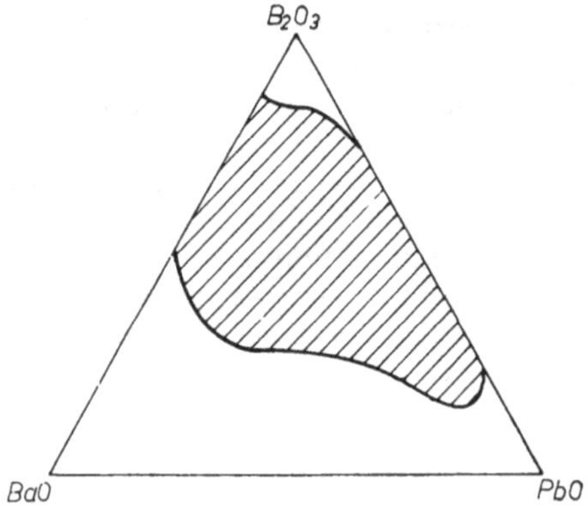

Abb. 30. Glasbildungsgebiet des Systems B_2O_3—BaO—PbO (IMAOKA [68]).

als geschmolzenes Kieselglas, gleichzeitig aber niedrige Liquidustemperaturen. Typisch hierfür sind Zusammensetzungen wie z. B. 40% B_2O_3, 30% Al_2O_3 u. 30% CaO, die als Cabal-Gläser (Ca—B—Al) bekannt wurden [202].

Das Glasbildungsgebiet des Systems B_2O_3—BaO—PbO ist Abb. 30 zu entnehmen, es wurde von IMAOKA [68] untersucht. Gläser dieses Systems finden vor allem Anwendung als Basisglas für die Herstellung von Glasuren und Lötgläsern sowie für spezielle, optisch hochbrechende Glassysteme. Alle Boratgläser zeichnen sich durch niedrige Liquidustemperaturen und gute Schmelzbarkeit aus.

3.1.3. P_2O_5- und Phosphatgläser

Vom Phosphor sind drei Oxide bekannt: P_2O_3, P_2O_4 und P_2O_5. Von diesen ist ausschließlich das Pentoxid in der Lage für sich allein oder in Kombination mit anderen Netzwerkbildnern und oder netzwerkmodifizierenden Ionen, Gläser zu bilden. Ähnlich, wie das B_2O_3, spielt auch P_2O_5 bei der Herstellung von Spezialgläsern eine nicht zu unterschätzende Rolle. In einer Reihe technischer Silicatgläser finden kleine Mengen P_2O_5 Verwendung zur Erzielung bestimmter vorteilhafter Eigenschaften. Zusätze mineralischer Phosphate zu Silicatgläsern werden als Trübungsmittel verwendet, wobei die Trübungen durch Ausscheidung von Trikalziumphosphat beim Abkühlen des Glases, hervorgerufen wird. Phosphat-Krongläser auf $BaO-P_2O_5$-Basis finden wegen der hohen Lichtbrechungswerte in der Optik Verwendung. Kalziumphosphatgläser sind leichtschmelzend und besitzen eine hohe UV-Durchlässigkeit. Als Wärmeschutzgläser finden Phosphatgläser mit einem hohen Anteil an Eisen-II-Ionen Verwendung, da diese Gläser im IR-Bereich des Spektrums eine weitgehende Lichtabsorption aufweisen. Für eine technische Anwendung ist besonders die Fluorwasserstoffresistenz der SiO_2-freien Phosphatgläser von Bedeutung, da sie die einzigen Gläser sind, die diese Eigenschaft aufweisen. Als Laser-Gläser geben schließlich Neodymdotierte Phosphatgläser, im Gegensatz zu den Silicat-, Borat-, Aluminat- und Germanatgläsern, wesentlich schärfere Absorptions- und Luminiszenzspektren.

Das reine P_2O_5-Glas besitzt, ebenso wie das reine B_2O_3-Glas, lediglich ein theoretisches Interesse, da es äußerst hygroskopisch ist. Vom P_2O_5 existieren drei kristalline Modifikationen, das hexagonale, orthorhombische und tetragonale Phosphorpentoxid. Der Struktur aller drei Modifikationen liegt das PO_4-Tetraeder zugrunde. Während die hexagonale Form P_4O_{10}-Moleküle enthält, die untereinander durch VAN DER WAALSsche Kräfte zusammengehalten werden, bilden die orthorhombische und tetragonale Form dreidimensionale Netzwerke mit Schichtstrukturen.

Im Unterschied zu allen anderen glasbildenden Oxiden sind bei den Phosphaten nur drei der im Tetraeder enthaltenen Sauerstoffe brückenbildend, was bestimmte stoffliche Eigenheiten im Verhalten der Phosphatgläser erklärt.

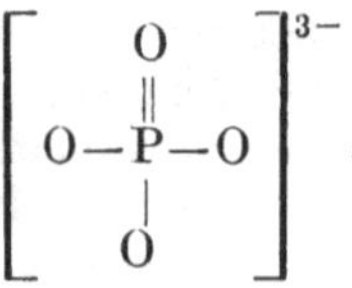

$= PO_4$-Tetraeder;

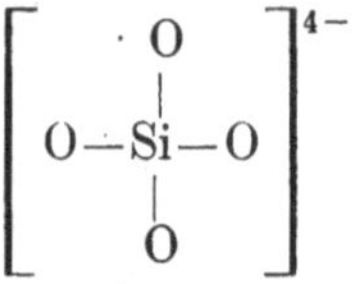

$= SiO_4$-Tetraeder

Alle drei Modifikationen des P_2O_5 bilden beim Abkühlen der entsprechenden Schmelzen Gläser, jedoch zeigen diese gewisse Unterschiede hinsichtlich ihrer Eigenschaften in Abhängigkeit vom jeweils eingeschmolzenen Ausgangsmaterial. Diese Eigenschaftsdifferenzen müssen auf das Bestehen geringfügiger Strukturunterschiede zurückgeführt werden und lassen sich durch geeignete Schmelzbedingungen hinsichtlich der Temperaturhöhe und der Zeit der Wärmebehandlung beseitigen. Viskositätsuntersuchungen an Schmelzen der verschiedenen Modifikationen des P_2O_5 ergaben, daß z. B. die Schmelze des hexagonalen P_2O_5 zunächst isolierte P_4O_{10}-Moleküle enthalten, die in Abhängigkeit von der Schmelzzeit zu einer „Netzwerkflüssigkeit" polymerisieren, während die Schmelzen der übrigen P_2O_5-Modifikationen von vornherein solche Strukturen aufweisen.

Eine zusammenfassende Darstellung der Eigenschaften und der gegenseitigen Umwandlungsbedingungen der verschiedenen P_2O_5-Modifikationen wurde von Hill u. Mitarb. gegeben [78].

Untersuchungen über die Glasbildung in binären Phosphatsystemen wurden u. a. von IMAOKA [68] durchgeführt. IMAOKA bezog sich auch hierbei auf Schmelzen in Mengen von 1 bis 3 g, die im Platintiegel hergestellt wurden, ganz analog wie bei den Boratgläsern. Tab. 6 gibt einen Überblick über die maximalen Konzentrationen an modifizierenden Oxiden, die mit P_2O_5 unter den angegebenen Bedingungen Gläser bilden. Die Glasbildung erfolgt, ausgehend von reinen P_2O_5 bis hin zu den angegebenen Grenzwerten kontinuierlich, wobei es keine Gebiete stabiler Nichtmischbarkeit gibt. Mikrophasentrennung, als Subliquidusentmischung, wurde mehrfach in einfachen Phosphatgläsern nachgewiesen, insbesondere im Bereich der Glasbildungsgrenzen z. B. im System $MgO-P_2O_5$ bei etwa 58 Mol-% MgO [79]. In Natriumphosphatgläsern der Zusammensetzung $M_2O \cdot P_2O_5$ stellten RINDONE und REYDER [80] fest, daß eine Mikrophasentrennung induziert werden kann durch minimale Pt-Konzentrationen (0,001%). Eine Überschreitung dieser Platinwerte in Mengen von 0,002%, führt dann bereits zur Kristallisation. Ein besonderes Interesse kommt dem Ca-Phosphatglas ($CaO \cdot P_2O_5$) zu, daß extrem leicht erschmelzbar ist und eine niedrige Schmelztemperatur (975 °C) aufweist [81]. Die Gläser des Systems $PbO-P_2O_5$ zeichnen sich ebenfalls durch eine gute Glasbildungsfähigkeit aus, es existieren zahlreiche Verbindungen mit relativ niedrigen Schmelzpunkten, deren Schmelzen glasig erstarren können, z. B. $2PbO \cdot P_2O_5$ (824 °C), $3PbO \cdot P_2O_5$ (1014 °C), $4PbO \cdot P_2O_5$ (980 °C) und $8PbO \cdot P_2O_5$ (860 °C). Besonders die Phosphatgläser erlaubten es, eine exakte Analyse ihres strukturellen Aufbaues mit Hilfe papierchromatografischer Untersuchungen vorzunehmen.

Aufschlußreiche Untersuchungen hierüber wurden von THILO, GRUNZE, WIEKER, WESTMANN, CROTHER, SCHULZ und HINZ [46, 82, 83, 84] durchgeführt. Danach finden sich in Phosphatgläsern die verschiedenartigsten Bauelemente in statistischer Verteilung nebeneinander vor. Interesse besitzt in diesem Zusammenhang die bereits genannte (S. 88) Reorganisationstheorie von VAN WAZER [159, 219].

Eine Reihe von Oxiden dreiwertiger Elemente bilden mit P_2O_5 Verbindungen, wie $AlPO_4$, BPO_4 usw., die hinsichtlich ihrer Strukturen weitgehend mit den kristallinen Formen des SiO_2 zu vergleichen sind. Entgegen den Erwartungen bilden sie jedoch keine Gläser, wie z. B. das $AlPO_4$, dessen Schmelzpunkt bei etwa 2000 °C liegt. Auch

Tabelle 6

Grenzen der Glasbildung in binären Phosphatsystemen (IMAOKA [68])

System (Netzwerkwandler)	Grenzgebiet der Glasbildung [Mol-%]
K_2O	47
Na_2O	60
Li_2O	60
BaO	58
SrO	56
CaO	56
MgO	60
BeO	66
Ag_2O	66
Tl_2O	50
ZnO	64
CdO	57
PbO	62

die entsprechenden Orthophosphate dieser Oxide bilden keine Gläser. Lediglich im Zusammensetzungsbereich von 74 und 79 Gew.-% P_2O_5 sind im System $Al_2O_3—P_2O_5$ Gläser zu erhalten [86] und im System $B_2O_3—P_2O_5$ finden sich solche nur bei P_2O_5-Konzentrationen < 5 Gew.-%. Die Zugabe von B_2O_3 und Al_2O_3 zu Phosphatgläsern — in begrenzten Mengen — führt zur Bildung von $AlPO_4$- und BPO_4-Gruppen im Glas, die zum SiO_2 isomorph sind und auch analoge Eigenschaftsveränderung der Gläser bewirken, wie z. B. eine Verbesserung der Chemischen Beständigkeit, eine Verringerung der Wärmedehnung und eine Erhöhung der Erweichungstemperaturen.

3.1.4. GeO_2- und Germanatgläser

Das Germanium als Element der IV. Gruppe des periodischen Systems der Elemente, steht zwischen dem Silicium und dem Zinn. Es besitzt die Eigenschaften eines Metalles, aber seine Verbindungen weisen doch darauf hin, daß eine gewisse Verwandtschaft zum Silicium nicht fehlt. Vom Germanium sind die beiden Oxide GeO und GeO_2 bekannt, von denen aber nur das GeO_2 — ebenso wie das SiO_2 — ein Glasbildner ist.

Die Glasbildungseigenschaften des GeO_2 wurden erstmals von Dennis und Laubengayer 1926 [87] näher untersucht und beschrieben. Sie fanden, daß ein Ersatz des SiO_2 durch GeO_2 zu Gläsern mit höherer Wichte, Lichtbrechung, Dispersion und Wärmedehnung führt. Zwischen den kristallinen Silicaten und Germanaten gibt es eine Reihe von Strukturanalogien, die man auch auf die strukturellen Verhältnisse der entsprechenden Gläser übertragen zu können glaubte! Es gab Vorstellungen darüber, daß die Germanatgläser geeignete Modellsubstanzen mit niedrigeren Schmelztemperaturen als die Silicate darstellen können, was besonders für die Untersuchung von Gläsern hoher Konzentration an Netzwerkbildnern von Interesse gewesen wäre. Systematische Untersuchungen der Germanatgläser, die erst in letzter Zeit durchgeführt wurden, zeigten jedoch, daß diese Erwartungen nicht erfüllt werden können und daß die Germanatgläser Besonderheiten hinsichtlich der Struktur aufweisen und deshalb mit den Silicatgläsern nur sehr bedingt zu vergleichen sind.

Für die Germanatgläser wurden bis heute keine besonderen Anwendungs- und Einsatzmöglichkeiten gefunden, die den hohen Preis des erforderlichen Germaniumdioxides rechtfertigen würden.

Das Germaniumdioxid tritt in zwei unterschiedlichen kristallinen Modifikationen in Erscheinung:

1. tetragonal mit Rutilstruktur, Koordinationszahl = 6 und
2. hexagonal, isostrukturell mit α-Quarz-Struktur, Koordinationszahl = 4.

Die Fähigkeit des Germaniums entweder 4- oder 6fach gegenüber Sauerstoff koordiniert zu sein, wird bedingt durch den größeren Ionenradius des Ge ($r = 0{,}53$) gegenüber Si ($r = 0{,}39$). Die tetragonale Form des GeO_2 ist bei Temperaturen unterhalb 1033 °C stabil und weist eine Dichte von 6,239 g/cm³ bei 25 °C auf, es ist in Wasser

Tabelle 7

Glasbildungsgebiete in binären Germanat-Systemen nach IMAOKA [68]

System	Glasbildungsbereich [Mol-%]
$K_2O - GeO_2$	0–59,5% K_2O
$Na_2O - GeO_2$	0–38% Na_2O
$Li_2O - GeO_2$	0–23,8% Li_2O
$BaO - GeO_2$	0–10% und 17,5–39% BaO
$SrO - GeO_2$	14–39% SrO
$CaO - GeO_2$	15,5–35,5% CaO
$Tl_2O - GeO_2$	0–47,5% Tl_2O
$ZnO - GeO_2$	0–48% ZnO
$PbO - GeO_2$	0–57% PbO
$Bi_2O_3 - GeO_2$	0–34% Bi_2O_3

praktisch unlöslich und wird auch von HF nur wenig angegriffen. Das hexagonale GeO_2 ist oberhalb 1033 °C bis zum Schmelzpunkt bei 1116 °C stabil, es weist eine Dichte von nur 4,228 g/cm³ auf, ist ebenfalls in Wasser unlöslich, wird aber von HF und anderen Mineralsäuren angegriffen. Der Übergang der beiden kristallinen Formen ineinander, erfolgt nur extrem langsam, so daß auch hexagonal kristallines GeO_2 bei Zimmertemperatur im metastabilen Zustand existieren kann. Das GeO_2-Glas, das aus der extrem hochviskosen Schmelze beim Abkühlen gebildet wird, weist eine Dichte von 3,64—3,66 g/cm³ auf und liegt in dieser Hinsicht relativ nahe der der hexagonalen Modifikation des GeO_2. Röntgenografisch wurde nachgewiesen, daß im Glas das Germanium mit der $Kz = 4$ vorliegt. Die lineare Ausdehnung des GeO_2-Glases liegt mit $77{,}0 \cdot 10^{-7}$ [grd^{-1}] erheblich höher als die des SiO_2-Glases, was auf eine geringere Bindefestigkeit der Ge—O-Bindung im Vergleich zur Si—O-Bindung hindeutet.

Die Germanatgläser und deren Glasbildungsgebiete wurden ebenfalls von IMAOKA [68] eingehend untersucht. Tab. 7 gibt eine Übersicht über die Glasbildungsgebiete der binären Germanatsysteme.

Das System BaO—GeO_2 bildet zwei Glasgebiete, die durch ein schmales, nur in kristalliner Form existentes Zusammensetzungsgebiet, voneinander getrennt sind. Nichtmischbarkeit im Bereich niedriger CaO- und SrO-Konzentrationen verhindert in den entsprechenden Systemen bei diesen Konzentrationen die Glasbildung.

Die Alkaligermanatgläser scheinen eine relativ hohe Kristallisationsgeschwindigkeit aufzuweisen, da von RIEBLING [88] die Grenze der Glasbildung bereits bei Alkalikonzentrationen von etwa 10 Mol-% ermittelt wurde, unter Verwendung von Glasschmelzmengen von 50 g, im Gegensatz zu den Untersuchungen von IMAOKA der Schmelzansätze von nur 1—3 g für seine Untersuchungen benutzte! Untersuchungen über die Eigenschaftsabhängigkeit der Germanatgläser von der Zusammensetzung wurden unter anderem von IVANOV und EPSTROPIEV [89] durchgeführt. Interessanterweise fanden sie in den Dichte- und Ausdehnungskurven der Alkaligermanatgläser, in Abhängigkeit von der Alkalikonzentration, Maxima im Bereich von 80 und 90 Mol-% GeO_2. Die Maximabildung ist aller Wahrscheinlichkeit nach bedingt durch einen Wechsel der Koordinationszahl von 4 nach 6, wobei mit zunehmender Alkalikonzentration, über die Gebiete der Dichte- und Ausdehnungsmaxima hinaus, das Verhältnis der GeO_4- zu den GeO_6-Gruppen eine wesentliche Veränderung erfährt.

Im Koordinationsverhalten des Germaniums ist aber auch der gravierende Unterschied zwischen den Germanat- und den Silicatgläsern zu sehen, wobei die gleichzeitige Existenz von 4- und 6fach koordinierten Germaniumatomen keine eindeutige Zuordnung zu den durch die ZACHARIASENsche Netzwerktheorie charakterisierten Gläsern (Silicat-Borat- und Phosphatgläser) ermöglicht.

Zum Problem der „Germanatglas-Anomalie" wurden 1971 neuere Untersuchungsergebnisse veröffentlicht [85] die auch andere Deutungsmöglichkeiten zulassen derart, daß bis zu einem Gehalt der Gläser von 10—15 Mol-% M_2O ein Auffüllen von Sauerstoffleerstellen im GeO_2-Netzwerk erfolgt. Parallel hierzu läuft die Aufspaltung von Ge—O—Ge Brücken ab, was aber erst bei höheren M_2O-Werten dominieren soll.

3.1.5. *Oxidglassysteme mit bisher stark begrenzten Einsatzmöglichkeiten*

3.1.5.1. *Die glasbildenden Oxide der III. Hauptgruppe des PSE*

Die Elemente der III. Hauptgruppe B, Al, Ga, In und Tl besitzen hinsichtlich des Einsatzes ihrer Oxide bei der Glasherstellung eine sehr unterschiedliche Bedeutung. Stellt das Bor, als ausgesprochenes Nichtmetall in Form seines Oxides einen idealen Glasbildner dar, so sind seine Homologen — typische Metalle — nur sehr bedingt in dieser Funktion wirksam. Dieser gravierende Unterschied zwischen dem Bor und seinen Homologen macht sich auch in der Art der Bindungsmechanismen bemerkbar. Während beim Bor der homöopolare Bindungstyp vorherrscht, bevorzugen die nachfolgenden Elemente die ionogene Bindung. Der elektropositive Charakter verändert sich bei den Elementen der III. Hauptgruppe nicht in regelmäßiger Weise mit der steigenden Ordnungszahl, sondern nimmt von Bor zum Aluminium hin stark zu, vermindert sich aber wieder vom Aluminium zum Gallium und Indium. Das Bor hat nur relativ wenig mit seinen Homologen gemein, und es schließt sich in seinem Charakter mehr an die Elemente der IV. Gruppe, besonders C und Si an. So ist es auch verständlich, daß das Boroxid gute glasbildende Eigenschaften hat.

Auf die besondere Rolle des Aluminiumoxides bei der Herstellung von Silicatgläsern, wo es als modifizierendes Ion eingebaut wird, wurde bereits hingewiesen. Al_2O_3 ist für sich allein bisher unter keinen Bedingungen im glasigen Zustand erhalten worden. In Kombination mit den Oxiden der Erdalkalimetalle werden jedoch in begrenzten Konzentrationsbereichen Gläser gebildet, die als Aluminatgläser bezeichnet werden. 1909 fand u. a. SHEPERD [90] einen Glasbildungsbereich im System $CaO-Al_2O_3$, bei 38 bis 65 Gew.-% Al_2O_3 mit Liquidustemperaturen zwischen 1400 und 1600 °C. Die Glasbildung konnte allerdings nur unter Anwendung sehr kleiner Schmelzmengen (20 mg) nachgewiesen werden.

Erst 1948 unternahmen STANWORTH und SUN [91, 92] Versuche zur Herstellung größerer Mengen von Aluminatgläsern. Die erhaltenen Schmelzen und Gläser neigen sehr stark zur Kristallisation, es zeigte sich jedoch, daß die Zugabe kleiner Mengen von z. B. SiO_2 ($< 5\%$) die Stabilität der Gläser stark anwachsen läßt. So ist zum Beispiel ein Glas der Zusammensetzung von $CaO = 44{,}8$, $Al_2O_3 = 48{,}6$ u. $SiO_2 = 6{,}6$ Gew.-% kristallisationsstabil herstellbar. SiO_2-freie Kombinationen wurden 1958 von HAFNER [93] beschrieben. Diese Gläser enthalten zwei verschiedene Erdalkalioxide und sind in Mengen bis zu 5 kg herstellbar. Eine typische Zusammensetzung dieser Art: $Al_2O_3 = 47{,}0$, $CaO = 43{,}0$ und $BaO = 10{,}0$ Gew.-%.

Die Aluminatgläser weisen gegenüber den Silicatgläsern eine höhere Durchlässigkeit bei Wellenlängen von 6 µm auf, eine praktische Anwendbarkeit haben sie aber bis jetzt nicht gefunden.

BUSSEM und EITEL [94] wiesen nach, daß in einer Schmelze aus $12\,CaO \cdot 7\,Al_2O_3$, das Aluminium in tetraedrischer Koordination vorliegt (im kristallinen Al_2O_3 ist es oktaedrisch koordiniert), was auf das Glas übertragen, eine Struktur nach den Vorstellungen von Zachariasen möglich erscheinen ließe und erklären könnte, warum Al_2O_3 selber kein Glas bildet. Diese Vorstellungen tragen jedoch recht spekulativen Charakter!

Ganz analoge Verhältnisse finden sich für das Ga_2O_3, das ebenfalls mit CaO Gläser zu bilden in der Lage ist. Untersuchungen hierüber wurden von Baynton u. Mitarb. [95] durchgeführt. Sie fanden unter Anwendung von Schmelzmengen von 20 mg einen Glasbildungsbereich nahe 60 Gew.-% Ga_2O_3. Andere Autoren fanden im gleichen System jedoch wesentlich breitere Glasbildungsbereiche (35—70 Mol-% Ga_2O_3). Wie bei den Aluminaten findet sich der Zusammensetzungsbereich der Glasbildung im Phasendiagramm im Gebiet der niedrigsten Liquidustemperaturen. Die Stabilität der Gallatgläser ist erheblich geringer als die der entsprechenden Aluminatgläser.

Vom Indium sind keine analogen Gläser bekannt.

3.1.5.2. Die glasbildenden Oxide der IV. Gruppe des PSE

Die eigentlichen Glasbildner der IV. Hauptgruppe, das Silicum und Germanium, wurden bereits eingehend behandelt. Von den Nebengruppenelementen Ti, Zr, Hf und Th ist ausschließlich das Titan in Form seines Dioxides in der Lage, allerdings auch nur in Verbindung vornehmlich mit basischen Oxiden, Gläser zu bilden.

Baynton [96] stellte Alkalititanatgläser in Mengen von 20 mg mit K_2O, Rb_2O und Cs_2O her. Es gelang, Gläser mit TiO_2-Konzentrationen bis zu 50 Mol-% zu erschmelzen. Die Alkalititanatgläser neigen sehr stark zur Kristallisation, sie können jedoch ebenfalls durch Zugabe geringer Mengen von SiO_2 oder B_2O_3 stabilisiert werden. Eingehende Untersuchungen an Titanatglassystemen führte Rao [97, 98] mit Schmelzmengen von 1—5 g durch. Er fand, daß die Glasbildungsbereiche im System $K_2O—TiO_2$

von 40—71 Mol-% TiO_2 und im System $Cs_2O—TiO_2$ von 33—55 Mol-% TiO_2 reichen. Die Stabilität der Gläser erhöht sich mit zunehmender Ionengröße der Alkaliionen. Ultrarotspektroskopische Untersuchungen, sowohl der glasigen als auch der kristallinen Titanate, ließen erkennen, daß Ti^{4+}-Ionen in beiden Fällen oktaedrisch koordiniert vorliegen. Bei einer entsprechend schnellen Abkühlung gelingt es, auch im System $BaO—TiO_2$ Gläser zu erhalten. Von HARRISON und HUMMEL [99] wurde die Glasbildung im System $TiO_2—P_2O_5$ untersucht, sie ermittelten eine solche im Bereich von 67—76 Mol-% TiO_2.

1939 erschien ein Patent von MOREY [142] das die Herstellung optischer Gläser beschrieb, die $TiO_2—Ta_2O_5—La_2O_3$ und ThO_2 enthielten. Diese als Morey-Eastman-Kodak-Gläser bekanntgewordenen Titanat-Gläser weisen hohe n_d-Werte bei gleichzeitig niedriger Dispersion auf. Es konnten auch Gläser erschmolzen werden aus einer Mischung von TiO_2 und Ta_2O_5 im Verhältnis 1 : 1.

Da diese Titanatgläser Feuerfestmaterial extrem stark angreifen, konnten sie nur im Platintiegel erschmolzen werden, was Anlaß gab zur Entwicklung der Platintiegelschmelztechnologie!

Die Strukturverhältnisse der Titanatgläser sind noch weitgehend ungeklärt, eine Netzwerkstruktur liegt in keinem Fall vor.

3.1.5.3. Die glasbildenden Oxide der V. Gruppe des PSE

Die Elemente der V. Hauptgruppe, N, P, As, Sb und Bi liefern, abgesehen vom Stickstoff, eine Reihe recht ausgeprägter, glasbildender Oxide. Die Glasbildungsneigung wird geringer mit zunehmender Ordnungszahl, im gleichen Maße, wie der Metallcharakter der Elemente zum Wismut hin zunimmt.

Die P_2O_5- und Phosphatgläser wurden im Abschnitt 3.3. behandelt, sodaß hier nur auf ihre Einordnung in diese Gruppe hingewiesen sei. Glasiges As_2O_3 ist seit langem bekannt, es entsteht durch Kondensation von As_2O_3-Dampf an kalten Kondensationsflächen. Sb_2O_3 kann als solches nur durch extrem schnelles Abkühlen sehr kleiner Schmelzmengen in glasiger Form erhalten werden [100], während Bi_2O_3 in reiner Form als Glas nicht mehr existent ist. Hinsichtlich ihres strukturellen Aufbaues unterscheiden sich die Oxide des As, Sb und Bi recht stark voneinander, woraus sich die unterschiedliche Neigung der Trioxide zur Glasbildung erklären läßt.

Das As_2O_3 existiert in zwei kristallinen Modifikationen, von denen die eine in regulärer oktaedrischer Form vorliegt (findet sich als Arsenolith oder Arsenblüte) und ist bei Raumtemperatur beständig (Schmelzpunkt = 310 °C). Die andere Modifikation liegt in monokliner Form vor und ist oberhalb 221 °C stabil (Claudetit). Der Übergang von der einen in die andere Form läuft sehr langsam ab, sodaß metastabile Formen existent sind. PLIETH u. Mitarb. [101] stellten durch Röntgenuntersuchungen fest, daß bei der monoklinen Form des As_2O_3, AsO_3-Strukturgruppen in Schichtlagen vorliegen und daß die Struktur der As_2O_3-Gläser diesen Strukturen sehr nahe kommt. Eine sehr hohe Viskosität beim Schmelzpunkt des As_2O_3 weist nach Angaben von KARUTZ und STRANSKI [102] auf die Existenz eines Netzwerkes hin. Ebenfalls in zwei Modifikationen existiert das Sb_2O_3, die eine entspricht der Struktur des Arsenolith, die andere (Valentinit) weist Doppelketten untereinander verbundener SbO_3-Gruppen auf.

Binäre Systeme des As_2O_3 mit K_2O, PbO, Sb_2O_3, MoO_3 usw. wurden von HEATON und MOORE [103] untersucht. Die Ausdehnung der von ihnen ermittelten Glasbildungsgebiete kann gewisse Fehler enthalten, da die Schmelzen in Borosilicatglasröhren durchgeführt wurden und die Lösungsprodukte B_2O_3 und SiO_2 zur Stabilisation dieser Gläser beitragen. IMAOKA untersuchte die Glasbildungsgebiete der Alkali- und Erdalkaligläser (s. Tab. 8).

Entsprechende Untersuchungsergebnisse der Glasbildungsgebiete binärer Sb_2O_3-Systeme liegen nur von

HEATON und MOORE [103] vor und auch hierbei ist das Problem der Verunreinigung der Gläser durch das Tiegelmaterial nicht auszuschließen.

Tabelle 8

Glasbildungsgebiete in binären As_2O_3-Systemen (nach IMAOKA [68])

System	Glasbildungsgebiete Mol-%
$K_2O-As_2O_3$	0–40% K_2O
$Na_2O-As_2O_3$	0–54% Na_2O
$Li_2O-As_2O_3$	0–48% Li_2O
$BaO-As_2O_3$	0–52% BaO
$SrO-As_2O_3$	0–48% SrO
$CaO-As_2O_3$	–

Gläser auf Bi_2O_3-Basis wurden u. a. von BREKHOVSKICH [104] untersucht. Die Grenze der Glasbildungsgebiete einiger binärer Bi_2O_3-Gläser sind der Tab. 9 zu entnehmen. Die Schmelzen wurden im 20 mg Maßstab durchgeführt. Gläser der Systeme $Bi_2O_3-SiO_2$, $Bi_2O_3-B_2O_3$ usw. bilden sich über weite Zusammensetzungsbereiche. Eine Glasbildung mit ZnO, PbO, CdO, BaO und SrO erfolgt nur,

Tabelle 9

Glasbildungsgebiete in binären Bi_2O_3-Systemen (nach [104])

System	Glasbildungsbereich Mol-% Bi_2O_3
$Bi_2O_3-SiO_2$	9–57
$Bi_2O_3-B_2O_3$	9–75
$Bi_2O_3-P_2O_5$	12,5–29
$Bi_2O_3-GeO_2$	~ 2

wenn gleichzeitig kleine Mengen ($\approx 1\%$) SiO_2 oder B_2O_3 anwesend sind. Ohne Zusatz dieser Glasbildner, die die Glasbildung initiieren, sind unter keinen Bedingungen Gläser zu erhalten. Die Existenz von binären Alkali-Bi_2O_3-Gläsern ist nicht bekannt geworden. Über die

Strukturverhältnisse der mit Bi_2O_3 herstellbaren Gläser besteht Unklarheit, eine praktische Bedeutung kommt ihnen bis heute nicht zu.

Von den Elementen der V. Nebengruppe des PSE ist ausschließlich das Vanadiumpentoxid unter bestimmten Bedingungen als glasbildendes Oxid von Interesse. Die Ähnlichkeit des V_2O_5 mit dem P_2O_5 könnte die Annahme rechtfertigen, daß auch das V_2O_5 ein guter Glasbildner sei. Die Praxis zeigt jedoch, daß zwischen dem Verhalten beider Oxide ganz wesentliche Unterschiede bestehen. Das V_2O_5 ist nicht in der Lage für sich allein ein Glas zu bilden, wohl aber in Gegenwart anderer Oxide. TAMMAN und JENKEL [105] untersuchten eingehend Gläser des

Tabelle 10

Glasbildungsgebiete binärer V_2O_5-Systeme [106]

System	Glasbildungsgebiet Mol-% V_2O_5	
$P_2O_5-V_2O_5$	< 94	(Platintiegel)
$GeO_2-V_2O_5$	6 – 63,5	(Platintiegel)
$TeO_2-V_2O_5$	9 – 57	(SiO_2 u. Al_2O_3-Tiegel)
$BaO-V_2O_5$	58,5 – 69,5	(Platintiegel)
$PbO-V_2O_5$	51 – 66,5	(SiO_2 u. Al_2O_3-Tiegel)

Systems $V_2O_5-P_2O_5$ und stellten fest, daß selbst bei Gehalten von 95 Gew.-% V_2O_5 noch Gläser gebildet werden. DENTON u. Mitarb. [106] untersuchten die Glasbildungsgebiete verschiedener binärer V_2O_5-Systeme (Tab. 10) und beschrieben die bemerkenswerten elektrischen Eigenschaften dieser Gläser. Die Glasbildung des V_2O_5, gemeinsam mit den eigentlichen Glasbildnern (SiO_2 P_2O_5, GeO_2 . . .) ist grundsätzlich zu erwarten, und es kann angenommen werden, daß hier das V_2O_5 die Rolle eines Modifikators spielt, was aber ganz sicher nicht mehr im System $BaO-V_2O_5$ und $PbO-V_2O_5$ der Fall sein kann. Die Vanadatgläser neigen stark zur Kristallisation. Gläser mit K_2O, MgO, CaO, SrO und ZnO konnten nur in sehr kleinen Quantitäten hergestellt werden, bei denen eine extrem schnelle Abkühlung infolge geringer Substanzmengen möglich war. Auch bei den Vanadatgläsern wirkt sich die Anwesenheit minimaler Mengen netzwerkbildender Oxide sehr stark begünstigend auf die Stabilität der Gläser aus.

Die Vanadatgläser gewinnen im zunehmenden Maße an Bedeutung, infolge ihres ungewöhnlich niedrigen elektrischen Widerstandes, den sie als Halbleiter bereits bei Zimmertemperatur aufweisen. So besitzen Gläser des Systems $BaO-V_2O_5-P_2O_5$ im Bereich hoher V_2O_5-Konzentrationen eine elektronische Leitfähigkeit von mehr als $10^{-1}\,\Omega^{-1}\,cm^{-1}$ bei Raumtemperatur [105a]. Der Halbleitereffekt ist zurückzuführen auf Elektronenübergänge zwischen Vanadiumionen unterschiedlicher Ladung, z. B. zwischen V^{4+}- und V^{5+}-Ionen. Auf der Suche nach beständigen und hochwirksamen Halbleitergläsern wurden auch ternäre V_2O_5-Systeme untersucht [107].

Strukturuntersuchungen ließen erhebliche Unterschiede zwischen z. B. den Orthovanadaten und den Orthophosphaten erkennen. Bei den Vanadaten ist jedes Vanadiumatom von 5 Sauerstoffatomen umgeben. Die VO_5-Gruppen bilden Schichtstrukturen. Von den 5 Sauerstoffatomen, die das Vanadin umgeben, sind nur jeweils vier brückenbildend. In den Glasschmelzen wurden auch VO_4-Gruppen nachgewiesen, die bei den entsrechenden Phosphatgläsern fehlen. MUNAKATA [108] u. a. stellten fest, daß ein ständiger Sauerstoffverlust der Vanadatgläser beim Schmelzprozeß zu verzeichnen ist und daß das Verhältnis V^{4+}/V^{5+}-Ionen in fertig geschmolzenen Gläsern, Werte von 0,5 annehmen kann. Durch papierchromatografische Analyse von Lösungen geeigneter Vanadatgläser stellten OHASHI und MATSUMURA [109] fest, daß in den Vanadatgläsern sowohl ketten- als auch ringförmige Moleküle enthalten sind. Auch die Existenz von V^{2+}-Ionen konnte nachgewiesen werden. Spektrofotometrische und magnetische Untersuchungen an Vanadin-

Boratgläsern [110] lassen erkennen, daß die VO_5-Gruppen netzwerkbildende Eigenschaften aufweisen und daß eine Polymerisation zu Polyvanadaten erfolgt.

3.1.5.4. Die glasbildenden Oxide der VI. Gruppe des PSE

Von den Sauerstoffverbindungen der Hauptgruppenelemente, S, Se und Te, ist bis heute lediglich für das TeO_2 als glasbildendes Oxid eine technische Bedeutung und praktische Anwendbarkeit abzusehen. Von den Sauerstoffverbindungen des Schwefels sind eine Reihe von Sulfaten in der Lage, sogar relativ stabile Gläser zu bilden. Ishii und Akawa [111] untersuchten eine Reihe binärer und ternärer Sulfatsysteme mit Komponenten wie K_2SO_4, Tl_2SO_4, $ZnSO_4$ und $CuSO_4$. Keine Glasbildung erfolgt bei Systemen, die Na_2SO_4 und Li_2SO_4 enthalten.

Vom Selen sind lediglich aus dem System SeO_2-K_2O Gläser bekannt, die allerdings wegen des hohen Dampfdruckes des SeO_2 nur unter Druck geschmolzen werden können. Die Liquidustemperaturen dieser Alkaliselenidgläser liegen im Bereich der Zimmertemperatur.

Anders sind die Verhältnisse beim Tellur. Bereits Berzelius stellte 1834 glasige Ba-Tellurite dar. Eingehende und systematische Untersuchungen der Glasbildungsbereiche binärer TeO_2-Gläser wurden von Imaoka [68] und Vogel u. Mitarb. [112] durchgeführt.

Die Telluritgläser sind bei niedrigen Temperaturen gut schmelzbar (z. T. $< 1000°C$), sie weisen eine bemerkenswert hohe Lichtbrechung ($n_d > 2{,}0$) auf. Ihre chemische Stabilität ist allerdings gering, aber doch immerhin ausreichend für Anwendungsfälle auf dem Gebiet der Optik.

Eingehend untersucht wurde auch das System V_2O_5-TeO_2, dessen Glasbildungsbereich von 6 bis 57 Mol-% V_2O_5 reicht [106].

Die Ausdehnung der Glasbildungsgebiete wird auch bei den Telluritgläsern stark beeinflußt durch die Anwesenheit geringer Mengen anderer glasbildender Oxide, wie SiO_2, B_2O_3 usw. Es reichen bereits z. B. 0,1% SiO_2 aus — das aus dem Tiegelmaterial stammen kann — um eine ganz wesentliche Kristallisationsstabilität der entsprechenden Gläser zu bewirken. TeO_2 bildet für sich allein kein Glas, beim Schmelzen in einem Al_2O_3-Tiegel geht aber bereits eine ausreichende Menge Al_2O_3 in Lösung, um die Schmelze glasig erstarren zu lassen.

Die von Imaoka [68] und Vogel [112] untersuchten Ausdehnungsbereiche der Glasbildungsgebiete der verschiedensten Telluritsysteme unterscheiden sich z. T. voneinander, was nicht zuletzt auf die unterschiedlichen Abkühlbedingungen der Schmelzen zurückzuführen ist. Die Untersuchungen Vogels erstreckten sich auf Alkali- und Erdalkalitellurite, Telluritgläser der binären Systeme ZnO, Al_2O_3, Tl_2O, PbO, Nb_2O_5, WO_3, La_2O_3, TiO_2 und ThO_2, hallogenid- und sulfathaltige Telluritgläser sowie solche mit GeO_2, P_2O_5, SiO_2 und B_2O_3, von denen Tab. 11 eine Auswahl enthält. Besonders beachtenswert sind solche Gläser, die Halogenide und Sulfate der verschiedenartigsten Elemente enthalten. Der Einbau von Halogeniden höherer Ordnungszahl und von Sulfaten als Hauptkomponenten in Gläsern war bislang weitgehend unbekannt. Tab. 11 gibt einige Beispiele der sich hier ergebenden Möglichkeiten. Bemerkenswert sind die Lichtbrechungs- und Dispersionswerte der Telluritgläser, die z. B. folgende Extremwerte aufweisen können: Im System $PbBr_2$—TeO_2 existiert ein Glas mit 39,4 Mol-% $PbBr_2$, dessen n_d-Wert 2,2953 und dessen ν_d-Wert 12,0 beträgt. Bemerkenswert sind auch die spezifischen Gewichte dieser Gläser; z. B. im System PbO—TeO_2 besitzt ein Glas mit 38,4 Mol-% PbO die Dichte von 7,203 g/cm³. Die Lichtdurchlässigkeit der Telluritgläser erstreckt sich im allgemeinen vom UV- über den sichtbaren bis zum IR-Bereich. Die Gläser sind meist farblos. Mit Ihnen lassen sich extreme optische Systeme herstellen.

Die Vorstellungen zur Struktur der Telluritgläser sind wenig einheitlich und wurden z. T. in der Vergangenheit aus fehlerhaften Meßergebnissen entwickelt, indem für Tellur Kz = 6 angenommen wurde. Neuere Untersuchungen zeigten, daß Te (IV) gegenüber Sauer-

Tabelle 11

Glasbildungsgebiete binärer Telluritsysteme (Auswahl) nach IMAOKA [68] und VOGEL [112]

System	Glasbildungsgebiete Mol-% Metalloxid	
	IMAOKA	VOGEL
Li_2O-TeO_2	13,0–30,5	12,2–34,9
Na_2O-TeO_2	8,5–40,5	5,5–37,5
K_2O-TeO_2	4,5–23,0	6,5–19,5
$BeO-TeO_2$	11,0–23,0	15,0–27,0
$BaO-TeO_2$	7,0–20,0 und 36,0–36,5	8,0–35,7
$Al_2O_3-TeO_2$	4,5–15,5	7,6–16,8
Tl_2O-TeO_2		13,0–38,4
$PbO-TeO_2$	10,5–22,0	12,8–22,6
$Nb_2O_5-TeO_2$	2,0–25,0	2,2–24,0
TiO_2-TeO_2	–	6,2–18,9
$LiCl-TeO_2$		11,9–33,2
$NaF-TeO_2$		19,0–32,0
$KBr-TeO_2$		10,8–23,8
$K_2SO_4-TeO_2$		3,4– 6,8
$Rb_2SO_4-TeO_2$		3,3– 4,9
$MgSO_4-TeO_2$		6,7–43,5
$BaCl_2-TeO_2$		7,2–19,7
$PbCl_2-TeO_2$		14,8–49,1
GeO_2-TeO_2		10,2–100
$P_2O_5-TeO_2$		2,2–100
SiO_2-TeO_2		–
$B_2O_3-TeO_2$		11,8–100

stoff die Kz 3 und 4 betätigen kann, was auch in Gläsern zutreffen soll.

VOGEL [112] nimmt an, daß hoch TeO_2-haltige, binäre Telluritgläser (besonders im Bereich der unteren Glasbildungsgrenzen) aus einem noch teilweise intakten räumlichen Netzwerk aus TeO_4-Baugruppen bestehen können. Stabile Telluritgläser finden sich besonders in solchen

Zusammensetzungsbereichen, in denen die kristallinen Verbindungen Kettenstrukturen aufweisen. Bei hohen Metalloxidgehalten, bei denen praktisch isolierte Strukturinseln vorliegen müßten, wurden ebenfalls noch schwach verknüpfte Ketten gefunden.

Bemerkenswert ist die Tatsache, daß bisher bei keinem Telluritglas Entmischungserscheinungen beobachtet werden konnten. Ebenso ist das Viskositätsverhalten der Telluritglasschmelzen interessant. Die Viskosität des TeO_2 ist im Bereich der Liquidustemperatur, im Vergleich zur Viskosität des SiO_2, B_2O_3 und des P_2O_5 außerordentlich gering, sie ist jedoch 50 bis 100mal größer als diejenige einfacher geschmolzener Salze oder geschmolzener Metalle.

Von den Oxiden der Elemente der VI. Nebengruppe sind im zu betrachtenden Rahmen das MoO_3 und WO_3 von Interesse. Molybdat- und Wolframatgläser zeigen ebenso, wie Vanadatgläser Halbleitereigenschaften. In diesem Zusammenhang können sie ein praktisches Interesse erlangen. MoO_3 als auch WO_3 bilden besonders leicht Gläser in Gegenwart anderer Glasbildner, auch dann noch, wenn diese in sehr geringen Konzentrationen vorliegen. So werden im System $P_2O_5-WO_3$ noch Gläser gebildet bei einem WO_3-Gehalt von 75 Mol-%. Die Glasbildungsneigung ist bei den Wolframatgläsern größer als bei den entsprechenden Molybdatgläsern. FRANCK [113] untersuchte MoO_3- und $WO_3-P_2O_5$-Systeme, wobei er feststellte, daß alle Gläser stark gefärbt sind und daß beim Schmelzprozeß ein Sauerstoffverlust in Erscheinung tritt. Wolfram- und Molybdäntrioxid sollen im Glas als MoO_{3-x}- und WO_{3-x}-Moleküle vorliegen ($x = 0{,}01 - 0{,}3$). Die Halbleitereigenschaften sind auch hier auf den Elektronenübergang zwischen unterschiedlich geladenen Ionen zurückzuführen.

Gläser bilden sich auch in Alkali-WO_3 und -MoO_3-Systemen, wie BAYNTON [96] fand. Die Glasbildungsgebiete sind stark begrenzt, erweitern sich aber wesentlich durch Zugabe geringer Mengen P_2O_5 unter gleichzeitiger Verbesserung der Stabilität der Gläser. Diese Stabilitätsverbesserung wird auf die Bildung komplexer Heteropolysäuren zurückgeführt, bei denen ein Zentralatom (Si, P, B ...) von einer Schale von WO_6- bzw. MoO_6-Oktaedern umgeben ist. Ob derartige komplexe Moleküle in einer Schmelze stabil sind, sei dahingestellt!

Röntgenografisch konnten bei den Alkalimolybdaten und -wolframaten ($Na_2 \cdot Mo_2O_7$; $K_2 \cdot Mo_3O_{10}$ ...) große Kernkomplexe nachgewiesen werden, die untereinander durch Alkaliionen verbunden sind. In den Dimolybdaten fanden sich Ketten, die oktaedrische und tetraedrische Gruppen enthielten. In neueren Arbeiten wurde bestätigt [143; 144], daß als Grundbausteine der Alkaliwolframate kurze Ketten von WO_4-Tetraedern mit beträchtlichen Disproportionen vorliegen und die Alkalimolybdate ebenfalls kleinere monomere MoO_4^{2-}-Gruppen und zum Teil auch solche mit Koordinationszahlen > 4 enthalten. Ähnlichkeiten bestehen zwischen den Strukturen der Schmelzen und denen der Gläser; sie unterscheiden sich von den kristallinen Modifikationen dadurch, daß letztere aus unendlich langen Anionenketten aufgebaut sind.

3.2. *Salzartige Gläser*

3.2.1. *Nitratgläser*

Rostkowsky [114] entdeckte 1930, daß ein in bestimmten Mischungsverhältnissen zusammengeschmolzenes Gemenge von KNO_3 und $Ca(NO_3)_2$, beim schnellen Abkühlen glasig zu erstarren in der Lage ist. Derartige „Salzgläser" wurden später auch in den Systemen $NaNO_3—Mg(NO_3)_2$ und $KNO_3—Mg(NO_3)_2$ entdeckt. Systematische Untersuchungen wurden von Thilo u. Mitarb. [115] durchgeführt. Die Glasbildungsbereiche in Systemen der Alkalinitrate, kombiniert mit den verschiedenen Erdalkalinitraten und Cadmiumnitrat sind in Tab. 12 wiedergegeben. Die Gläser wurden in Mengen von 0,3 g erschmolzen. Aus der Tabelle ist zu entnehmen, daß $Mg(NO_3)_2$ mit jedem der fünf Alkalinitrate Gläser ergibt, $Ca(NO_3)_2$ dagegen nicht mit $LiNO_3$, und $Sr(NO_3)_2$ nur mit $RbNO_3$ und $CsNO_3$. Das Bariumnitrat bildet nur noch mit dem $CsNO_3$ ein Glas, das aber bereits sehr instabil ist.

Tabelle 12

Glasbildungsgebiete in binären Nitrat-Systemen (THILO [115])

System	Glasbildungsbereich Mol-% Alkalinitrate
$Mg(NO_3)_2$-$LiNO_3$	36–52
$Mg(NO_3)_2$-$NaNO_3$	21–57
$Mg(NO_3)_2$-KNO_3	24–61
$Mg(NO_3)_2$-$RbNO_3$	40–67
$Mg(NO_3)_2$-$CsNO_3$	47–75
$Ca(NO_3)_2$-$LiNO_3$	–
$Ca(NO_3)_2$-$NaNO_3$	55–62
$Ca(NO_3)_2$-KNO_3	40–70
$Ca(NO_3)_2$-$RbNO_3$	32–75
$Ca(NO_3)_2$-$CsNO_3$	64–75
$Sr(NO_3)_2$-$LiNO_3$	–
$Sr(NO_3)_2$-$NaNO_3$	–
$Sr(NO_3)_2$-KNO_3	–
$Sr(NO_3)_2$-$RbNO_3$	69–83
$Sr(NO_3)_2$-$CsNO_3$	68–77
$Ba(NO_3)_2$-$CsNO_3$	78–79

STEVELS [116] und DIETZEL [117] versuchten eine Deutung der Glasbildungsmechanismen der Nitratgläser durch die Annahme einer Deformation der Nitrationen als Folge von Polarisationseffekten. URNES u. Mitarb. [118, 119] wiesen jedoch ultrarotspektroskopisch durch einen Vergleich der Gläser mit dem kristallinen Material nach, daß die NO_3^--Ionen in beiden Fällen identische Spektren liefern und somit keine Deformation der NO_3^--Ionen vorliegen kann. Thilo stellte fest, daß sich in den entsprechenden Nitratsystemen Gläser nur dann bilden können, wenn die Differenz der Feldstärken $\frac{z^{II}}{r^{2II}} - \frac{z^{I}}{r^{2I}}$ größer als 0,7 ist. Eine Ausnahme von dieser Regel macht das System $Ba(NO_3)$—$CsNO_3$. Das entsprechende Glas zeigt aber auch nur eine geringe Stabilität! Die Glasbildung führt THILO darauf zurück, daß z. B. Ca^{2+}-Ionen von NO_3^--Ionen abgeschirmt werden und daß sich in einer zweiten Sphäre um dieses abgeschirmte Ca^{2+}-Ion, je nach Konzentration der anwesenden Alkaliionen mehr oder weniger ausgeprägt, Alkaliionen anlagern. Eine solche Anlagerung ist aber nur dann möglich, wenn sich die beiden Ionenarten hinsichtlich ihrer Feldstärken ausreichend unterscheiden. Weisen beide Ionen ähnliche Feldstärkewerte auf, so ist eine Clusterbildung denkbar und die Glasbildung bleibt aus. INGRAM und DUFFY [120] stellten durch Auswertung und Vermessung von Spektren der Salzgläser fest, daß sich z. B. Komplexe vom Typ $[Ca(NO_3)_4]^2$; ausbilden, was den Auffassungen von THILO entsprechen würde. Eine ungünstige Anordnung der Kationen erschwert die Kristallisation und wird als Ursache für die Glasbildung angesehen.

Durch Arbeiten von VINOGRADOV u. Mitarb. [120a] wurde in neuerer Zeit gezeigt, daß Nitratgläser auch in Dreikomponentensystemen unter Einbau von Nitraten der seltenen Erden gebildet werden können, z. B. in den Kombinationen:

$M^1NO_3 - M^2(NO_3)_2 - M^3(NO_3)_3$ wobei
$M^1 = $ Na, K, Cs und Tl
$M^2 = $ Mg, Ca, Sr, Zn, Cd, UO_2^{2+} und
$M^3 = Sc^{3+}$, Eu^{3+}, Sm^{3+}, Tb^{3+}, Dy^{3+} sein kann.

Die Gläser zeichnen sich durch eine starke Lumineszenz bei Anregung durch UV-Licht aus.

Ganz ähnliche Glasbildungseffekte wurden auch in Alkali- und Erdalkaliacetatschmelzen angetroffen, auch hier erfolgt bereitwillig Glasbildung. Die Acetatgläser sind erheblich stabiler als die entsprechenden Nitratgläser, wie BARTHOLOMEW u. Mitarb. [121] zeigten. Untersucht wurden wasserfreie und wasserhaltige Acetate von Na, K, NH_4, Mg, Ca, Ba, Pb, Cd, Zn, Li und Sr. Einkomponentengläser wurden vom Li-, Pb- und Zn-Acetat erhalten. Zweikomponentengläser bilden erheblich breitere Glasgebiete als die entsprechenden Nitratgläser. Es wurde festgestellt, daß auch Kombinationen von Nitraten und Acetaten Gläser bilden.

Nach Ingram und Duffy [120] liegen auch bei den Acetatgläsern Komplexe vom Typ $[Ca(OAc)_4]^{2-}$ vor.

Die Nitrat- und Acetatgläser besitzen nur ein theoretisches Interesse.

3.2.2. *Fluoridgläser*

Berylliumfluorid bildet ebenso wie SiO_2 ein stabiles Glas. Bereits 1926 stellte Goldschmidt diese interessante Tatsache fest. Im kristallinen BeF_2 liegt ein dreidimensionales Netzwerk aus BF_4-Tetraedern vor, die über die Ecken miteinander verbunden sind. Röntgenanalytisch konnte nachgewiesen werden, daß es beim Berylliumfluoridglas durchaus ähnlich ist, allerdings mit einem dem Glaszustand entsprechenden Maß an Unordnung. Das Viskositätsverhalten der BeF_2-Schmelzen entspricht ebenfalls dem der SiO_2- oder B_2O_3-Schmelzen nur mit dem Unterschied, daß der Schmelzpunkt des SiO_2 bei 1723 °C und der des BF_2 bei 540 °C liegt.

Bereits Goldschmidt betonte daß das BF_2 als ein abgeschwächtes Modell des SiO_2 angesehen werden kann, da sie beide gleiche Struktur besitzen. Vogel und Gerth [122, 51] stellten eine interessante Reihe von Fluoriden auf, die als abgeschwächte Modelle im Sinne Goldschmidts für hochschmelzende Oxide und Silcate betrachtet werden können und von deren Verhalten, das bei gut beherrschbaren Temperaturen untersucht werden kann, auf das Verhalten der entsprechenden oxidischen oder silicatischen „Originale" geschlossen werden kann. Danach entspricht:

BeF_2	dem SiO_2
LiF	dem MgO
$LiBeF_3$	dem $MgSiO_3$
Li_2BeF_4	dem Mg_2SiO_4
NaF	dem CaO
$NaBeF_3$	dem $CaSiO_3$
Na_2BeF_4	dem Ca_2SiO_4
$NaLiBeF_4$	dem $CaMgSiO_4$
MgF_2	dem TiO_2
CaF_2	dem ThO_2

Ebenfalls von VOGEL und GERTH wurden eingehende Untersuchungen über die Ausdehnung der Glasbildungsgebiete in binären und ternären Alkali- und Erdalkaliberylliumfluoridsystemen durchgeführt. Die Präparation der Gläser erfolgte unter besonderen technischen Bedingungen, um Fluorverluste beim Schmelzen zu vermeiden. Die meisten der hergestellten Gläser waren hygroskopisch. Fluorberyllatgläser zeigen mehr oder weniger stark ausgeprägt Entmischungserscheinungen, die durch Opaleszenz der Gläser erkennbar sind. VOGEL u. Mitarb. führten grundlegende Arbeiten zur Aufklärung der Entmischungsmechanismen bei Gläsern u. a. mittels elektronenoptischer Methoden durch, unter Einbeziehung derartiger Modellglassysteme [122, 123, 124, 51]. Bei den Fluorberyllatgläsern mit LiF, NaF und KF erfolgte im Bereich niedriger Alkalifluoridkonzentrationen eine sehr stark ausgeprägte Entmischung, während das System RbF-BeF_2 frei von Entmischungserscheinungen ist. Bei den Erdalkaliberylliumfluoridgläsern ist die Tendenz zur Entmischung wesentlich ausgeprägter als bei den entsprechenden Alkaligläsern und führt zum Teil zu völlig milchig-weißen Trübgläsern. Nur unter extremen Abschreckbedingungen konnten Gläser erhalten werden. Im System BaF_2-BeF_2 existieren keine Gläser mehr. Die Glasbildungsgebiete binärer Fluorberyllatsysteme sind der Tab. 13 zu entnehmen.

Eine praktische Anwendung finden die Berylliumfluoridgläser zur Herstellung spezieller optischer Systeme.

Es wurden aber auch solche Fluoridgläser hergestellt, die frei von BeF_2 sind und als Hauptbestandteil AlF_3 und PbF_3 enthalten (SUN und CALLEAR [125]). Das AlF_3 kann

Tabelle 13

Glasbildungsgebiete in binären Fluorberyllat-Systemen (VOGEL und GERTH [122, 123])

System	Glasbildungsgebiet Mol-%	
$LiF-BeF_2$	36–58 LiF	(Schmelztropfen zwischen
$NaF-BeF_2$	28–60 NaF	SiO_2-Glasplatten gepreßt)
$KF-BeF_2$	17–52 KF	Opaleszenz bei höheren BeF_2-Gehalten
$RbF-BeF_2$	0–35 RbF	Opaleszenzfrei
MgF_2-BeF_2	0–30 MgF_2	klare Gläser nur bei sehr schneller Kühlung erhaltbar
CaF_2-BeF_2	0–28 CaF_2	
SrF_2-BeF_2	0– 7 SrF_2	
BaF_2-BeF_2	–	

eine ähnliche Funktion, wie das Al_2O_3 in den Aluminatgläsern ausüben und somit in Gegenwart anderer Fluoride als Netzwerkbildner fungieren.

Darüber hinaus wurden Gläser hergestellt, die relativ hohe Konzentrationen von HF einschließen [126], als Beispiel einer solchen Glaszusammensetzung sei genannt: 35 Mol-% MgF_2, 35 Mol-% PbF_2, 30 Mol-% HF.

3.2.3. *Gläser auf Basis $ZnCl_2$*

1925 entdeckte MAIER [127] die Fähigkeit des Zinkchlorides zur Bildung von Gläsern. $ZnCl_2$ bildet wie BeF_2 ein Netzwerk. Markante Zusammensetzungen solcher Zinkchloridgläser sind z. B. 50 Mol-% $ZnCl_2$, 50 Mol-% KCl, KBr oder KJ.

Eine praktische Bedeutung kommt diesen Gläsern bisher nicht zu.

3.3. *Chalkogenidgläser*

Neben den oxid- und salzartigen Gläsern, stellen die Chalkogenidgläser eine gesonderte Gruppe von glasigen Stoffen dar, die sowohl hinsichtlich ihrer Strukturen als auch im Hinblick auf ihre Eigenschaften eine Sonderstellung einnehmen. Die Chalcogenidgläser bilden sich aus den Elementen Schwefel, Selen und Tellur in Kombination mit Elementen der IV. und V. Gruppe des PSE sowie unter besonderen Bedingungen mit solchen der VII. Gruppe.

Die Chalkogenidgläser besitzen im allgemeinen hohe Transmissionwerte im Infrarotgebiet, besonders bei langwelligen elektromagnetischen Schwingungen, aber sie sind zum Teil für Wellen im sichtbaren Gebiet des Spektrums undurchlässig. Einige dieser Gläser sind gute Halbleiter, und mit wachsenden Ordnungszahlen der in diese Gläser eingebauten Atome nimmt die Elektronenleitfähigkeit stark zu und die Gläser erhalten zunehmend metallische Eigenschaften. Die Chalkogenidgläser zeichnen sich durch folgende charakteristische Eigenheiten aus:

1. Die Glasbildungsgebiete in binären und ternären Systemen erstrecken sich über vergleichsweise große Zusammensetzungsbereiche.
2. Die Strukturen sind durch kein einheitliches Prinzip zu charakterisieren.
3. Im Vergleich zu den Oxid- und Salzgläsern, bei denen ein stöchiometrisches Verhältnis zwischen den anionischen und kationischen Teilen der eingesetzten Moleküle (z. B. $1\,Si^{4+}$ und $2\,O^{2-}$ oder $1\,Ca^{2+}$ und $2\,NO_3^-$) zwangsläufig besteht, sind bei den Chalcogenidgläsern kontinuierliche Veränderungen, z. B. des As- und S-Verhältnisses möglich, und die Zusammensetzung beschränkt sich nicht z. B. auf das As_2S_3.

Bereits 1870 wurde die Glasbildung des As_2S_3 von SCHULTZ und SELLACK beschrieben. Erst in neuester Zeit wurde aber dieses interessante Gebiet, vor allem von sowjetischen Wissenschaftlern, systematisch bearbeitet. Heute ist die Herstellung von Arsensulfidgläsern im technischen Maßstab möglich, und die Gläser finden zunehmende Anwendung wegen ihrer hohen IR-Transmission, bis hin zu Wellenlängen im 12 μm Bereich [128].

Fraser [129] fand, daß in Analogie zum As_2S_3 auch das As_2Se_3 Glas zu bilden in der Lage ist. Im System As—Te bilden sich ebenfalls völlig stabile Gläser im Bereich von 50 und 60 Atom-% Arsen [130]. Vaipolin und Porai-Koshits [131] untersuchten diese Gläser röntgenografisch. Das Glasbildungsgebiet im ternären System As—Se—S ist in Abb. 33 dargestellt.

Im ternären System As_2S_3—As_2Se_3—As_2Te_3 fanden sich Gläser mit hoher Kristallisationsstabilität. Ein kontinuierlicher Austausch des As durch Sb und Bi in As—S—Se, Te-Systemen führt zu einer ständigen Erhöhung der Kristallisationsneigung dieser Gläser. In den reinen Sb- und Bi-Chalkogenidsystemen erfolgt keine Glasbildung mehr. Goriunova [132] wies auf den generellen Trend hin, nach dem sich die Stabilität der Gläser mit zunehmender Ordnungszahl der Konstituenten stark vermindert.

Wenig bekannt sind die Chalcogenid-Phosphorsysteme hinsichtlich ihrer Fähigkeiten Glas zu bilden. Die Sulfide des Phosphor P_4S_3, P_4S_5, P_4S_7 und P_4S_{10} bilden Molekülkristalle und keine Netzwerke, wie das As_2S_3. Glasähnliche Stoffe wurden bisher im System P—S mit Anteilen bis zu 10 Atom-% P hergestellt und ihre Eigenschaften untersucht [133]. Im System P—Se scheint die Glasbildung ausgeprägter zu sein. Ein Glas vom Typ P_2Se_3 konnte relativ kristallisationsstabil hergestellt werden [134].

Mit den Elementen der IV. Gruppe des PSE ist die Glasbildung begrenzt auf das System Ge—S und Ge—Se. Nach Untersuchungen von Savage und Nilsen [135] existiert ein Glasbildungsgebiet im System Ge—Se im Bereich von 20 bis 25 Atom-% Ge. Chalkogenidgläser mit Si sind zwar ebenfalls bekannt, aber ihre Herstellung ist nur unter hohem Druck möglich. Kawamoto u. Mitarb. [136] stellten im System Ge—S zwei Glasgebiete fest, das eine von GeS_2 bis GeS_9 und das zweite von $GeS_{1,3}$—GeS_2. Die Gläser des erstgenannten Gebietes weisen eine Nahordnung auf, vergleichbar mit dem kristallinen GeS_2, das aus vernetzten GeS_4-Tetraedern besteht, während im zweiten Glasgebiet eine Invertstruktur mit GeO_4-Tetraedern angenommen wird.

Goriunova u. Mitarb. [137] untersuchten die Glasbildung in den As_2S_3- und As_2Se_3-Systemen unter Zugabe von Au, Ag, Cu, Cd, Zn, Mg, Ca, In, Ge, Sn und Pb. Es existieren hier mehr oder weniger ausgeprägte Glasbildungsgebiete.

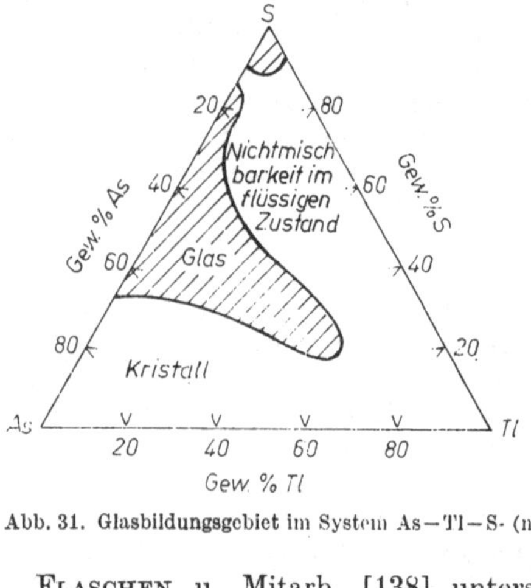

Abb. 31. Glasbildungsgebiet im System As—Tl—S- (nach [138]).

Flaschen u. Mitarb. [138] untersuchten u. a. das System Tl—As—S sowie Tl—As—Se. Die Glasbildungsbereiche dieser Systeme sind in Abb. 31 u. 32 dargestellt. Interessant ist die Tatsache, daß die Zugabe von Tl generell eine starke Viskositätsverminderung der Schmelze bewirkt. Die Transformationstemperaturen einiger dieser Gläser liegen unterhalb der Zimmertemperatur.

Zur Erzeugung optischer, IR-durchlässiger Gläser mit guten thermischen und chemischen Beständigkeitswerten wurden von Hilton [139] eingehende Untersuchungen an Mehrstoffsystemen aus As—Sb- und Bi-Chalkogeniden unter Zugabe von P, Si und Ge durchgeführt. Gläser mit günstigen thermischen, chemischen und optischen Eigenschaften wurden speziell in den Systemen Ge—P—S und Si—As—Te gefunden.

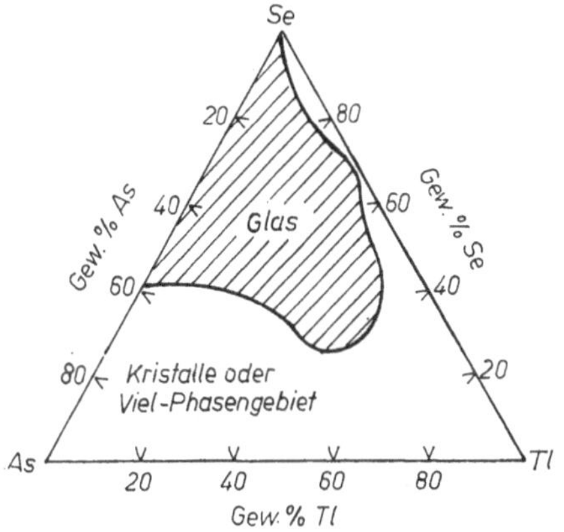

Abb. 32. Glasbildungsgebiet im System As—Tl—Se (nach [138]).

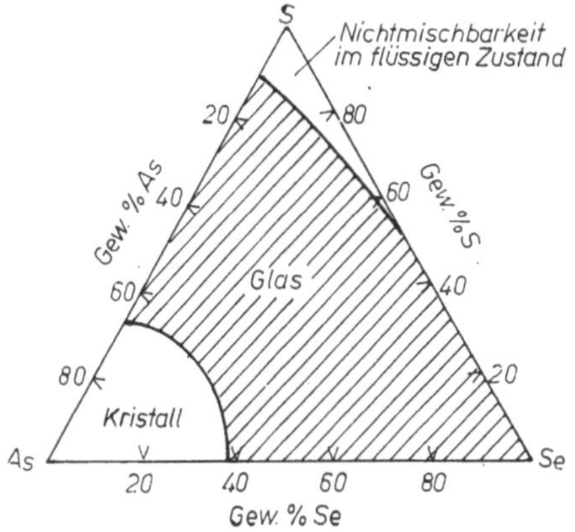

Abb. 33. Glasbildungsgebiet im System As—Se—S (nach [138]).

Über die Bildung von Halogenchalkogenidgläsern wurden erste systematische Untersuchungen von FLASCHEN [138] und PEARSON [140] an den Systemen As—S—Br As—Te—J und anderen durchgeführt. Die Glasbildungsgebiete der erstgenannten Systeme sind diagrammatisch in den Abbildungen 34 u. 35 dargestellt. Die Br-haltigen

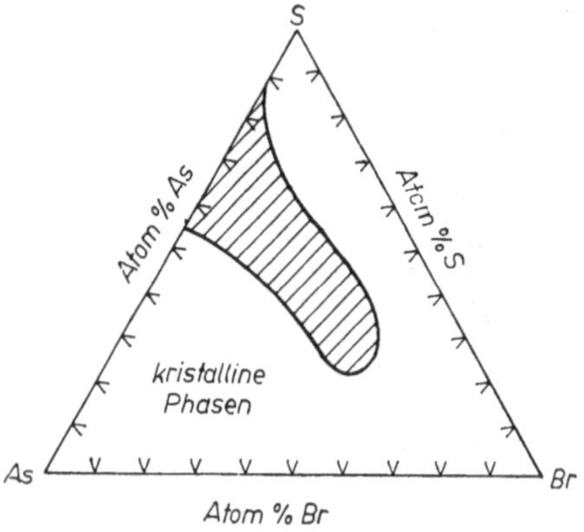

Abb. 34. Glasbildungsgebiet im System As—S—Br (nach [140]).

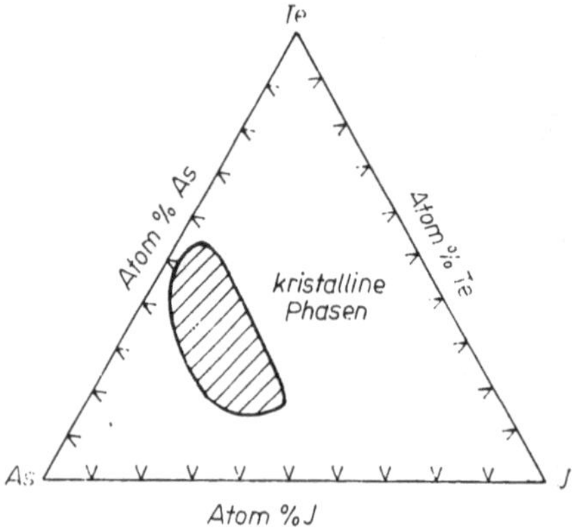

Abb. 35. Glasbildungsgebiet im System As—Te—J (nach [140]).

Zusammensetzungen (z. B. mit 19 Atom-% Arsen, 34 Atom-% Schwefel und 47 Atom-% Brom) stellen hochbrechende Flüssigkeiten bei Raumtemperatur dar, der Tg-Bereich liegt bei der genannten Zusammensetzung bei etwa —60 °C. Die entsprechenden Jod-Gläser sind bei Raumtemperatur fest und erweichen nicht unter 100 bis 150 °C. Die physikalischen Eigenschaften der As—S—Cl, Br und J-Gläser wurden von Deeg untersucht [141].

Die Strukturverhältnisse der unterschiedlichen Chalkogenidglaszusammensetzungen sind wie bereits erwähnt, sehr verschiedenartig, und es gibt kein einheitliches Prinzip des strukturellen Aufbaues.

GeS_2-Gläser besitzen eine netzwerkähnliche Struktur. Die Struktur des As_2S_3 ist zu vergleichen mit der der As_2O_3-Gläser.

Goriunova und Kolomiets [132] zeigten überzeugend, daß die Struktur und Stabilität der Chalkogenidgläser im wesentlichen bestimmt wird durch die Wechselwirkung von kovalenter und metallischer Bindung. Je größer der Anteil an metallischer Bindung wird, um so ungünstiger werden die Voraussetzungen zur Glasbildung. Der Anteil der metallischen Bindung aber wächst mit zunehmender Ordnungszahl der am Aufbau der Gläser beteiligten Atome.

4. Die Eigenschaften der Gläser und die Möglichkeiten zur Eigenschaftsänderung

4.1. Der Einfluß der chemischen Zusammensetzung auf die Eigenschaften der Gläser

Die Eigenschaften der Gläser werden maßgeblich durch ihre chemische Zusammensetzung bestimmt. Dieser Einfluß ist im Vergleich zu anderen eigenschaftsändernden Faktoren absolut dominierend. Wie unter 3. gezeigt wurde, ist die Glasbildung nicht auf eine einheitliche Gruppe von Stoffen beschränkt, sondern umfaßt ein breites Stoffspektrum, was zwangsläufig zu einer entsprechenden Breite des Eigenschaftsspektrums führt.

Im folgenden Abschnitt sollen deshalb lediglich die Eigenschaften und deren Veränderungsmöglichkeit bei den Silicat- und Borosilicatgläsern, als den technisch bedeutsamsten Gläsern, betrachtet werden. Rückschlüsse von den hier dargestellten Abhängigkeitsverhältnissen auf grundlegend andere glasig erstarrende Stoffgruppen, wie z. B. die Chalcogenid- und salzartigen Gläser, sind nicht möglich.

Die Abhängigkeit der Eigenschaften von der Zusammensetzung der Gläser ist noch heute eine weitgehend empirisch ermittelte Funktion. Der empirische Weg ist noch immer der gangbarste, da die Eigenschaftsänderungen der Gläser nur über sehr kurze Zusammensetzungsbereiche linear verlaufen und eine Additivität der Eigenschaften der Gläser aus den Eigenschaften der Komponenten im allgemeinen nicht gegeben ist. Die Schwierigkeiten einer Vorausbestimmung der Glaseigenschaften wird um so größer, je mehr Komponenten in einem System enthalten sind, da die gegenseitige und wechselseitige Beeinflussung mit wachsender Komponentenzahl zunehmend unübersichtlich wird.

Ein relativ brauchbares Hilfsmittel, um mit einem Minimum an Versuchen die Entwicklung von Gläsern mit vorgegebenen Eigenschaften durchführen zu können, ist durch Nutzung folgender Möglichkeiten prinzipiell gegeben:

1. Die Grobzusammensetzung des Glases wird abgeleitet aus den vorhandenen empirischen Grundkenntnissen der Eigenschafts-Zusammensetzungsbeziehungen, die zunächst die qualitative Stoffkombination festzulegen gestatten.

2. Einordnung der Komponenten in eine sinnvolle quantitative Größenordnung durch Nutzung der verschiedenen Eigenschafts-Faktorengleichungen.

3. Nutzung der Möglichkeiten einer statistischen Versuchsplanung (unter Einbeziehung der EDV) zur quantitativen Zusammensetzungsbestimmung entsprechend vorgegebener Eigenschaften, bei einem Minimum an notwendigerweise durchzuführenden Versuchsschmelzen durch Entwicklung von Regressionsmodellen! (Aufstellung von Regressionsgleichungen für die zu maximierenden Eigenschaften). Diese Arbeitsmethode setzt jedoch eine lineare Abhängigkeit der Eigenschaften von der Zusammensetzung voraus, sodaß auch hier aufgrund des Fehlens einer solchen Linearität Fehler nicht zu vermeiden sind [145, 146, 147].

Grundsätzlich gilt auch noch heute, daß die Neuentwicklung von Gläsern mit vorgegebenen Eigenschaften, bzw. die zusammensetzungsmäßige Anpassung von vorhandenen Gläsern an bestimmte Eigenschaftsforderungen ein großes Maß an praktischen Erfahrungen notwendig macht.

4.1.1. Die optischen Eigenschaften der Gläser

Die optischen Eigenschaften der Gläser, ihre Lichtbrechung, Dispersion, Lichtabsorption oder Transmission, in Verbindung mit der Isotropie des Glases, sind diejenigen, die dem Glas die besondere Note seiner Anwendungsmöglichkeiten gegeben haben.

Die große Gruppe der „Optischen Gläser" wird eingeteilt nach ihren Lichtbrechungs- und Dispersionswerten, in Kron- und Flintgläser, wie es in Abb. 35 im n_d—ν_d-Diagramm geschehen ist [148, 153, 160]. Der Brechungsindex „n" eines optischen Mediums stellt den Quotienten der Ausbreitungsgeschwindigkeiten des Lichtes — bezogen auf eine bestimmte Wellenlänge (gebräuchlich ist die Wellenlänge der gelben He-Linie D_3 bei 587,6 nm) — in zwei bestimmten, voneinander verschiedenen Medien dar.

$$n_d = \frac{C_0}{C} = \frac{\sin \alpha}{\sin \beta}$$

C_0 = Lichtgeschwindigkeit im Vacuum
C = Lichtgeschwindigkeit im zu untersuchenden Medium
α, β = sind die Winkel des Lichtstrahles zur Normalen in Luft und Glas.

Die Lichtbrechung eines Glases wird bei den Oxidgläsern bestimmt durch die Polarisierbarkeit des Sauerstoffs (je größer die Polarisierbarkeit, um so höher ist die Lichtbrechung) und ist abhängig vom Molvolumen $\overline{M}/\varrho$ ($\overline{M}$ = mittleres Molgewicht, ϱ = Wichte) des jeweiligen Stoffes, woraus die Molrefraktion nach Lorentz und

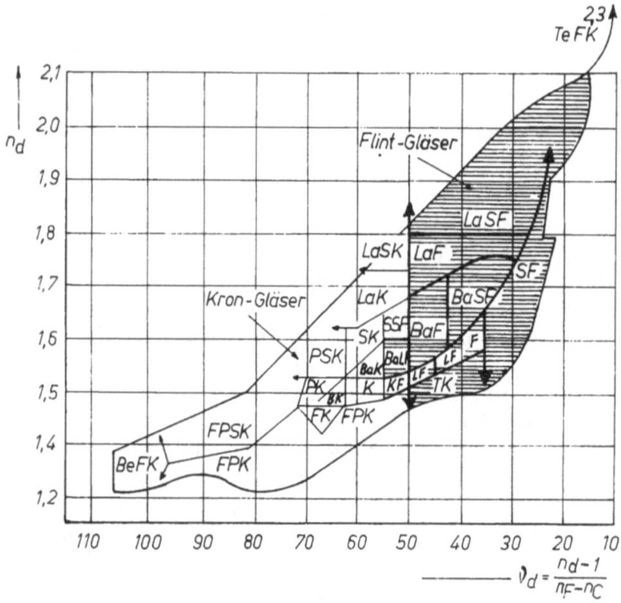

Abb. 36. $n_d - \nu_d$-Diagramm der optischen Gläser.
Die Bezeichnungen der optischen Gläser werden abgeleitet aus der Lage im Diagramm/Flintkorngläser, Tiefflinte usw. und aus den markanten chemischen Bestandteilen. Danach ergeben sich folgende Typenbezeichnungen für die optischen Gläser: z. B. *BK* = Borkrone, *FK* = Fluorkrone, *PK* = Phosphatkrone, *SSK* = Schwerstkrone, *BaLK* = Barytleichtkrone, *KF* = Kronflinte, *BaSF* = Barytschwerflinte, *LaF* = Lanthanflinte, *TeSF* = Tellurschwerflinte usw.

Lorenz ableitbar ist:

$$R_M = \frac{n^2 - 1}{n^2 + 2} \cdot \frac{\overline{M}}{\varrho}.$$

Die Molrefraktion hat die Dimension eines Volumens und läßt sich aus den Beträgen der einzelnen Glieder errechnen.

Die Lichtbrechung n erhöht sich mit abnehmendem Molvolumen des Stoffes, also mit zunehmender Dichte der Struktur, was bei den Oxidgläsern einer zunehmenden Dichte der Sauerstoffionenpackung entspricht. Die Lichtbrechung ist weiterhin abhängig von der Temperatur des brechenden Mediums und von der Wellenlänge des Lichtes. Ein Maß der Veränderlichkeit von n in Abhängigkeit von der Wellenlänge λ, ist die Dispersion. Die Lichtbrechung n wird größer mit abnehmender Lichtwellenlänge $\left(\frac{dn}{d\lambda} < 0\right)$.

Für den praktischen Gebrauch wird die mittlere Dispersion $n_F - n_C$ (für die Wellenlängen der Wasserstofflinien H_α und H_β) angegeben. Von Ernst Abbe wurde als Dispersionsmaß für optische Gläser die reziproke, relative Dispersion $\nu_d = \frac{n_d - 1}{n_F - n_C}$ eingeführt, die heute allgemein als die Abbesche Zahl bekannt ist [161]. Die Abbesche Zahl vermindert sich mit steigendem n_d-Wert der Gläser (s. Abb. 36).

Mit den heute bekannten Gläsern können folgende n_d und ν_d-Werte erreicht werden:

Oxidgläser $n_d \approx 1{,}3 - 2{,}1$; $\gamma_d \approx 20 - 100$
Chalcogenidgläser $n_d > 2{,}0$; $\gamma_d < 20$.

Eine Darstellung der Abhängigkeit der optischen Eigenschaften der Gläser von ihren Zusammensetzungen ist außerordentlich kompliziert und nur bei sehr einfachen Systemen direkt möglich [149], da wechselseitige Beeinflussungen der unterschiedlichen Komponenten, des möglichen Koordinationszahl- und Ladungswechsels der Ionen usw. zu unregelmäßigen oder sprunghaften Veränderungen der optischen Werte in Abhängigkeit von der jeweiligen Zusammensetzung führen. Mit Hilfe der Lichtbrechungswerte ist es möglich (über die Molrefraktionen und Molvolumina) wertvolle Auskünfte über die Wirkungsmechanismen zu gewinnen, die stoffliche Veränderungen im Aufbau eines Glases auslösen [150].

In Abb. 37a sind die Lichtbrechungswerte von Gläsern als Funktion der Ordnungszahlen der in diese Gläser eingebauten Ionen dargestellt [151]. Es wurde hierbei von einem Grundglas der Zusammensetzung $6\,SiO_2$, $1\,Na_2O$, $0{,}5\,CaO$ ausgegangen. Diesem Grundglas wurde eine jeweils vergleichbare Menge von Ionen (0,5 g Atom) in Form der Oxide der verschiedenartigsten Stoffe zugegeben. Der Lichtbrechungswert des Grundglases liegt bei $n_d = 1{,}507$ und ist im Diagramm durch eine Pfeillinie mit der Bezeichnung *G* markiert. Der Einbau der unterschiedlichen Ionen führt mit wenigen Ausnahmen zu einer Erhöhung der n_d-Werte gegenüber dem Grundglas. Verständlich ist der Trend der n_d-Werterhöhung mit zunehmender Ordnungszahl der eingebauten Ionen. Zusammenhänge ergeben sich erwartungsgemäß bei einer Betrachtung der Zugehörigkeit der eingebauten Ionen zu gleichen Gruppen (z. B. Be—Mg—Ca—Sr—Ba oder As—Sb—Bi) oder Perioden (z. B. K—Ca—Ti oder Cs—Ba—La) des PSE.

In Abb. 37b sind, vom gleichen Grundglas ausgehend, die Konzentrationsabhängigkeit der n_d-Werte von Gläsern mit zusätzlich eingebauten Alkalien und Erdalkalien dargestellt. Es ist zu beachten, daß entgegen den Erwartungen, als Folge der Erhöhung der Polarisierbarkeit der Sauerstoffionen nicht vom Lithium zum Cäsium eine Erhöhung der Lichtbrechung der entsprechenden Gläser erfolgt, sondern vom Lithium zum Kalium hin zunächst eine Verminderung der Brechwerte und dann erst beim Rubidium und Cäsium die erwartete n_d-Wert Erhöhung. (s. auch [11], S. 119 u. 120). Diese interessante Tatsache

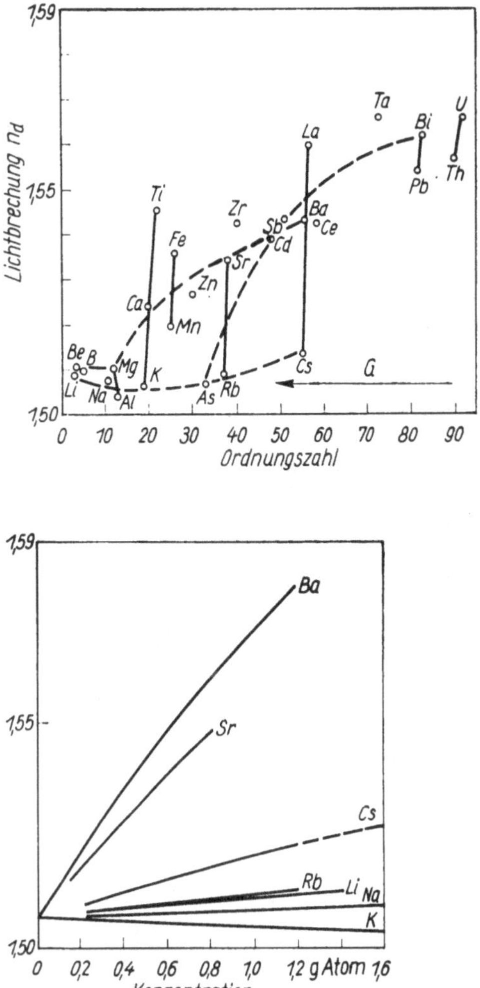

Abb. 37. Darstellung der Lichtbrechungsänderung als Funktion der Ordnungszahlen der in die Gläser eingebauten Ionen (*a*) und deren Konzentrationsabhängigkeit (*b*); (entnommen [151]).

ist auf die niederen Werte der Molvolumina der Li- und Na-Gläser zurückzuführen.

Der in Abb. 37a und b dargestellte Einfluß, den die verschiedenartigen Ionen auf die n_d-Werte eines Ausgangsglases ausüben können, ist auch auf andere Silicat- und Borosilicatglassysteme im Prinzip übertragbar, wobei sich die Lichtbrechungswerte der Gläser in weiten Grenzen verändern können, aber eine n_d-Werterhöhung wird immer dann erfolgen, wenn z. B. Kalium durch Calcium oder Titan ersetzt wird oder As durch Sb oder Bi usw.

Eine Änderung der Lichtbrechung der Gläser in Abhängigkeit von der Kühlzeit ist eine allgemein bekannte Erscheinung, die als Möglichkeit zur Korrektur von zu niedrig liegenden n_d-Werten optischer Gläser praktisch genutzt wird. Ein schlecht gekühltes Glas hat einen niedrigeren n_d-Wert als ein gut gekühltes [152]. Die hierdurch erreichbaren Veränderungen der n_d-Werte liegen im Bereich der dritten Dezimale nach dem Komma.

Zu den besonderen Eigenschaften des Glases gehört neben der Lichtbrechung und Dispersion insbesondere die Lichtdurchlässigkeit und die Lichtabsorption. Die Lichtdurchlässigkeit normaler, ungefärbter Gläser ist im sichtbaren Bereich des Spektrums *relativ* groß, erreicht aber infolge von Reflexionseffekten an der Glasoberfläche niemals den Wert von 100% [154, 155]. Absorptionserscheinungen treten auf, wenn eine Wechselwirkung der Lichtquanten mit den Elektronen der Atome oder Ionen des Stoffes in Erscheinung tritt. Je intensiver diese Wechselwirkung ist, um so stärker werden die Lichtquanten absorbiert und die Materie wird entsprechend lichtundurchlässig (einen Extremfall stellen die Metalle dar). Die Energie der Lichtquanten ist im Bereich des sichtbaren Spektrums nicht ausreichend, um mit den Elektronen im Glasverband in Wechselwirkung zu treten. Erst im UV-Gebiet findet eine solche Wechselwirkung statt, wodurch die normalen Gläser für UV-Strahlen undurchlässig sind. Auch im IR-Gebiet, also im Bereich der langen Wellen, treten Resonanzerscheinungen der elektromagnetischen Wellen mit den molekularen Bauelementen des Glases auf, was zur Absorption dieser Wellenlängen führt. Die Durchlässigkeit glasiger Stoffe für elektromagnetische Wellen reicht im UV-Bereich maximal bis 180 nm (bei reinstem Kieselglas) und im IR-Bereich bei Silicatgläsern hoher Reinheit bis etwa 2,5 und 3,0 μm.

Die Durchlässigkeit der Chalkogenidgläser reicht im IR-Gebiet bis zu Wellenlängen von 10 μm.

Eine selektive Absorption von Lichtwellen im sichtbaren Bereich des Spektrums führt zu Farbgläsern [156 u. 158]. Eine „Farbwirkung“ der Gläser kann auf sehr unterschiedliche Weise erzielt werden:

1. durch Farbionen (Cu^{2+}, Co^{2+}, Fe^{2+}, Fe^{3+}, Ni^{2+}, Mn^{4+} usw.), für die das Glas ein Lösungsmittel darstellt,
2. durch kolloidal gelöste Stoffe, wie Au, Ag, Cu, Platinmetalle, Cd- und Cu-Sulfide und Selenide usw. Hierbei ist der im Glas erzielte Farbwert nicht nur von der Art der Kolloide abhängig, sondern auch von deren Teilchengröße, die durch eine Wärmebehandlung gesteuert werden kann (Anlaufgläser [156, 157]),
3. durch Einlagerung oder Ausscheidung mikroskopisch kleiner Kristalle oder Tröpfchen entstehen Trübungseffekte durch Lichtstreuung oder Beugungserscheinungen.

Besondere Effekte der Strahlenabsorption oder Strahlendurchlässigkeit werden bei Spezialgläsern erreicht, z. B. röntgenstrahlendurchlässige Gläser, sog. Lindemanngläser [159, 160], enthalten Oxide von Elementen niedriger Ordnungszahlen (Lithiumberylliumboratglas). Das andere Extrem stellen die Strahlenschutzgläser dar, die für Röntgen- und Gammastrahlen bei einer entsprechenden Dicke wenig strahlendurchlässig sind; sie enthalten schwere Atome, wie Pb, Ba usw.

4.1.2. Die stoffspezifischen und mechanischen Eigenschaften der Gläser

4.1.2.1. Die Dichte der Gläser

Die Dichte als eine stoffspezifische Größe ist ein Maß des gewichtsbezogenen Raumerfüllungsgrades und ist definiert als Masse pro Volumeneinheit: $\varrho = g/v$.

Auf das Glas bezogen, stellt die Dichte eine bis zur dritten oder vierten Dezimale relativ einfach zu bestimmende Größe dar, die für die praktische Anwendung des Glases zwar keine überragende Bedeutung besitzt, aus der aber eine Reihe interessanter struktureller Zusammenhänge abgeleitet werden können und die als Rechengröße z. B. im Molvolumen enthalten ist. Eine große praktische Bedeutung besitzen Dichtebestimmungen zur Kontrolle der Zusammensetzungskonstanz von Gläsern im Produktionsbetrieb, da sich relativ geringfügige, chemische Zusammensetzungsänderungen durch eine Dichteänderung bemerkbar machen.

Die Dichte des Glases ist nicht nur abhängig von der Zusammensetzung, sondern wird auch beeinflußt durch die thermische Vergangenheit des Prüfkörpers. So weist z. B. ein gut gekühltes Glas eine höhere Dichte auf als ein abgeschrecktes. Die hierbei in Erscheinung tretenden Dichteänderungen liegen im Bereich der zweiten oder dritten Dezimale, was bei allen Dichtebestimmungen an Gläsern zu beachten ist! Selbstverständlich ist die Dichte des Glases auch temperaturabhängig, entsprechend der Wärmedehnung.

Die Dichte der herkömmlichen technischen Gläser, wie der Haushalts- Bau- und Verpackungsgläser, liegt im Bereich von 2,4 bis 2,6 g/cm³. Gläser spezieller Zusammensetzung können dagegen Dichtewerte aufweisen, die z. B. bei Berylliumfluoridgläsern kleiner als 2,0 g/cm³ und bei hochbleihaltigen Gläsern größer als 5,0 g/cm³ sind.

Der Raumerfüllungsgrad wird bei den Oxidgläsern im wesentlichen bestimmt durch das Volumen des Sauerstoffes. Die großen Sauerstoffionen schließen in den sich zwischen ihnen ergebenden Hohlräumen und Lücken die relativ kleinen Kationen ein, ohne daß diese im allgemeinen ein zusätzliches Volumen beanspruchen.

Aus Sauerstoffionenvolumenberechnungen, unter Berücksichtigung der möglichen Packungsdichte des Sauerstoffes, im Vergleich mit den praktisch ermittelbaren Dichtewerten, ist erkennbar, daß z. B. sowohl in den verschiedenen kristallinen SiO_2-Modifikationen, als auch besonders im SiO_2-Glas, relativ große Leerräume enthalten sein müssen. Die theoretische Dichte des SiO_2 bei höchstmöglicher Sauerstoffpackungsdichte müßte 3,84 g/cm³ betragen. Demgegenüber besitzt Quarz aber nur Dichtewerte von 2,65 g/cm³ und Cristobalit nur solche von 2,32 g/cm³. Das Kieselglas besitzt die niedrigsten Dichtewerte ($\varrho = 2{,}1$ bis 2,2 g/cm³), die auf eine besonders starke Auflockerung der Sauerstoffpackung hinweisen. Generell ist die Dichte glasiger Stoffe kleiner als diejenige der entsprechenden kristallinen Körper!

Für die Dichteänderung der Oxidgläser in Abhängigkeit von der chemischen Zusammensetzung haben folgende prinzipielle Gesichtspunkte Gültigkeit:

1. Beim Einbau unterschiedlicher netzwerkändernder Ionen in z. B. das SiO_2-Netzwerk wird zwangsläufig der miteingebrachte Sauerstoff an der Sauerstoffpackung teilhaben, was zu einer Aufweitung des Netzwerkes, also einer Verminderung der Dichte führt.

2. Die eingebrachten Kationen hingegen werden in die Hohlräume zwischen den Sauerstoffen mit ihren vergleichsweise meist relativ großen Atommassen eingebaut, und in Abhängigkeit von der Ionenladung, dem Koordinationsbestreben usw. erfolgt eine mehr oder weniger große Verdichtung der Struktur, was insgesamt eine Erhöhung der Dichte des Glases mit sich bringt.

Die netzwerkaufweitende Wirkung des mit dem Kation eingeführten Sauerstoffes wird in den meisten Fällen jedoch überkompensiert durch die unter 2. genannten, chemisch funktionellen Potentiale der Kationen und führt dann insgesamt zu einer Erhöhung der Dichte des Glases. Darüber hinaus ergeben sich unterschiedliche Dichteänderungen beim Einbau gleicher Mengen netzwerkändernder Oxide in solche Gläser, die sich hinsichtlich ihres Netzwerkaufspaltungsgrades [151] oder ihres Vernetzungsgrades [162] voneinander unterscheiden, womit das Verhältnis von Netzwerkbildnern zu Netzwerkänderern gemeint ist. Die in Abb. 38 dargestellten Diagramme veranschaulichen die Dichteänderungen, die erreicht werden, wenn in vorgegebene Ausgangsgläser zusätzlich eine gleiche Anzahl von Atomen der unter-

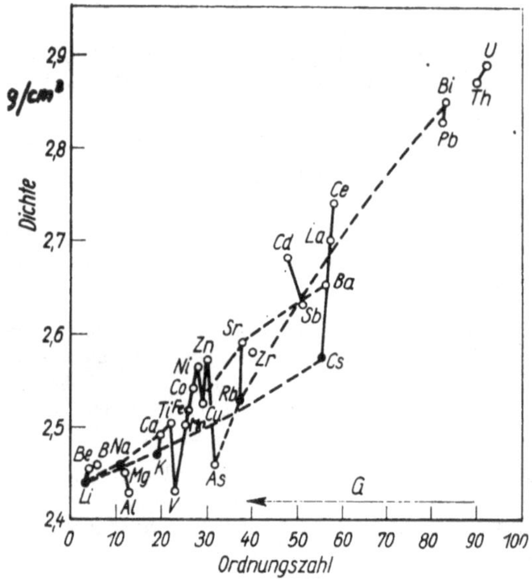

Abb. 38. Darstellung der Dichteänderung der Gläser in Abhängigkeit von den Ordnungszahlen der zusätzlich eingebauten Ionen [151].

a) in ein Grundglas der Zusammensetzung: 6 Mole SiO_2, 1 Mol Na_2O, 0,5 Mole CaO

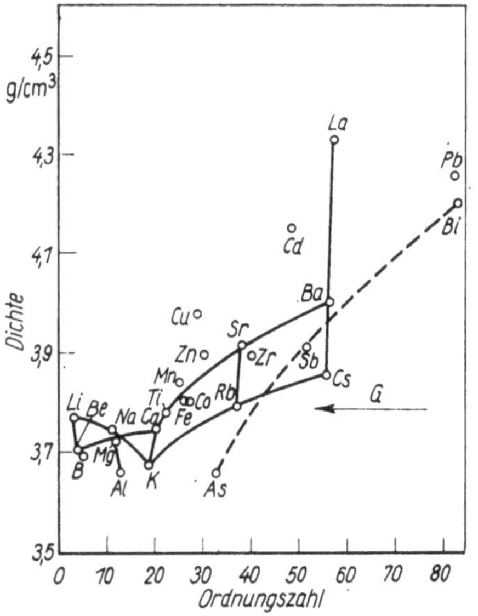

Abb. 38 b) in ein Grundglas der Zusammensetzung: 4 Mole SiO_2, 2 Mole B_2O_3, 3 Mole BaO.

schiedlichsten Elemente in Form ihrer Oxide eingeführt werden (Additionsprinzip). In Abb. 38a sind die Ordnungszahlen der in ein Na—Ca-Silicatglas in einer Konzentration von je 0,5 Grammatom zusätzlich eingeführten Ionen gegen die jeweils erreichte Dichte der Gläser aufgetragen. Es ist erkennbar, daß im Prinzip mit zunehmender Ordnungszahl der Elemente, also mit steigender Atommasse, eine Erhöhung der Dichte der Gläser erfolgt. Innerhalb der Perioden und Gruppen der Elemente des Periodensystems gibt es, in Abhängigkeit von den sich ändernden Feldstärken, Ionenladungen etc., bestimmte periodische Dichteänderungen der Gläser. Die in Abb. 38a mit „G“ bezeichnete Pfeillinie, weist auf den Dichtewert des Grundglases hin, der in diesem Fall bei $\varrho = 2{,}42\ g/cm^3$ liegt. Der Einbau von Ionen, gleich welcher Art, führt hier ausschließlich zu einer Erhöhung der Dichtewerte, was bedeutet, daß der netzwerkaufweitende Einfluß, der durch die zusätzliche Einbringung von Sauerstoff erzielt wird, durch die anderen Einflußfaktoren überkompensiert wird.

Anders sind die Bedingungen bei einem Grundglas, bei dem das molare Verhältnis der netzwerkbildenden zu den netzwerkändernden Ionen nicht 6 : 1,5 wie im erstgenannten Falle beträgt, sondern sich z. B. wie 6 : 3 verhält und außerdem *rel.* schwere Atome als Netzwerkmodifikatoren eingebaut sind. Das Dichteänderungsdiagramm eines solchen Glassystems ist in Abb. 38b wiedergegeben. Der Einbau von zusätzlichen Ionen in ein derartiges Grundglas ergibt prinzipiell ein ganz ähnliches Bild wie im anderen Glassystem (Abb. 38a) jedoch mit dem Unterschied, daß der Einbau von leichten Elementen sowie von Netzwerkbildnern (z. B. As) eine Verminderung der Dichte der Gläser gegenüber dem Grundglas bringt. Auf Einzeldeutungen der sich ergebenden Dichteänderungen z. B. in der Reihe Li—Na—K—Rb—Cs u. a. sei hier nicht eingegangen aber auf die Literatur verwiesen [151].

Die Konzentrationsabhängigkeit der Dichte von Gläsern, in Abhängigkeit vom Einbau zusätzlicher Ionen, ist im Prinzip der Abb. 39 zu entnehmen. Die hier beispielsweise dargestellte Abhängigkeit der Dichte der Gläser von der Konzentration der zusätzlich eingebauten Stoffe zeigt in den meisten Fällen, zumindest bei geringen Konzentrationen oder über kleine Konzentrationsbereiche, eine Linearität. Abweichungen hiervon gibt es in solchen Fällen, in denen Änderungen der Koordinationsverhältnisse zum Sauerstoff auftreten. Es ist deshalb auch grundsätzlich möglich, die Dichte der Gläser als eine additive Eigenschaft aufzufassen, wobei die Gesamtdichte der Summe der Einzelwerte entspricht. Die Größe der Einzelwerte wird bestimmt von der Konzentration und den stoffspezifischen Wirkungsfaktoren unter Berücksichtigung der Bedingungen im jeweiligen Glassystem (Netzwerkaufspaltung). Eine Dichteberechnung unter Berücksichtigung der genannten Bedingungen wurde in vielfältiger Weise und mit mehr oder weniger gutem Erfolg praktiziert, und es wurden Berechnungsgrundlagen geschaffen von: WINKELMANN und SCHOTT [163], HUGGINS und SUN [164], APPEN [165], NARAY-SCABÓ [166] u. a. Nähere Einzelheiten hierüber sind der Fachliteratur zu entnehmen und finden sich in zusammengefaßter Form bei [11] und [7].

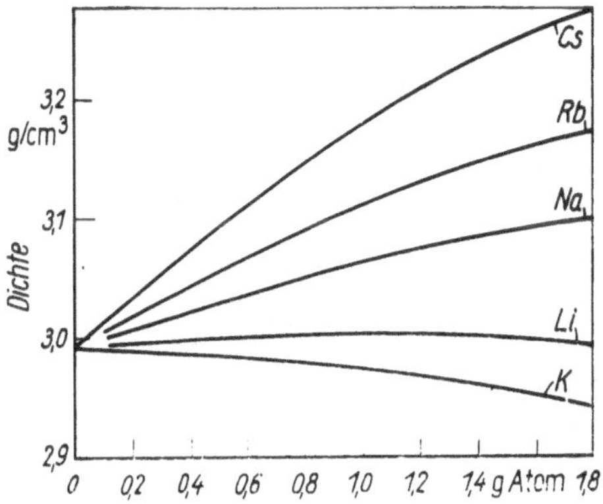

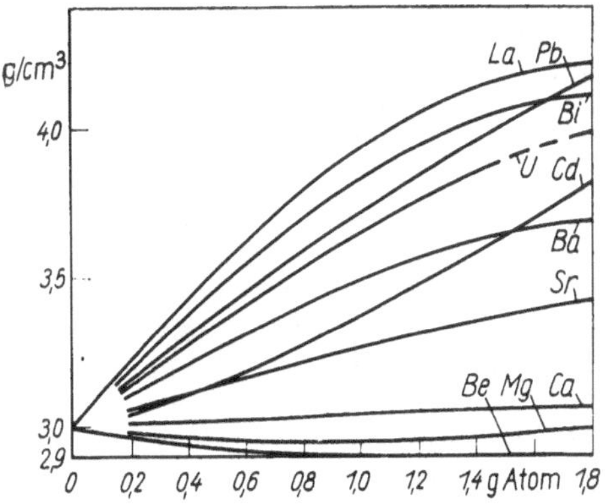

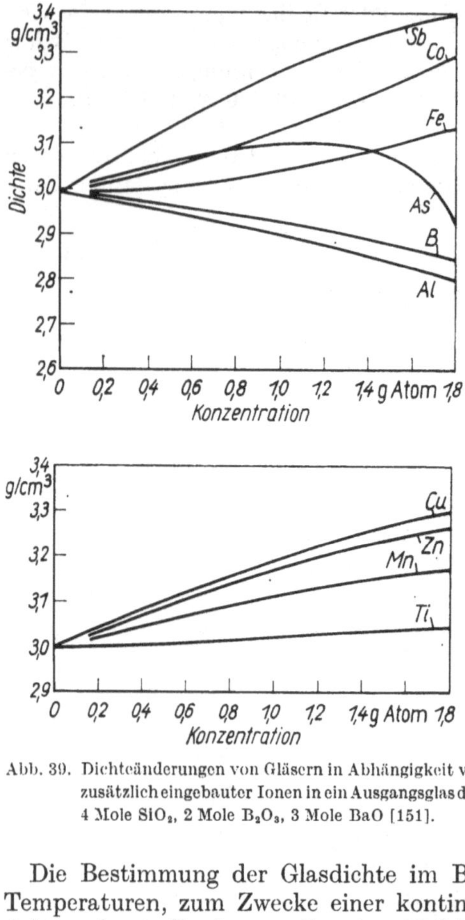

Abb. 39. Dichteänderungen von Gläsern in Abhängigkeit von der Konzentration zusätzlich eingebauter Ionen in ein Ausgangsglas der Zusammensetzung: 4 Mole SiO_2, 2 Mole B_2O_3, 3 Mole BaO [151].

Die Bestimmung der Glasdichte im Bereich niederer Temperaturen, zum Zwecke einer kontinuierlichen Produktionskontrolle, kann mit gutem Erfolg nach der von Knight [167] oder Duff [168] ausgearbeiteten Schwebemethode durchgeführt werden. Dichtebestimmungen bei höheren Temperaturen werden im allgemeinen nach dem archimedischen Prinzip vorgenommen. Ein entsprechendes Verfahren wird beschrieben in [170].

4.1.2.2. Die Wärmedehnung der Gläser

Die praktische Verwendung und die Einsatzmöglichkeit des Glases wird in einer Reihe von Fällen bestimmt durch das Ausdehnungsverhalten. So müssen z. B. Gläser, die im chemischen Geräte- und Apparatebau Verwendung finden, eine möglichst niedrige Wärmedehnung besitzen, und Gläser für die Einschmelztechnik müssen an die Wärmedehnungswerte der entsprechenden Metalle angepaßt sein, was im allgemeinen relativ hohe Dehnungswerte bedingt. Den niedrigsten Ausdehnungskoeffizienten (*AK*) von allen Gläsern besitzt das Kieselglas mit etwa $\alpha_{20-1000\,°C} = 5{,}4 \cdot 10^{-7}\,\text{grd}^{-1}$. Im anderen Extrem sind mit Silicatgläsern maximale Ausdehnungswerte von $\alpha = 180$ bis $200 \cdot 10^{-7}\,\text{grd}^{-1}$ erreichbar. Mit Gläsern nicht silicatischer Systeme lassen sich höhere *AK* erzielen, speziell mit Bleiboratgläsern $\alpha > 280 \cdot 10^{-7} \cdot \text{grd}^{-1}$. Die Verschmelztechnik, bei der Gläser unterschiedlicher Zusammensetzungen miteinander verschmolzen und kombiniert werden, spielt in der Praxis der Glasverarbeitung eine wesentliche Rolle. Entscheidend für die Stabilität einer solchen Verbindung ist eine Übereinstimmung des *AK* beider Gläser. Die maximale Differenz soll $\alpha = 5 \times 10^{-7}\,\text{grd}^{-1}$ nicht überschreiten, da im anderen Falle Bruchspannungen auftreten. Das Ausdehnungsverhalten der Gläser ist im geringen Maße temperaturabhängig, und zwar steigt es mit zunehmender Temperatur an. Diese Erscheinung hat für die meisten Gläser Gültigkeit, so daß es wichtig ist, bei Angaben über Ausdehnungswerte von Gläsern, die Temperaturdifferenz zu benennen, innerhalb welcher die Messungen durchgeführt wurden (z. B. $\alpha_{20-200} = n \cdot 10^{-7} \cdot \text{grd}^{-1}$).

Der niedrige *AK* des Kieselglases ist einerseits auf die sehr starke Si—O-Bindung zurückzuführen, aber andererseits speziell beim SiO_2-Glas auf die unregelmäßige Bindung der SiO_4-Tetraeder zueinander, so daß praktisch keine Wechselwirkungen zwischen diesen möglich sind, ganz im Gegensatz zum SiO_2-Kristall, der kristallachsenabhängig eine relativ hohe Wärmedehnung besitzt. Der *AK* eines Glases wird sich erhöhen, wenn eine Auflockerung der Struktur erfolgt, d. h., wenn z. B. modifizierende Ionen in das SiO_2-Glasnetzwerk eingebaut werden, was zur Brückensprengung Anlaß gibt. Dieser Effekt wird aber offensichtlich überlagert durch die Bindekräfte der Kationen, die recht unterschiedlich sind und zu einer mehr oder weniger starken Verfestigung der Struktur Anlaß geben. Die für die Wärmeoszillation der Teilchen erforderliche Bewegungsfreiheit ist also nicht nur eine Funktion der räumlichen Gegebenheiten im Strukturverband, sondern in mehr oder weniger ausgeprägter Form abhängig von den sich ausbildenden Kräfteverhältnissen, die sich aus den Feldstärken, und Koordinationsbestrebungen der Komponenten rekrutieren. Hier liegt die Ursache für die sehr unterschiedliche Beinflussung der *AK* der Gläser durch den Einbau der verschiedenen Elemente.

In Abb. 40 sind die Ausdehnungswerte von Gläsern dargestellt, die nach dem Additionsprinzip durch Dotierung eines Na—Ca-Silicatglases mit einer jeweils gleichen Anzahl von Atomen der unterschiedlichsten Elemente erhalten wurden. Die diagrammatische Gegenüberstellung der *AK* der Gläser und der entsprechenden Ordnungszahlen der dotierenden Elemente läßt sehr eindeutig eine Periodizität der Einflußnahme erkennen, wenn man die jeweiligen Gruppen (Li—Na—K—Rb—Cs) oder Perioden (Li—Be—B . . .) des Periodensystems zusammenhängend betrachtet. Allgemein kann festgestellt werden, daß die *AK* der Gläser um so höher liegen, je niedriger die Ionenladung der eingebauten Ionen ist und daß andererseits solche Stoffe, die netzwerkbildende Eigenschaften aufweisen, eine Verminderung der *AK* bewirken, wenn man als Ausgangsbasis den *AK* des entsprechenden Grundglases nimmt (in Abb. 40 mit „*G*“ bezeichnete Pfeillinie). Die Änderung der *AK* der Gläser, in Abhängigkeit von der Konzentration der in ein Grundglas eingebauten Ionen, zeigt zum Teil recht starke Abweichungen von der

Linearität, und in einigen Fällen ergeben sich in diesen Kurven Wendepunkt. Solche Wende- oder auch Knickpunkte treten auf, wenn infolge des erhöhten Sauerstoffangebotes Koordinationszahlwechsel (Borsäureanomalie) oder durch andere Umstände Wertigkeitswechsel in Erscheinung treten. Einfache Abhängigkeitsverhältnisse

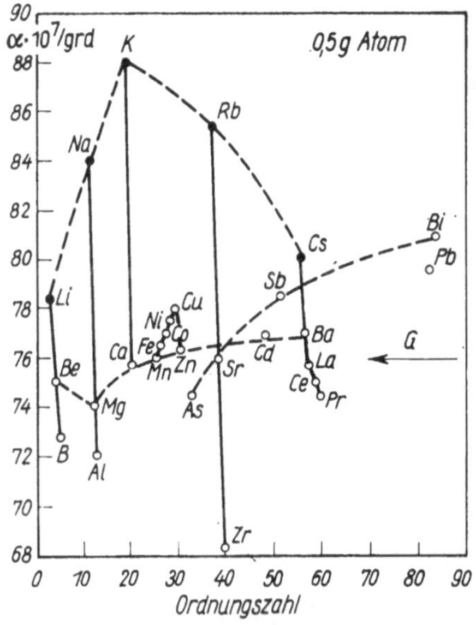

Abb. 40. Ausdehnungsverhalten von Gläsern in Abhängigkeit von der Ordnungszahl der in das Grundglas eingebauten Ionen.
(Grundglas: 6 Mole SiO_2, 1 Mol Na_2O, 0,5 Mole CaO, der Ausdehnungswert dieses Grundglases wird durch die mit „G" bezeichnete Pfeillinie angegeben), [151].

bestehen für die Alkalien und Erdalkalien (Abb. 41). Die aus Abb. 40 zu entnehmenden Abhängigkeitsverhältnisse der Dehnungsänderungen der Gläser in Abhängigkeit von der Art der eingebauten Ionen, besitzt eine weitgehend zu verallgemeinernde Bedeutung.

Eingehende Untersuchungen dieses Sachverhaltes [151] lassen erkennen, daß ganz ähnliche Abhängigkeitsverhältnisse in Erscheinung treten, wenn Grundgläser anderer Zusammensetzung Verwendung finden. Benutzt man allerdings Ausgangsgläser mit schon weitgehend aufge-

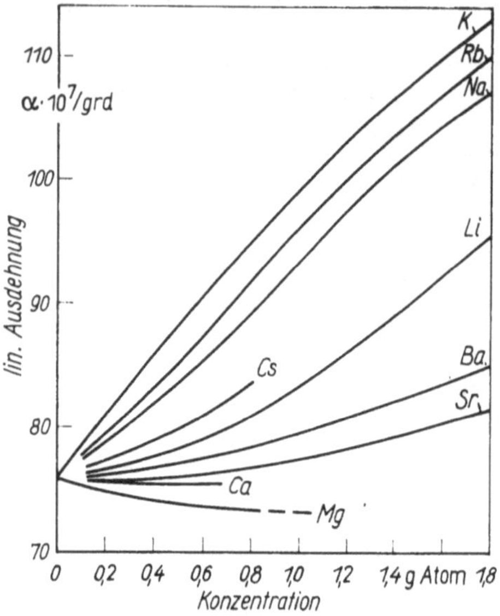

Abb. 41. Ausdehnungsverhalten von Gläsern in Abhängigkeit von der Konzentration der zusätzlich in ein Grundglas eingebauten Ionen (Grundglaszusammensetzung wie Abb. 40), [151].

spaltenem Netzwerk zum Einbau der verschiedenen Ionen, so ist das Ausmaß der Wirkung auf den *AK* des resultierenden Glases weitaus geringer, als wenn man das gleiche Ion in der gleichen Menge in ein Glas geringer Netzwerkaufspaltung einführt.

Einen weiteren Einfluß auf das Ausdehnungsverhalten übt die Wärmevergangenheit des Glases aus. Abgeschreckte und somit verspannte Gläser zeigen im Transformationsbereich eine stärkere Ausdehnungszunahme als gekühlte Gläser, die eine proportionale Ausdehnungszunahme bis nahe an den Erweichungspunkt aufweisen.

Da es für die Praxis recht bedeutungsvoll ist, das Ausdehnungsverhalten eines Glases aus den Zusammensetzungswerten ableiten zu können, und da die einzelnen Komponenten im Glas, wie gezeigt wurde, abschätzbare Beträge zum Ausdehnungsverhalten liefern, hat es ebenfalls nicht an Versuchen gefehlt, geeignete Berechnungsmöglichkeiten zu finden. Erste Berechnungsversuche stammen wiederum von WINKELMANN und SCHOTT [163]. Verbesserungen solcher Berechnungsgrundlagen wurden in den Folgejahren von ENGLISH und TURNER [171], NÁRAY-SCABO [166] und anderen Autoren vorgenommen, wobei von den unterschiedlichsten Bedingungen ausgegangen wurde (z. B. Konzentrationsangaben in Mol-%, Gew.-%, Volumen.-% usw.). Alle diese Berechnungen liefern aber nur dann verwertbare Ergebnisse, wenn die einbezogenen Zusammensetzungsänderungen nur rel. geringfügig sind, da in diese Rechnungen selbstverständlich nicht die entstehenden strukturellen Veränderungen und die gegenseitige Beeinflussung der Komponenten eingeht. Ein verfeinertes System der Ausdehnungsberechnung wurde von DEMKINA beschrieben [172]. Trotz aller Bemühungen in dieser Hinsicht ist die Berechnung des Ausdehnungsverhaltens der Gläser auch heute nicht mehr als eine nur für kleine Zusammensetzungsbereiche gültige Methode zur Abschätzung der *AK*.

Die unterschiedlichsten Methoden zur Ausdehnungsmessung an Gläsern werden eingehend beschrieben in HINZ [7], Band 1, S. 337.

4.1.2.3. Die Viskosität der Gläser

Die Viskosität des Glases ändert sich kontinuierlich mit der Temperatur. Dieses Verhalten ist für den Glaszustand typisch, alle Verarbeitungsverfahren sind hierauf gegründet.

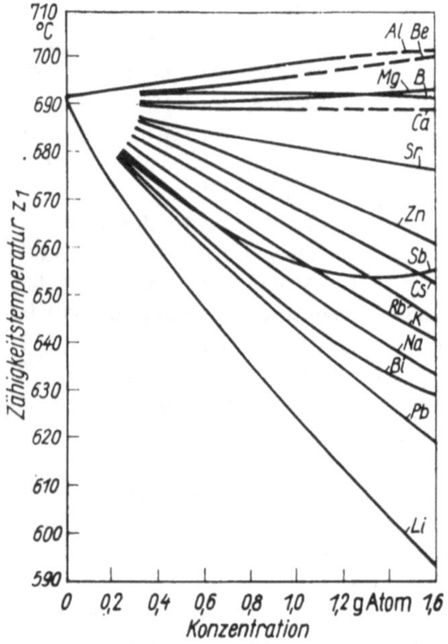

Abb. 42. Viskositätsverhalten (Zähigkeitstemperatur) von Gläsern in Abhängigkeit von der Art und Menge, der in ein Grundglas eingebauten Ionen (Grundglas: 5 Mole SiO_2, 1 Mol B_2O_3, 1 Mol Na_2O, 1,5 Mole CaO, 0,2 Mole Al_2O_3) [151].

a) Konzentrationsabhängigkeit

Während bei einem Kristall bei zunehmender Erwärmung eine irreversible Formveränderung erst beim Erreichen der Schmelztemperatur in Erscheinung tritt, zeigt das Glas einen kontinuierlichen Erweichungsverlauf, der im Bereich der Transformationstemperatur im allgemeinen einen Wendepunkt aufweist (Abb. 43). Dem Verständnis des Viskositätsverhaltens der Gläser mögen folgende Überlegungen dienen: Jede Struktureinheit im Glas stellt einen Planckschen Oszillator dar, dessen kinetische Energieänderung nicht kontinuierlich, sondern in Quantensprüngen erfolgt. Die Gesamtenergie

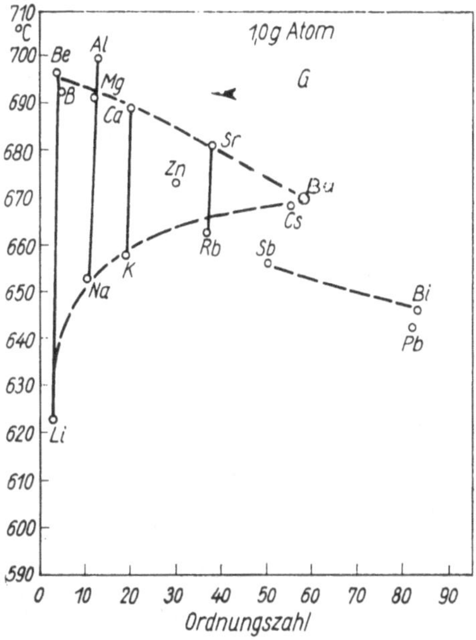

Abb. 42. *b*) Abhängigkeit von der Art der eingebauten Stoffe.

der Oszillation der Teilchen entspricht einem Summationseffekt, der sich aus den elektrostatischen Kräften der Teilchen und ihrer kinetischen Energie entsprechend der jeweiligen Temperatur zusammensetzt. Mit steigender Wärmeeinwirkung vergrößert sich die Amplitude der Teilchen, wobei die Schwingungen zwischen zwei benachbarten Gleichgewichtslagen erfolgen. Ist die Oszillationsenergie größer geworden als die jeweilige Bindeenergie oder überschreitet sie mit ihrer Amplitude die zwischenatomaren Abstände, so wird das Teilchen den Potentialwall seiner Gleichgewichtslage verlassen und in einen thermisch aktivierten Zustand eintreten. In einem solchen Fall kann es entweder einen anderen freien Platz im Strukturverband einnehmen oder aber seine Energie durch Stoß auf ein anderes Teilchen übertragen. Handelt es sich dabei um einen Kristall, bei dem sich alle Struktureinheiten in praktisch gleichen energetischen und räumlichen Bedingungen befinden, so bricht unter den genannten Bedingungen die bisherige Ordnung zusammen und

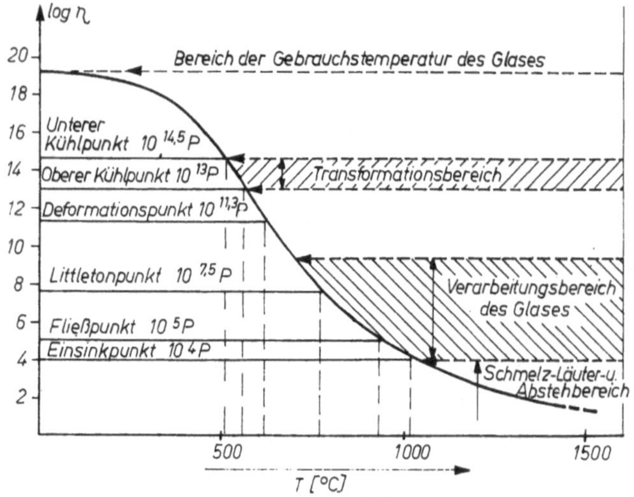

Abb. 43. Die für die Glasherstellung, Verarbeitung und Anwendung interessanten Viskositätsfixpunkte am Beispiel der Viskositäts-Temperaturkurve eines Na—Ca-Silicatglases.

der Kristall schmilzt. Bei einem Glas befinden sich im Gegensatz hierzu die Teilchen in einer jeweils unterschiedlichen räumlichen und energetischen Situation, so daß im Bereich einer bestimmten Temperatur nur jeweils eine begrenzte Anzahl von Teilchen thermisch aktiviert ist, was dann einer bestimmten Viskosität entspricht.

Aus Abb. 43 sind die für die Glasherstellung typischen Viskositätsfixpunkte am Beispiel der Viskositäts-Temperaturkurve eines Na—Ca-Silicatglases dargestellt.)* Diesen Fixpunkten entsprechen bestimmte Viskositätswerte, die für die Glasherstellung und -verarbeitung eine jeweils spezifische Bedeutung besitzen. So wird der Transformationsbereich durch den unteren und oberen Kühlpunkt (Strain- und Annealing-Point) zwischen $10^{14,5}$ und 10^{13} Poise begrenzt. Die Deformationstemperatur (auch der dilatometrische Erweichungspunkt) entspricht bei einer Viskosität von $10^{11,3}$ Poise, einer Temperatur, bei der innerhalb der für eine Bearbeitung sinnvollen Zeit, gerade eben eine bleibende Deformation des Glasgegenstandes in Erscheinung tritt.

Die Glasverarbeitung (vor der Lampe, das Glasblasen, -pressen, -ziehen usw.) erfolgt in Viskositätsbereichen zwischen etwa 10^9 und 10^4 Poise. Im Verarbeitungsgebiet des Glases interessiert ein Fixpunkt bei $10^{7,5}$ Poise, der nach LITTLETON [173] benannt wurde und der näherungsweise mit dem Z_1-Wert (s. S. 175) übereinstimmt. Der Littletonpunkt wird auch vielfach in der Literatur als Erweichungspunkt (Softenig Point) bezeichnet. In der Nähe des Schmelzbereiches wurde nach DIETZEL und BRÜCKNER [174] ein weiterer Fixpunkt festgelegt, der als Einsinkpunkt bezeichnet wurde. Für die Bestimmung all dieser Fixpunkte gibt es festgelegte Arbeitsvorschriften [175, 176].

Eine zusammenfassende Beschreibung der verschiedenartigen Viskositätsmeßverfahren findet sich bei HINZ [7], Band 1, S. 321.

Der Verlauf der Temperatur-Viskositätskurve ist bei einem jeden Glas in Abhängigkeit von dessen Zusammensetzung verschieden. Eine besondere Bedeutung kommt hierbei dem Bereich $\log \eta = 4$ bis 9 zu. Erfolgt die Viskositätsänderung in diesem Bereich über ein kurzes Temperaturgebiet, so spricht man von einem „kurzen“

*) Die Viskosität η wird gemessen in Poise = 1 dyn · sec · cm^{-2}. Die Viskositätswerte verlaufen von der Glasschmelze bis zum festen Glas über mehrere Zehnerpotenzen; es hat sich deshalb als praktisch erwiesen den Logarithmus der Viskosität $\log \eta$ gegen T aufzutragen.

Glas, da ein solches nur innerhalb einer kleinen Temperaturspanne bearbeitet werden kann. Im anderen Falle spricht man von „langen“ Gläsern.

Die Viskositäts-Temperaturkurve eines Glases weist aus, daß einer jeden Temperatur des Glases ein ganz bestimmter Viskositätswert entspricht und dieser wiederum mit einem bestimmten Ordnungszustand der materiellen Bausteine im Gleichgewicht steht. Die Einstellung eines solchen Gleichgewichtes ist im Bereich extrem niedriger Viskositätswerte in relativ kurzen Zeiten möglich. Die mit abnehmender Temperatur stark ansteigende Viskosität der Schmelze erschwert die Gleichgewichtseinstellung und es werden zunehmend längere Zeiten hierfür benötigt. Ein Maß für die Kinetik dieses Vorganges ist die Relaxationszeit τ. Die Relaxationszeit τ ist diejenige Zeit, die erforderlich ist, damit ein Strukturbaustein den Weg von der Länge seines Durchmessers zurücklegen kann. Sie steigt mit sinkender Temperatur proportional der Viskosität an. Zwischen τ und η besteht nach MAXWELL folgender Zusammenhang:

$$\eta = G \cdot \tau \quad (G = \text{Torsionsmodul})$$

Im Transformationsbereich der Gläser, also bei $\eta = 10^{13}$ P, liegt τ bereits im Minutenbereich. Bei 10^{15} P sind es schon Stunden und im Bereich der Gebrauchstemperaturen der Gläser, bei $\eta = 10^{19}$ P, sind es Zeitspannen in der Größenordnung von Jahren. Es ist also im Prinzip möglich auch unterhalb des Transformationsbereiches, allerdings dann über lange Zeiträume, Gleichgewichtseinstellungen zu erreichen. Die für solche Gleichgewichtseinstellungen erforderlichen Zeiten sind nicht nur von der Temperatur abhängig, sondern werden, wie ZIJLSTRA [177] in Langzeitversuchen zeigen konnte, auch von der Glaszusammensetzung beeinflußt, da die in den verschiedenen Gläsern vorhandenen Struktureinheiten u. a. unterschiedliche Dimensionen aufweisen, was unterschiedliche Wandergeschwindigkeiten bedingt. Es ergeben sich hierdurch in der Praxis nicht unwesentliche Unterschiede zwischen den gemessenen Relaxationszeiten und den theoretisch errechneten Werten.

Recht schwierig sind die Abhängigkeitsverhältnisse der Viskosität von der chemischen Zusammensetzung der Gläser darzustellen, da sie einmal strukturbedingt sind und zum anderen, bei unterschiedlichen Temperaturen gemessen, die Einflußnahme einer bestimmten Komponente verschiedenartig sein kann. So bewirkt zum Beispiel die Zugabe von CaO zu einem Glas bei niedrigen Meßtemperaturen eine Erhöhung der Viskosität, während das gleiche Glas, bei hohen Temperaturen gemessen, eine Viskositätsverminderung zeigt. Einen wesentlichen Einfluß auf die Viskosität eines Glases üben die Anzahl der im Netzwerk vorhandenen Sauerstoffbrückensprengungen sowie die unterschiedlichen Bindekräfte aus, mit denen die verschiedenen Komponenten entsprechend ihrer chemisch funktionellen Potentiale im Glas verankert sind. Eine mit zunehmender Sauerstoffbrückensprengung erfolgende Auflockerung des Netzwerkes wird z. B. auch durch die Einwirkung von OH^--Ionen hervorgerufen. So weisen z. B. unter normalen Bedingungen im Gasofen erschmolzene Gläser mit einem OH-Ionenanteil von etwa 0,03 Gew.-% eine um etwa 40 °C niedrigere Transformationstemperatur auf als das gleiche Glas aber mit einem OH-Ionenanteil von nur 0,01 Gew.-%.

Die Größe der Polarisierbarkeit der Ionen, um einen weiteren Einflußfaktor zu nennen, wirkt sich sehr eindeutig auf die Viskosität der Gläser aus; so bewirkt z. B. PbO eine sehr starke Viskositätsverminderung.

Eine systematische Abhängigkeitsbetrachtung der Viskositätsänderung (Änderung der Zähigkeitstemperatur*) eines Glases, in Abhängigkeit von der Art und Menge der

---

*) Die Zähigkeitstemperatur Z_1 ist diejenige Temperatur in °C, bei der das Glas eine Viskosität von etwa 10^8 P hat. Sie ist definiert als diejenige Temperatur, bei der ein in einem vertikal stehenden Rohrofen von etwa 45 mm Heizlänge hängender Glasfaden von 0,3 mm ⌀ bei einer Belastung von 1 g/mm² eine Verlängerung von 1 mm/min erfährt.

zusätzlich eingebauten Ionen (ebenfalls wieder nach dem Additionsprinzip [151], ist in Abb. 42a und b dargestellt. Es ist grundsätzlich zu erkennen, im Vergleich mit dem Grundglas (mit „*G*" bezeichnete Pfeillinie), daß die Alkalien und hier das Li die intensivste Viskositätserniedrigung bewirken. Bei den Erdalkalien zeigt den geringsten Effekt das Be^{++} und zunehmend zum Ba^{++} verstärkt sich die viskositätserniedrigende Wirkung. Eine Erhöhung der Viskositätswerte der Gläser ergibt sich durch Einbau solcher Ionen, die eine Verfestigung der Glasstruktur bewirken, z. B. Al, und in Abb. 42a nicht eingezeichnet, auch Zr^{4+} und Ti^{4+} usw. Vergleichbare Verhältnisse, wie sie in Abb. 42 dargestellt wurden, also z. B. Verminderung der Z_1-Werte vom Be^{2+} zum Ba^{2+} und Erhöhung der Werte vom Li^+ zum Cs^+ usw., ergeben sich auch bei anders zusammengesetzten Grundgläsern mit unterschiedlicher Netzwerkaufspaltung (s. auch [151]).

Eine Berechnung des Temperatur-Viskositätsverlaufes von Gläsern in Abhängigkeit von der Zusammensetzung, wurde ebenfalls versucht. Es zeigten sich jedoch, wie zu erwarten, erhebliche Schwierigkeiten, Gehlhoff und Thomas [178] machten hierzu erste Versuche. Boow und Turner [179] brachten Verfeinerungen im Verfahren an. Eine für die Praxis verwertbare Näherungsmethode wurde von Andrieu [180] mit Hilfe einer empirischen Gleichung erhalten.

4.1.2.4. Die Elastizität, Festigkeit und Härte der Gläser

Gläser zeigen ein elastisch-sprödes Verhalten gegenüber einer Krafteinwirkung, wobei es zu sehr unterschiedlichen Effekten kommt, je nachdem ob die Kraft kurzfristig, schlagartig, punktförmig oder langsam, kontinuierlich anwachsend usw. wirksam wird. Das elastisch-spröde Verhalten des Glases kommt u. a. darin zum Ausdruck, daß bereits ein kurzfristiges und geringfügiges Überschreiten der Elastizitätsgrenze zum Bruch führt. Es fehlt beim Glas zwischen der Elastizitätsgrenze und der Zerreißgrenze ein Fließverhalten, wie es z. B. bei den meisten Metallen gegeben ist, wo in diesem Bereich bleibende Deformationen entstehen aber noch kein Bruch erfolgt. Bei niederen Temperaturen verhalten sich Gläser entsprechend der Forderung des HOOKschen Gesetzes, so daß ihr Elastizitätsverhalten durch einen Elastizitätsmodul ausgedrückt werden kann:

$$E = \frac{l}{\Delta l} \cdot \frac{P}{q}.$$

l = Länge des Stabes
q = Querschnitt des Stabes
P = wirksame Kraft
Δl = Längenänderung des Stabes

Der Elastizitätsmodul vergrößert sich also bei zunehmender Verminderung von Δl unter konstanter Zugspannung. Ein hoher Elastizitätsmodul wird bei solchen Gläsern dann in Erscheinung treten, wenn deren Struktur wenige Trennstellen aufweist und somit eine möglichst große Starrheit und Festigkeit besitzt. So hat der Elastizitätsmodul E für SiO_2-Glas den Wert von 7140 Kp/mm² [181]. Bei Einführung z. B. von Alkalien vermindert er sich infolge einer Schwächung der Struktur. Innerhalb der Gruppe der Alkalien zeigt wiederum das Lithium den geringsten Einfluß, während mit sich vermindernder Feldstärke zum Cäsium hin die Auflockerung der Glasstruktur größer wird, und somit E kleiner. Werden Kationen mit hoher Feldstärke in ein Glas eingebaut, so ist sogar eine Erhöhung des Elastizitätsmodul möglich [182], während sich Ionen, die stark polarisierbar sind ganz ähnlich wie Alkalien verhalten. Gläser mit möglichst hohen Elastizitätsmodulen müssen danach alkalifrei sein und z. B. Al_2O_3, ZrO_2 oder auch La_2O_3, CaO, MgO usw. enthalten. Mit Gläsern solcher Zusammensetzung sind Werte für $E > 12000$ Kp/mm² erreichbar.

Ein elastischer Körper zeigt dann ein ideales elastisches

Verhalten, wenn der ursprüngliche Formzustand sofort nach Aufhebung der wirksam gewesenen Kraft wieder erreicht wird. Auch das Glas ist keinesfalls ein ideal elastischer Körper und die Gleichgewichtseinstellung erfolgt in Abhängigkeit von der Temperatur in mehr oder weniger langen Zeiträumen (elastische Nachwirkungserscheinung). Ebenso wie die Größe der elastischen Nachwirkungszeiten temperaturabhängig ist, ist es auch der Elastizitätsmodul der Gläser. So weisen schnell abgekühlte Gläser einen niedrigeren E-Modul auf als gut gekühlte.

Mit der Elastizität im Zusammenhang steht die Kompressibilität. Sie ist abhängig von den im Strukturverband vorhandenen Hohlräumen und wird beeinflußt von den Kationen, die im Glasnetzwerk eingebaut sind und die den Raumerfüllungsgrad verändern. Haben diese Ionen relativ kleine Radien, so bewirken sie eine Verminderung der Kompressibilität, indem sie die Hohlräume auffüllen. Großvolumige Ionen wirken bis hin zu bestimmten Konzentrationswerten zunächst ebenfalls raumfüllend, dann aber überwiegt die Raumaufweitung und die Kompressibilität des Glases steigt an. Die bei Gläsern unter Anwendung hoher Drucke erzielbare Kompression ist erst durch eine längere Wärmebehandlung im Transformationsbereich rückgängig zu machen. Die Verdichtung der Gläser (z. B. bei SiO_2-Glas etwa 8% bei Drucken von 200 Kbar [183]) kann auf eine Abstandsänderung der Si—O—Si-Bindungen, auf eine Deformation der O—Si—O-Winkel und auf eine Deformation großer, hohlraumfüllender Kationen zurückgeführt werden [184]. Reines SiO_2-Glas weist eine Kompressibilität von etwa $2{,}7 \cdot 10^{-6}$ cm²/Kp auf.

Eine Berechnung der elastischen Konstanten der Gläser in Abhängigkeit von der Zusammensetzung, haben auf empirischer Basis 1894 WINKELMANN und SCHOTT [163] versucht. 1959 wurden weitere Berechnungsmöglichkeiten dieser Werte von KOZLOVSKAYA [182] auf der Basis von Mol-% in Vorschlag gebracht, die in den folgenden Jahren weiterhin verbessert wurden [185]. Trotz aller Bemühungen liefern derartige Berechnungen jedoch keine zuverlässigen Werte.

Die Festigkeit der Gläser, eine der kritischen Eigenschaften beim Einsatz von Glas als Werkstoff, wird einmal vom chemischen Standpunkt aus gesehen, bestimmt durch die Stärke der chemischen Bindung unter Berücksichtigung der unterschiedlichen Polarisationseffekte der beteiligten Komponenten und zum anderen mechanisch durch Mikroinhomogenitäten (auch Entmischungseffekte) und Oberflächendefekte. Letztgenannte Einflüsse sind so dominierend, daß die praktischen Festigkeitswerte (Biegebruchfestigkeit) gegenüber den theoretisch erreichbaren um etwa zwei Zehnerpotenzen niedriger liegen. Berechnungen der theoretischen Festigkeit, wie sie von verschiedenen Autoren [186, 187] vorgenommen wurden, ergaben übereinstimmend für das SiO_2-Glas Werte zwischen 1000 und 3000 Kp/mm^2. Für Mehrkomponentengläser wurden unter Einbeziehung der entsprechenden Schwächungseffekte der Si—O-Bindungen für Raumtemperaturen theoretische Werte der Biegefestigkeit zwischen 600 und 900 kp/mm^2 ermittelt. Eine Berechnungsgrundlage hierfür wurde von Barthenev und Demischev [188] gegeben. Diesen theoretischen Werten stehen die Realwerte der Gebrauchsgläser mit Biegefestigkeiten von 5 bis max. 15 kp/mm^2 gegenüber. Die von Griffith [189] bereits 1920 und 1921 zur Klärung dieser enormen Diskrepanzen aufgestellte Theorie der Mikrofehlstellen hat sich als außerordentlich fruchtbar erwiesen und ist diejenige, die mit einer inzwischen erfolgten mathematischen Untermauerung das reale Verhalten der Gläser in dieser Hinsicht besser erklärt, als die große Zahl der inzwischen weiterhin gegebenen Deutungsversuche. (Nähere Einzelheiten zur Griffith-Theorie und den Verfestigungsmöglichkeiten der Gläser siehe Abschnitt 4.2.)

Über die Beeinflussung der Festigkeit des Glases durch die chemische Zusammensetzung liegen kaum systematische Untersuchungen vor, da bei allen Messungen die äußeren Bedingungen dominierend sind. Untersuchungen von GEHLHOFF und THOMAS [178] ließen jedoch erkennen, daß durch solche chemischen Bedingungen, die eine Verfestigung der Struktur hervorrufen auch grundsätzlich die Festigkeit der Gläser selber erhöht wird. Entsprechende Berechnungsfaktoren wurden ermittelt [178], jedoch ist ihre Anwendung mit einer großen Unsicherheit behaftet.

Ein anderes Maß der Festigkeit der Gläser ist deren Härte. Es ist darunter die Festigkeit gegenüber einer konzentrierten mechanischen Belastung zu verstehen. Wird auf ein Glas z. B. die Spitze einer Diamantpyramide mit einem sich steigernden Druck aufgesetzt, so findet zunächst eine rein elastische Verformung der Oberflächenzone statt. In dieser Schicht entsteht eine mit steigendem Auflagedruck sich vergrößernde Zugspannung. Wenn diese ihren höchstzulässigen Wert erreicht hat, beginnt sich die Oberfläche plastisch zu verformen, bis schließlich Risse, die in die Tiefe gehen, entstehen. Dieser Vorgang ist bei Entlastung der Spitze nicht mehr reversibel, und es hinterbleibt ein Eindruck, aus dessen Abmessungen, bei festgelegter Gestalt des Eindringkörpers Aussagen über die Härte des Prüflings gemacht werden können. Je nach Art des verwendeten Eindringkörpers (Kugel, Kegel oder Pyramide) und der gewählten Belastungsbereiche unterscheidet man zwischen Makro- und Mikrohärteprüfung und hier wiederum in Abhängigkeit von den gewählten Meßbedingungen Brinell-, Vickers-, Knoop-Härte usw. Für die Vickershärte, mit der Vickerspyramide gemessen (auch Mikrohärte) ebenso wie für die Knoophärte, ergab sich eine Lastabhängigkeit der Härtewerte [190, 191, 192]. Neben diesen statischen Eindringverfahren gibt es Ritzverfahren, z. B. nach MARTENS oder sehr grob mit Hilfe der Härteskala nach MOHS. Beide Verfahren sind jedoch für die Anwendung auf die Festigkeitsbestimmung der Gläser wenig gebräuchlich. Die Härtewerte nach der MOHSschen Skala liegen für Silicatgläser zwischen 6 und 7.

Die Abhängigkeit der Härte der Gläser von der chemischen Zusammensetzung steht in einem gewissen Analogieverhältnis zum viskosen Verhalten der Gläser. Systematische Untersuchungen wurden von AINSWORTH [193], PETZOLD, WIHSMANN und v. KAMPTZ [194] durchgeführt.

Kieselglas besitzt eine Mikrohärte von $7{,}1 \cdot 10^4$ kp/cm², die sich mit einem zunehmenden Einbau von Alkalien stark vermindert. Nach [194] steht die Polarisierbarkeit der ins Glas eingebauten Kationen in einem unmittelbaren Zusammenhang mit der Härte, derart, daß mit zunehmender Polarisierbarkeit der Kationen geringere Härtewerte zu verzeichnen sind. In der Alkalireihe bedeutet das, daß die Härte der entsprechenden Gläser vom Lithium zum Cäsium hin sich vermindert. Der Einbau von CaO, ZnO, Al_2O_3, B_2O_3, ZrO_2 usw. in Silicatgläser, führt dagegen zu einer Erhöhung der Mikrohärte. Die Vickershärte der Silicatgläser liegt im Bereich von 2 bis $8 \cdot 10^4$ kp/cm². Eine strukturelle Deutung der zusammensetzungsmäßigen Einflußnahme der verschiedenen Glaskomponenten auf die Härte der Gläser wurde von WEYL [195] gegeben.

Ein praktisches Interesse besitzt die Schleifhärte der Gläser. Diese steht nicht allein mit der Mikrohärte in Beziehung, sondern ist auch abhängig von der Sprödigkeit der betreffenden Gläser. Eine hohe Schleifhärte (hohe Abriebfestigkeit) läuft danach nicht konform mit den Härtewerten, ganz im Gegenteil ergeben sich sogar umgekehrte Abhängigkeitsverhältnisse. Entsprechende Fachliteratur findet sich in [194, 196, 197].

4.1.3. Die elektrischen Eigenschaften der Gläser

Die Anwendungs- und Einsatzmöglichkeiten glasiger Stoffe im Bereich der Elektrotechnik-Elektronik sind im vergangenen Jahrzehnt ganz erheblich gestiegen, ebenso wie das Interesse am elektrischen Leitfähigkeitsverhalten der Glasschmelze selber, im Zusammenhang mit dem elektrischen Erschmelzen der Gläser.

Glas stellt im Bereich der Zimmertemperatur im allgemeinen einen recht guten Isolator dar, dessen spezifischer Widerstand zwischen 10^8 und $10^{19}\,\Omega \cdot$ cm liegt. Eine Stromleitung kann auch bei Raumtemperatur besonders bei Gläsern schlechter chemischer Beständigkeit und bei hoher Luftfeuchtigkeit durch leitfähige Oberflächenschichten hervorgerufen werden.

Die elektrische Volumenleitfähigkeit ist bei *relativ* niederen Temperaturen (unterhalb Tg) in den meisten Fällen auf Ionenleitfähigkeit zurückzuführen, wobei die am schwächsten gebundenen Ionen den Stromtransport vornehmen. Elektronenleitfähigkeit, meist gemeinsam mit Anteilen von Ionenleitfähigkeit, findet sich bei solchen Gläsern, in denen Komponenten enthalten sind, die relativ leicht ihre Ionenladung verändern können (Wertigkeitswechsel).

Das spezifische elektrische Leitvermögen eines Stoffes wird gekennzeichnet durch den spezifischen elektrischen Widerstand $\varrho[\Omega \cdot \mathrm{cm}]$ bzw. dessen Kehrwert, die spezifische elektrische Leitfähigkeit $\varkappa(\Omega^{-1} \cdot \mathrm{cm}^{-1})$. Bei Gläsern hat sich nach einem Vorschlag von GEHLHOFF und THOMAS [178] zur Kennzeichnung des Leitfähigkeitsverhaltens der sog. $T_{\varkappa 100}$-Wert bewährt. Er bezeichnet diejenige Temperatur in °C, bei der die spez. elektrische Leitfähigkeit $\varkappa = 100 \cdot 10^{-10}\,[\Omega^{-1} \cdot \mathrm{cm}^{-1}] = 10^{-8}\,[\Omega^{-1} \cdot \mathrm{cm}^{-1}]$ beträgt. Ein hoher $T_{\varkappa 100}$-Wert entspricht bei allen Gläsern mit reiner Ionenleitfähigkeit einer geringen elektrischen Leitfähigkeit bzw. einem hohen spezifischen Widerstand. Die elektrische Leitfähigkeit der Gläser steigt mit zunehmender Temperatur an. Die $T_{\varkappa 100}$-Werte der Gebrauchsgläser liegen in der Größenordnung von 100—500 °C, und sie sind in hohem Maße von der chemischen Zusammensetzung des Glases abhängig.

Am Stromtransport im Glas werden nur diejenigen Ionen des Strukturverbandes teilnehmen, die sich unter Einwirkung des elektrischen Potentials von ihrem Platz entfernen können und den sie umgebenden Potentialwall zu überwinden in der Lage sind (Aktivierungsenergie). Eine gute Beweglichkeit der Ionen wird dann erzielt werden, wenn einmal eine starke Auflockerung des Strukturverbandes gegeben ist und zum anderen kleine Ionen vorhanden sind, die durch geringe elektrostatische Kräfte gebunden sind (niedere Wertigkeit). Hinzu kommt die Forderung, daß die Beweglichkeitsbahnen dieser Leitfähigkeitsträger nicht durch großvolumige Ionen blockiert sind, was z. B. durch Ba^{2+} erfolgen kann. Bei niederen Temperaturen (unterhalb Tg) wird der Stromtransport, der streng das Faradaysche Gesetz erfüllt, im wesentlichen durch die im Glas enthaltenen kleinen Alkaliionen, Li^+, Na^+ und zum Teil auch K^+, realisiert. Der Einbau aller anderen Ionen in ein entsprechendes Glas bewirkt eine mehr oder weniger große Veränderung der Bewegungsmöglichkeiten dieser Leitfähigkeitsträger, die sowohl in Richtung einer Beweglichkeitsminderung als auch -erhöhung gehen kann. Erst bei höheren Temperaturen sind auch die anderen Ionen in der Lage sich am Stromtransport zu beteiligen. Owen und Douglas [198] wiesen z. B. nach, daß die Leitfähigkeit des Kieselglases nur auf die darin noch enthaltenen Spuren von Alkalien zurückzuführen ist und ganz ähnlich verhält sich das B_2O_3-Glas. Mit zunehmender Ladungsträgerkonzentration erhöht sich zwangsläufig die elektrische Leitfähigkeit. Interessante Effekte bilden sich bei der gegenseitigen Beeinflussung verschiedenartiger Ionen, z. B. entstehen bei Mischalkaligläsern in Abhängigkeit von der Konzentration der beiden Alkaliionen ausgesprochene Widerstandsmaxima (Abb. 44). Nähere Einzelheiten hierzu in [199].

Es hat nicht an Untersuchungen gefehlt, um gerade das elektrische Leitfähigkeitsverhalten der Gläser als Funktion der chemischen Zusammensetzung zu charakterisieren und allgemein anwendbare Gesetzmäßigkeiten zu finden. Alle diese Bemühungen sind mehr oder weniger daran gescheitert, daß unter Umständen ganz entgegengesetzte Wirkungen auf die elektrischen Leitfähigkeitsänderungen in Erscheinung treten, wenn in unterschiedlich zusammengesetzte Grundgläser gleiche Ionen in gleicher Konzentration eingeführt werden. Aus diesen Gründen haben

Versuche zur Berechnung der elektrischen Leitfähigkeit der Gläser mit Hilfe von Faktorengleichungen auch zu keinem befriedigenden Erfolg geführt. Eingehende Untersuchungen über das Leitfähigkeitsverhalten der Gläser in

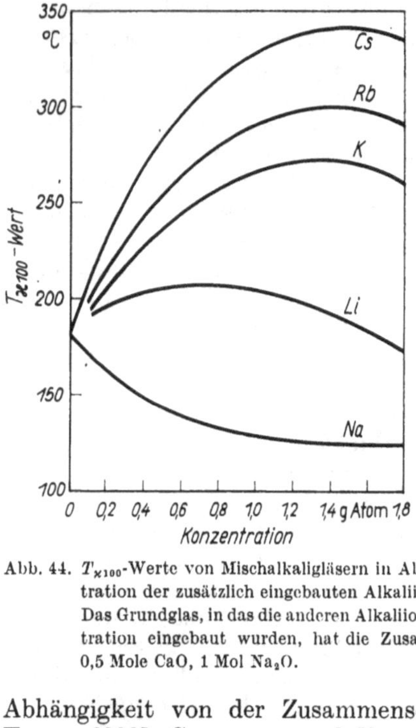

Abb. 44. $T_{\varkappa 100}$-Werte von Mischalkaligläsern in Abhängigkeit von der Konzentration der zusätzlich eingebauten Alkaliionen: [151]
Das Grundglas, in das die anderen Alkaliionen in zunehmender Konzentration eingebaut wurden, hat die Zusammensetzung: 6 Mole SiO_2, 0,5 Mole CaO, 1 Mol Na_2O.

Abhängigkeit von der Zusammensetzung wurden von Fulda [200], Gehlhoff und Thomas [178], Lengvel, Boksay, Varga [199], Kühne [151, 201] u. a. durchgeführt. Durch alle Arbeiten wurde der außergewöhnlich ausgeprägte Einfluß und die gegenseitige Wechselwirkung der verschiedenen Komponenten des Glases auf das elektrische Verhalten bestätigt.

In den Abb. 45 bis 47 ist die Änderung der $T_{\varkappa 100}$-Werte dreier unterschiedlicher Grundgläser in Abhängigkeit von

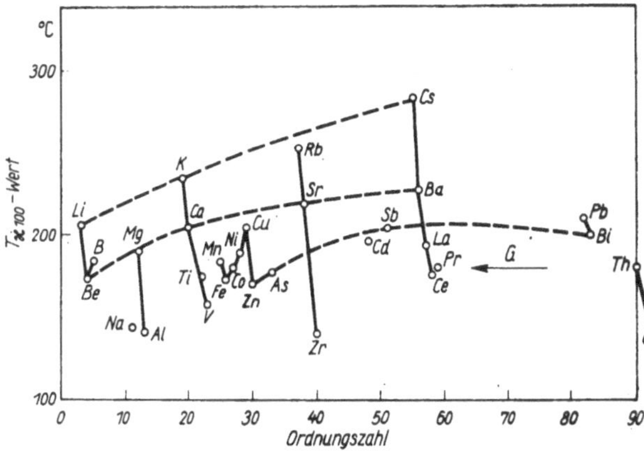

Abb. 45. Diagramm zur Darstellung der $T_{\varkappa 100}$-Werte von Gläsern der Grundzusammensetzung: 6 Mole SiO_2, 0,5 Mole CaO, 1 Mol Na_2O als Funktion der Ordnungszahl der zusätzlich eingebauten Ionen, bei jeweils gleicher Konzentration (0,5 g Atom) [151].

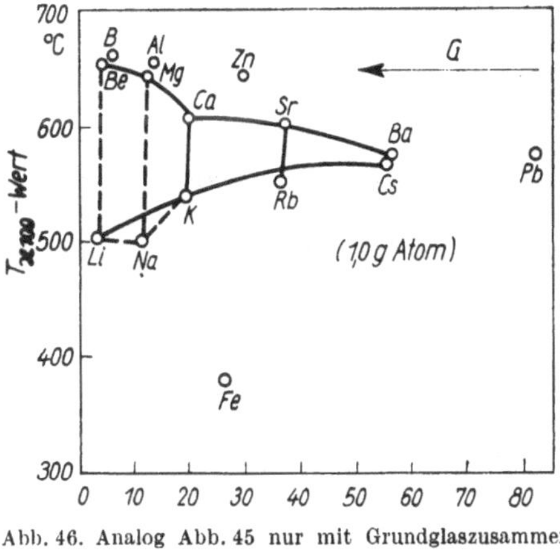

Abb. 46. Analog Abb. 45 nur mit Grundglaszusammensetzung: 4 Mole SiO_2, 2 Mole B_2O_3, 0,5 Mole Na_2O, 2,5 Mole BaO.
Die in das Grundglas jeweils zusätzlich eingebaute Menge der verschiedenen Ionen beträgt hier 1,0 g Atom [151].

der Ordnungszahl der zusätzlich eingebauten, verschiedenartigen Kationen dargestellt. In allen Fällen ist die Konzentration (Anzahl) der unterschiedlichen, in die Gläser eingebauten Kationen gleich. Die $T_{\varkappa 100}$-Werte der Grundgläser entsprechen den mit „*G*" bezeichneten Pfeil-

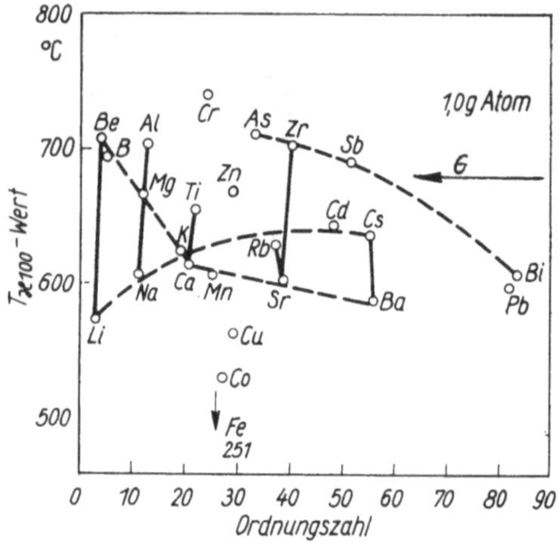

Abb. 47. Analog Abb. 45, nur mit Grundglaszusammensetzung: 4 SiO_2, 2 B_2O_3, 3 BaO [151].

linien. Die Grundgläser selber unterscheiden sich sowohl hinsichtlich des Verhältnisses von Netzwerkbildnern zu Netzwerkänderern als auch hinsichtlich der Qualität der darin enthaltenen netzwerkändernden Ionen.

In Abb. 45 ist in Form eines Diagrammes die Abhängigkeit des $T_{\varkappa 100}$-Wertes eines Na—Ca-Silicatglases von den zusätzlich eingebauten Ionen dargestellt. Auf Grund der Maximalbildung des elektrischen Widerstandes bei Verwendung von Mischalkalien, liegen im hier gewählten Konzentrationsverhältnis die $T_{\varkappa 100}$-Werte der Gläser mit Li^+, K^+, Rb^+ und Cs^+ höher als derjenige des Grundglases. Bei Zugabe von Na^+-Ionen zum Grundglas tritt der normalerweise zu erwartende Effekt, der Erhöhung der el. Leitfähigkeit ein, da in diesem Falle keine Mischalkalien vorliegen. Der Einbau der verschiedenen Erdalkalien führt vom Be^{2+} zum Ba^{2+} zu einer zunehmenden Leitfähigkeitsminderung. Interessant ist die Tatsache, daß Aluminium-, Zirkon- und Uranionen eine erhebliche Erhöhung der Leitfähigkeit der Gläser bewirken. Für den durch Al^{3+} und wahrscheinlich auch durch Zr^{4+} hervorgerufenen Effekt gibt es eine Reihe von Erklärungsversuchen, die auf eine Strukturauflockerung hinzielen (WEYL und MARBOE [42], MOORE und DE SILVA [203]). Die besonders beim Uran und Vanadin zu verzeichnende, relativ starke Verminderung des $T_{\varkappa 100}$-Wertes dürfte auf einen elektronischen Leitfähigkeitsanteil zurückzuführen sein.

Das Diagramm Abb. 46 zeigt die $T_{\varkappa 100}$-Wertänderung durch Einbau unterschiedlicher Ionen in ein Na—Ba-Borosilicatglas, bei dem der Netzwerkaufspaltungsgrad im Vergleich zum Grundglas Abb. 45 einen recht hohen Grad erreicht hat (6 : 3 Mole). Hier bewirken alle zusätzlich eingebauten Ionen mit Ausnahme von Be^{2+}, B^{3+} und Al^{3+} eine Herabsetzung des $T_{\varkappa 100}$-Wertes. Bei den Erdalkalien ergibt sich eine im Vergleich zum Diagramm Abb. 45 umgekehrte Tendenz. Die $T_{\varkappa 100}$-Werte vermindern sich vom Be^{2+} zum Ba^{2+}. Bei den Alkaliionen treten wiederum Abweichungen infolge des Mischalkalieffektes auf, wie der $T_{\varkappa 100}$-Wert des Glases ausweist, in dem nur Na-Ionen enthalten sind. Einen Extremwert zeigt das Glas mit einem entsprechenden Eisengehalt, hier ist ganz offensichtlich ein nicht unwesentlicher Elektronenleitungsanteil vorhanden.

Schließlich ergeben sich bei einem praktisch alkalifreien Grundglas, dessen Netzwerk aber ebenfalls durch sehr großvolumige Ba^{++}-Ionen stark aufgespalten ist (6 : 3 Mole), schwer übersehbare Verhältnisse, deren Deutung Schwierigkeiten bereitet (Abb. 47). Der $T_{\varkappa 100}$ Wert des Grundglases liegt extrem hoch, und es muß angenommen werden, daß die gemessene Leitfähigkeit auf Spurenanteile von Alkalien zurückzuführen ist, ähnlich wie beim SiO_2-Glas. Der Einbau von solchen Ionen, die zu einer Verfestigung des Netzwerkes Anlaß geben (z. B. Be^{2+}, Al^{3+}, B^{3+}, As^{3+}, Zr^{4+} usw.) führen dann auch erwartungsgemäß zu einer Erhöhung des $T_{\varkappa 100}$-Wertes, während alle anderen Ionen entweder als zusätzliche Leitfähigkeitsträger wirksam werden oder aber eine weitere Auflockerung des Strukturverbandes bewirken. Zu beachten ist wiederum die relativ große Elektronenleitfähigkeit durch den Einbau von Eisenionen.

Trap und Stevels [204] stellten derartige Effekte auch an Invertgläsern fest. Eine Zusammenstellung von Gläsern mit Elektronenleitfähigkeit (Halbleitergläser) sowie deren Herstellungsmethoden wurde von Mackenzie [205] gegeben.

Die elektrische Leitfähigkeit der Gläser, soweit es sich um Ionenleitung handelt, erhöht sich mit zunehmender Temperatur. Nach Rasch und Hinrichsen [206] erhöht sich die Leitfähigkeit der Gläser mit zunehmender Temperatur konstant bis zum Transformationsbereich, (beim Auftragen von $\varkappa$ gegen $1/T$ erhält man eine Gerade) um von da ab wiederum linear, allerdings mit einem steileren Anstieg, zu verlaufen. Der dadurch im Tg-Bereich sich bildende Knickpunkt in der $\varkappa - 1/T$-Kurve kann für die Tg-Bestimmung Verwendung finden.

Für die Anwendung der Gläser im Bereich der Elektrotechnik sind die Dielektrizitätskonstante sowie die dielektrischen Verluste ebenso von Bedeutung wie die elektrische Leitfähigkeit der Gläser selber. Die Dielektrizitätskonstante ε ist ein Maß für die Beeinflußbarkeit eines Mediums in einem elektrischen Feld. Diese Beeinflußbarkeit kann ihren Ausdruck finden in einer Deformation und somit Polarisation der Elektronenhüllen von Ionen, oder auch in einer räumlichen Verschiebung von Ionen oder Ionengruppen.

Nach Messungen von Appen und Bresker [207] erhöht sich ε mit zunehmender Sauerstoffbrückensprengung und mit abnehmender Feldstärke der Netzwerkwandler. Bei den Nebengruppenelementen macht sich zusätzlich deren eigene Polarisierbarkeit bemerkbar.

Entsprechend der Maxwellschen Beziehung $\varepsilon = n^2$ besteht ein Zusammenhang von ε mit der Lichtbrechung n der Gläser zumindest bei sehr hohen Frequenzen). Andererseits besteht eine empirische Beziehung zwischen der Dichte der Gläser und deren ε-Wert:

$$\frac{\varepsilon}{\varrho} \approx 2{,}2 \text{ bis } 3{,}0.$$

Danach kann ε näherungsweise errechnet werden, wenn die Dichte der Gläser bekannt ist. Die Werte für ε liegen für die unterschiedlichsten Silicatgläser etwa zwischen 2 und 16. Für ε besteht eine ausgeprägte Abhängigkeit von der Temperatur, die bei niederen Frequenzen größer ist als bei höheren (ε erhöht sich mit zunehmender Temperatur). Die dielektrischen Verluste, die in einem Glas beim Anlegen eines Wechselfeldes auftreten, sind ebenfalls stark abhängig von der jeweiligen Glaszusammensetzung, der Meßfrequenz und der Temperatur. Nach STEVELS [208] sind die dielektrischen Gesamtverluste aus einer Reihe von Einzelverlusten zusammengesetzt (Leitungs-, Relaxations-, Deformations- und Resonanzverluste). Jeder einzelnen Verlustart kommen spezielle Abhängigkeitsparameter zu, und die Beeinflußbarkeit durch eine Änderung der chemischen Zusammensetzung ist recht unterschiedlich. Die Leitungsverluste, bedingt durch die Wanderungsfähigkeit der Ionen im Glasnetzwerk, treten vorzugsweise im Bereich niederer Frequenzen (z. B. 50 Hz) auf und erhöhen sich mit steigender Temperatur. Sie werden von der Zusammensetzung in ganz ähnlicher Weise beeinflußt wie die elektrische Leitfähigkeit.

Die Relaxationsverluste sind abhängig von der Festigkeit des jeweiligen Strukturverbandes und erhöhen sich demzufolge mit zunehmender Temperatur. Die Deformations- und Resonanzverluste treten nur bei höheren Frequenzen auf. Sie sind einmal auf Deformationseffekte des Netzwerkes selbst zurückzuführen und entstehen zum anderen beim Auftreten von Resonanzerscheinungen zwischen den Eigenschwingungen der Strukturbausteine und den angelegten Frequenzen.

4.1.4. Die chemische Beständigkeit der Gläser

Silicatgläser besitzen eine hohe chemische Beständigkeit gegenüber einer Vielzahl chemischer Stoffe, ohne jedoch völlig resistent zu sein. Die chemische Beständigkeit wird in hohem Maße beeinflußt durch die Zusammensetzung des Glases und ist abhängig von der Art der angreifenden Agenzien sowie von der Reaktionszeit u. -temperatur. Die relativ geringe chemische Beständigkeit der Gläser aus der Frühzeit der Glasherstellung hat dazu beigetragen, daß abgesehen von den ägyptischen Gläsern, die unter außergewöhnlich günstigen klimatischen Bedingungen die Jahrtausende überstanden haben, nahezu alle anderen Glasgegenstände in einem mehr oder weniger stark verwittertem Zustand im Erdboden aufgefunden werden. Die Verwitterung kann dabei soweit fortgeschritten sein, daß nur noch gelartige, hoch SiO_2-haltige Massen verblieben sind. Das trifft zu für die meisten Gläser aus Mesopotamien, die vor der Zeitenwende hergestellt wurden. Die römischen und mittelalterlichen Gläser sind meist nur mit einer mehr oder weniger starken, häufig irisierenden Verwitterungskruste umgeben, unter der sich noch unverändertes Glas befindet [209, 210]. Eine zunehmende chemische Zerstörung erfahren heute die mittelalterlichen Kirchenfenster, die in unseren Tagen einer besonders ernst zu nehmenden Korrosion ausgesetzt sind, infolge der starken Luftverunreinigung durch Abgase mit hohem SO_2-Gehalt.

Der Verwitterungsprozeß beginnt damit, daß zunächst ein Ionenaustausch erfolgt zwischen den Alkaliionen der Glasoberfläche und den H^+-Ionen der das Glas umgebenden Sphäre (Luft- oder Bodenfeuchtigkeit). Werden die Alkaliionen hierbei kontinuierlich fortgeführt, z. B. durch ständigen Wasserwechsel, so vermindert sich die Geschwindigkeit des weiteren Ionenaustausches zunehmend, und es bildet sich oberflächlich durch Auslaugung eine Schicht von hoch SiO_2-haltigen Hydrogelen bzw. Hydrosilicaten, die ihrerseits auch zur Verminderung des weiteren Ionenaustauschprozesses beitragen. In sauren Böden (Huminsäuren) wird dieser Prozeß durch den bestehenden H^+-Ionen-Überschuß verstärkt.

Erfolgt aber eine Anreicherung der ausgetauschten Alkaliionen in der das Glas umgebenden Wasserschicht, so wird dieses sehr schnell alkalisch und damit läuft ein zweiter Vorgang in Form einer chemischen Reaktion zwischen den gebildeten OH^--Ionen und den Netzwerkbildnern des Glases (SiO_2, B_2O_3, P_2O_5 usw.) ab, der zur Bildung niedermolekularer Kieselsäure bzw. von Silicaten und damit zu einer zunehmenden Zerstörung des Glases führt.

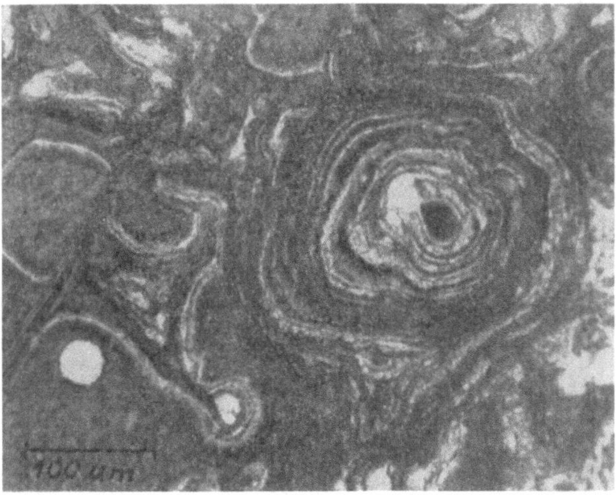

Abb. 48. Verwitterte Glasoberfläche eines Glasscherbens aus Assur (13. Jh. v. u. Z.) in der Aufsicht.
Von der Oberfläche ausgehend, bilden sich um bevorzugte Punkte konzentrische Verwitterungsschichten, die in die Tiefe des Glases vordringen.

Bisher nicht in allen Einzelheiten befriedigend aufgeklärt sind Korrosionseffekte an alten Gläsern, bei denen die Zerstörung an bevorzugten Stellen einsetzt und in die

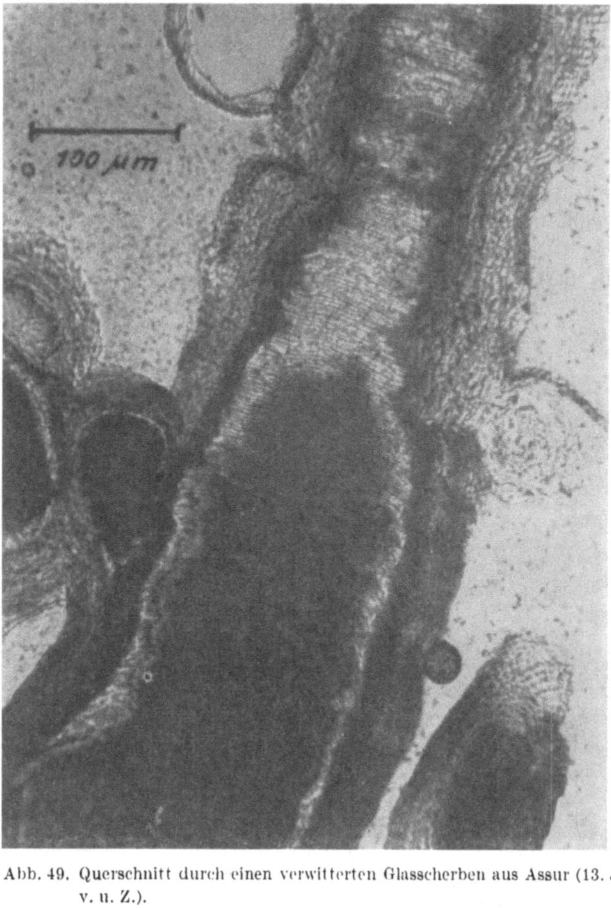

Abb. 49. Querschnitt durch einen verwitterten Glasscherben aus Assur (13. Jh. v. u. Z.).
Die Zersetzung des Glases führt in der Tiefe zur Ausbildung halbkugeliger oder kegelförmiger Zapfen, die eine deutliche Schichtstruktur aufweisen.

Tiefe des Glases vordringt und hier zapfenartige, mit seitlichen Auswüchsen versehene Korrosionszentren bildet, die eine feine Schichtstruktur aufweisen (Abb. 48, 49).

An diesen praktischen Beispielen dargestellt, ergeben sich für die Beständigkeit der Gläser drei unterschiedlich wirksame Korrosionsmechanismen, die im wesentlichen bestimmt werden durch den pH-Wert des korrodierenden Mediums.

1. Das Verhalten der Gläser gegenüber sauren wäßrigen Lösungen:

Es erfolgt primär ein Austausch von Alkaliionen des Glases gegen H^+- bzw. H_3O^+-Ionen der Lösung. Die Geschwindigkeit des Angriffs wird durch die Diffusionsgeschwindigkeit der Ionen bestimmt [211]. Ein Maß für die Säurebeständigkeit der Gläser ist gegeben durch eine Einteilung in drei Klassen nach TGL 14804 bzw. DIN 12116. Zur Bestimmung der Säurebeständigkeit wird ein Glas, dessen Oberflächenabmessung festgelegt ist, mit Salzsäure bestimmter Konzentration über eine definierte Zeitspanne gekocht und der entstandene Gewichtsverlust am Glas, bezogen auf die Flächeneinheit, bestimmt.

Gläser der Klasse 1 (säurefest) haben einen Gewichtsverlust von 0—0,7 mg/dm², Gläser der Klasse 2 (schwach säurelöslich) einen solchen von 0,7—1,5 mg/dm² und bei Gläsern der Klasse 3 (mäßig bis stark säurelöslich) ist der Gewichtsverlust größer als 1,5 mg/dm².

2. Das Verhalten der Gläser gegenüber wäßrigen alkalischen Lösungen:

Hierbei erfolgt eine Zerstörung der Glassubstanz, die bedingt wird durch chemische Reaktionen zwischen den Netzwerkbildnern des Glases und den OH^--Ionen der Lösung. Der Lösungsprozeß verstärkt sich mit zunehmendem pH-Wert der Lösung, mit steigender Reaktionstemperatur und mit der Reaktionszeit [212]. Die Laugenbeständigkeit der Gläser ist durch eine Einteilung in Laugenklassen nach TGL 14803 bzw. DIN 53322 festgelegt. Zur Bestimmung dient der Lösungseffekt, der durch eine alkalische Lösung definierter Zusammensetzung bei Siedetemperatur an einem Glaskörper mit vorgegebener Oberfläche erzielt wird.

Danach ergibt sich für die

Laugenklasse 1 (schwach laugenlöslich) ein Gewichtsverlust von 0–75 mg/dm²,
für die Laugenklasse 2 (mäßig laugenlöslich) ein Gewichtsverlust von 75–150 mg/dm² und
für die Laugenklasse 3 (stark laugenlöslich) ein Gewichtsverlust von > 150 mg/dm².

3. Das Verhalten der Gläser gegenüber Wasser:

Die im Kontakt mit Wasser ablaufenden Reaktionen bestehen zunächst aus einem Ionenaustausch der Alkaliionen des Glases gegen H^+-Ionen des umgebenden Wassers. Anders ausgedrückt, erfolgt im Bereich der Glasoberflächen eine Hydrolyse der Alkalisilicate, wobei diese in Alkalihydroxid und Kieselsäuregele aufgespalten werden. Mit zunehmendem Anstieg der OH^--Ionenkonzentration im Wasser erfolgt dann ein alkalischer Angriff auf das Glas. Die Wasserbeständigkeit der Gläser ist als Prüfmethode festgelegt in TGL 14809 bzw. DIN 12111. Hiernach ist eine Einteilung der Gläser in 5 verschiedene hydrolytische Klassen möglich. Die Prüfung wird an Glasgrieß bestimmter Körnung und bestimmter Menge durch Kochen in einem bestimmten Wasservolumen über eine festgelegte Zeit vorgenommen. In der hierbei erhaltenen wäßrigen Lösung wird durch Titration die Alkalimenge bestimmt, die vom Glas abgegeben wurde.

Danach ergeben sich für die verschiedenen hydrolytischen Klassen folgende Werte:

Klasse 1 = bis 1,0 µval/g (Basenabgabe als Äquivalentwert)
Klasse 2 = 1,0 bis 2,0 µval/g
Klasse 3 = 2,0 bis 8,5 µval/g
Klasse 4 = 8,5 bis 20,0 µval/g
Klasse 5 = 20,0 bis 35,0 µval/g.

Wie durch die relativ große Streubreite der chemischen Beständigkeitswerte der verschiedenen Beständigkeitsklassen ausgewiesen wird, besitzen die Gebrauchsgläser praktisch sehr unterschiedliche chemische Eigenschaften, die im wesentlichen durch die chemische Zusammensetzung der Gläser selber bestimmt werden.

Die beste chemische Beständigkeit weist das SiO_2-Glas auf, daß von Säuren, abgesehen von HF, nicht angegriffen wird, ebenso wie von Wasser, in welchem es nur bei Temperaturen über 100 °C merklich löslich ist. SiO_2-Glas wird naturgemäß von alkalischen Lösungen chemisch angegriffen. Eine Schwächung des Glasnetzwerkes durch Einbau von Alkaliionen bedingt, in der Reihenfolge vom Lithium zum Kalium ansteigend, eine Verschlechterung der Säure-Laugen- und Wasserbeständigkeit der entsprechenden Gläser. Auf der anderen Seite wird durch den Einbau von mehrwertigen Ionen, wie Mg^{++}, Ca^{++}, Al^{3+}, B^{3+}, Ti^{4+} usw. eine Verfestigung des Glasnetzwerkes erreicht, was auch zu einer Verbesserung der chemischen Beständigkeitswerte Anlaß gibt. Eine besondere Stabilisierung des Glases gegenüber dem Angriff alkalischer Lösungen wird durch Einbau von ZrO_2 in Mengen bis zu 15 Gew.-% erreicht, aber auch bereits ein kleinerer ZrO_2-Anteil bewirkt eine Verminderung des alkalischen Angriffes.

Von Gläsern, die im chemischen Geräte- und Apparatebau Einsatz finden, muß generell eine gute chemische Beständigkeit gefordert werden, die möglicherweise in allen chemischen Beständigkeitsgruppen der Klasse 1 entsprechen sollte. Eine solche generelle Forderung ist jedoch außerordentlich schwer zu erfüllen, da im allgemeinen Gläser mit guter Säure- und Wasserbeständigkeit eine weniger gute Alkalibeständigkeit aufweisen. Gläser vom Pyrex- und solche vom G 20-Typ besitzen z. B. eine Laugenbeständigkeit, die am Anfang der Klasse 2 bzw. am Ende der Klasse 1 liegt, bei sonst sehr guten Werten der anderen Beständigkeitsgruppen. Auf der anderen Seite weisen Gläser der Laugenklasse 1 weniger gute Säure- und Wasserbeständigkeitswerte auf.

Die chemische Beständigkeit mit Ausnahme der Laugenbeständigkeit verbessert sich während des Gebrauches der Gläser, indem die leicht zugänglichen Alkaliionen in den äußeren Glasschichten bald herausgelöst sind und die Alkaliionen aus tieferen Schichten einen längeren Diffusionsweg haben. Ein gleicher Effekt wird auch durch den sog. Hüttenrauch erzielt, der sich in der SO_2-haltigen Atmosphäre der gasbeheizten Kühlöfen der Glashütten auf den Glasoberflächen bildet. Hüttenrauch besteht aus Alkalisulfat. Das erforderliche Alkali wird der Glasoberfläche entzogen, die dadurch chemisch stabiler wird.

Die Korrosion der Gläser durch Einwirkung unterschiedlichster wäßriger Lösungen, kann durch Anwesenheit bestimmter Salze gefördert oder gehemmt werden, Einzelheiten hierzu siehe [213].

Eine bibliografische Zusammenstellung von etwa 250 Veröffentlichungen über die Korrosion von Glasoberflächen wurde von Beattie [224] gegeben.

Für spezielle Anwendungszwecke ist es möglich, Glaseigenschaften zu erzielen, die hinsichtlich der chemischen Beständigkeit von der allgemeinen Norm relativ stark abweichen können. So enthalten z. B. HF-resistente Gläser nur solche Netzwerkbildner, die nicht wie das SiO_2 mit HF chemisch reagieren. Flußsäurebeständige Gläser stellen hoch Al_2O_3-haltige Blei-Zink-Phosphatgläser dar

Gläser für die Herstellung von Natriumdampflampen dürfen nur solche Komponenten enthalten, die auch bei hohen Temperaturen nicht reduziert werden, was z. B. für Erdalkali-Boraluminatgläser zutrifft.

Weiterhin bestehen Möglichkeiten zur Verbesserung der chemischen Beständigkeit der Gebrauchsgläser durch Bedampfen oder Beschichten der Oberflächen z. B. mit TiO_2, SiO_2, SnO_2, organischen Siliciumverbindungen etc., die eine Schutzschicht bilden.

4.2. *Die Eigenschaftsänderung des Glases durch Beeinflussung der Glasoberfläche*

Die Oberfläche eines Glases ist im Vergleich mit anderen Werkstoffoberflächen besonders empfindlich gegenüber der Einwirkung physikalischer oder chemischer Einflüsse, durch die eine recht ausgeprägte Veränderung des Gebrauchswertes oder der Gebrauchseigenschaften hervorgerufen werden kann. Insbesondere sind es die mechanischen Eigenschaften des Glases, die von der Oberfläche her beeinflußt werden können. Risse und Kratzer führen zur Ausbildung von Sprüngen, die bei einer geringfügigen Belastung des Glases mit großer Geschwindigkeit in die Tiefe des Glaskörpers weiter vordringen und schließlich zum völligen Bruch Anlaß geben. Bereits im 17. und 18. Jh. wurde ein interessantes Phänomen beschrieben, daß in einer ganz ungewöhnlichen Erhöhung der mechanischen Festigkeit eines Glases zu sehen ist und in Erscheinung tritt, wenn ein Glastropfen aus dem Schmelzfluß heraus, plötzlich in Wasser abgeschreckt wird. Solche Glaskörper als „Bologneser"-Tränen, als „Bataver"-Tränen usw. bezeichnet, besitzen Tropfenform und laufen in eine dünne Spitze aus. Diese außerordentlich mechanisch resistenten Glaskörper zerfallen allerdings fast explosionsartig zu einem feinem Glaspulver beim Abbrechen der Spitze! Die Glastränen stellen eine Vorwegnahme des Prinzips der thermisch verspannten Sicherheitsgläser dar.

Wie bereits in Abschnitt 4.1.2.4. dargelegt, bestehen zwischen den theoretischen und praktischen Festigkeitswerten des Glases ganz erhebliche Differenzen, die nicht nur durch bindungschemische Faktoren, sondern in dominierendem Maße durch energetische Wechselwirkungen zwischen submikroskopischen Ordnungsbereichen bestimmt werden. Die von Griffith [189] hierzu entwickelten Vorstellungen führten zu einer Theorie der Mikrofehlstellen, die heute sowohl theoretisch als auch experimentell fundiert ist.

Griffith nahm an, daß im Glas Risse in der Größenordnung von 5—75 μm (auch im Inneren des Glases) vorhanden sind. Im Bereich der Oberflächen besitzen diese „Griffith-Cracks" die Form eines Halbellipsoides und beeinflussen die Festigkeit der Gläser stärker als solche im Inneren. (Der Bruch eines Glases erfolgt ja auch immer von der Oberfläche her, niemals aus dem Glasinneren heraus.) Die Existenz derartiger Kerbstellen wurde in der Folgezeit mit Hilfe verschiedener Verfahren nachgewiesen (elektronenoptisch durch Oberflächenversilberung, durch selektive Ätzung usw.). Zum Beispiel für ein Spiegelglas wurden derartige Kerbstellen in der Größenordnung von 10^4 Kerbstellen je cm^2 ermittelt. Die Vorstellungen über die Entstehung dieser Sprünge sind allerdings auch heute noch weitaus spekulativer Natur. Griffith [214] stellte fest, daß Glasfäden unterschiedlicher Stärke sich hinsichtlich ihres Festigkeitsverhaltens wesentlich voneinander unterscheiden, so daß z. B. bei Reduzierung der Dicke eines Glasfadens von 1 mm auf 0,003 mm Durchmesser die Festigkeit von 17 auf 340 kp/mm^2 ansteigt. Diese hohen Werte der Biegebruchfestigkeit sinken allerdings rapide auf Werte von wenigen kp/mm^2, wenn die Fasern ihren juvenilen Charakter durch einfaches Berühren mit der Hand verlieren. Ob sich hierbei erst die Mikrorisse ausbilden oder ob sie durch eine solche Berührung erst in ein wirksames Stadium eintreten, ist eine offene Frage und ebensowenig beantwortbar wie die Frage, warum im juvenilen Zustand des Glases nur höchstens Festigkeitswerte erreichbar sind, die generell um eine Zehnerpotenz niedriger liegen als die theoretischen Festigkeitswerte. Diese Diskrepanzen wurden vielfach untersucht, eine befriedigende Erklärung dieser Erscheinung steht aber immer noch aus.

Die Festigkeitswerte eines juvenilen Glases vermindern sich aber auch durch Lagern an feuchter Luft oder durch eine Wärmebehandlung. Sie sind niedriger, wenn das Glas bei Temperaturen verarbeitet wird, die an der unteren Bearbeitbarkeitsgrenze liegen, und sie erhöhen sich, wenn

z. B. eine Einwirkung von Wasserdampf bei Temperaturen > 500 °C erfolgt. Diese Erscheinungen lassen sich dadurch erklären, daß durch chemische oder mechanische Alterung entstandene Kerbstellen sich in ihrer Wirksamkeit verändern, sei es, daß sie sich vergrößern oder aber daß sie zum Teil „ausheilen“. Auf solche Alterungserscheinungen weist die Tatsache hin, daß ein frisch mit einem Diamanten geritztes Glas viel leichter bricht, als wenn es nach dem Anritzen noch eine längere Zeit liegt.

Maßnahmen zur Verbesserung der Biegebruchfestigkeit des Glases lassen sich aus den GRIFFITHschen Vorstellungen und unter Berücksichtigung dessen, daß inhomogene Gläser [215] und solche, die Entmischungserscheinungen [216] aufweisen für einen Verfestigungsprozeß wenig geeignet sind, ableiten. Alle zur Erhöhung der Festigkeit wirksam werdenden Maßnahmen müssen darauf gerichtet sein, die in der Oberflächenregion des Glases vorhandenen GRIFFITHschen Risse zu entfernen oder anderweitig unwirksam zu machen oder aber von vornherein zu vermeiden, daß sie sich ausbilden können und wirksam werden. Danach ergeben sich folgende Möglichkeiten zur Verfestigung von Gläsern:

1. Eine Verbesserung der Oberflächenqualität des Glases z. B. durch Abätzen der Glasoberfläche mit einem Gemisch aus Fluorwasserstoffsäure und Schwefelsäure (Poliersäure) führt bei zunehmender Oberflächenabtragung (20—300 μm) zu einer Festigkeitssteigerung bis zu Werten von 350 und 450 kp/mm².

Die durch eine Feuerpolitur — durch Verschmelzen der Glasoberfläche — erzielbare Festigkeitssteigerung ist im Vergleich mit der Säurepolitur relativ gering (max. 20 kp/mm²). Die sowohl durch Ätzprozesse als auch durch Feuerpolitur erzielten Festigkeitswerte werden beim praktischen Gebrauch des Glases allerdings sehr schnell wieder abgebaut, sodaß bereits nach kurzer Gebrauchsdauer wieder die ursprünglichen minimalen Festigkeitswerte (5—10 kp/mm²) erreicht werden. Es muß demnach ein weiteres Ziel sein, zu versuchen, die einmal erreichten rel.

hohen Festigkeitswerte zu konservieren, was z. B. durch Aufbringung verschiedenartiger Schutzschichten bisher mit allerdings mehr oder weniger gutem Erfolg versucht wurde. Solche Schutzschichten können z. B. aus hydrolytisch oder pyrolytisch auf die Glasoberfläche aufgebrachtem SiO_2, TiO_2, SnO_2 usw. oder auch aus Si-organischen Verbindungen unterschiedlicher Zusammensetzung bestehen. Die hierdurch erreichbaren Effekte sind gering, entsprechende Verfahren werden aber in der Praxis genutzt.

2. Die thermische Härtung, die durch Abschrecken eines Glases von Temperaturen oberhalb des Transformationsbereiches z. B. durch eine Luftdusche oder durch Eintauchen in flüssige Medien (Salz- oder Metallschmelzen etc.) erfolgen kann, führt zur Ausbildung von Druckspannungen in der Glasoberfläche, durch welche vorhandene GRIFFITH-Risse unwirksam gemacht werden. Ein Bruchvorgang kann unter diesen Bedingungen erst dann ablaufen, wenn die von außen wirksam werdenden Kräfte die bestehende Kompression überwinden. Da die Spannungen im allgemeinen nicht homogen über die Glasoberfläche verteilt sind, wird eine solche verspannte Glasscheibe an ihrer schwächsten Stelle zerbrechen. Der durch thermische Härtung erzielbare Verfestigungsfaktor beträgt z. B. für Lufthärtung das 3—4fache des ursprünglichen Wertes, also etwa 20 kp/mm². Durch Abschrecken des heißen Glases in geeigneten Flüssigkeitsbädern sind maximale Festigkeitswerte von etwa 50 kp/mm² erreichbar. Praktische Anwendung findet dieses Verfahren im großen Umfange z. B. bei der Herstellung von Autoscheiben. Thermisch gehärtete Backschüsseln weisen neben der höheren mechanischen Festigkeit auch gleichzeitig eine höhere thermische Wechselbeständigkeit auf. Charakteristisch für thermisch gehärtete Gläser ist der beim Bruchgeschehen im allgmeinen entstehende Krümelbruch, wodurch Verletzungen durch Splitterwirkung vermieden werden (Sicherheitsglas in Kraftfahrzeugen). Es sei darauf hingewiesen, daß thermisch gehärtetes

Glas nicht mehr mit einem Schneidwerkzeug (Schneiddiamant oder Diamantsäge usw.) bearbeitet werden kann!

3. Mit der Wirkungsweise der thermischen Verfahren vergleichbar, sind solche Verfahren, bei denen ein Glas höherer Ausdehnung mit einem solchen niederer Ausdehnung überfangen wird. Auf Grund der Ausdehnungsdifferenzen treten im Grenzbereich beider Gläser starke Verspannungen auf, die die Festigkeit des Glases erhöhen. Verfahren, die nach diesem Prinzip arbeiten, finden in der Praxis Anwendung, z. B. durch Emaillieren von Gläsern oder durch Herstellung von Mehrschichtgläsern (aus fünf und mehr Glasschichten unterschiedlicher Ausdehnung) die vollautomatisch gezogen werden können und z. B. nach dem Ribbon-Blasverfahren (s. S. 263) zu Hohlkörpern hoher mechanischer Festigkeit verarbeitbar sind (Corelle-Ware, Corning USA).

4. Eine besondere Bedeutung kommt den chemischen Verfestigungsverfahren zu, bei denen die Austauschbarkeit von Alkaliionen unterschiedlicher Ionengröße zur Erzeugung mechanischer Spannungen im Glas genutzt wird. Der Ionenaustausch bedingt eine chemische Veränderung des Glases im Oberflächenbereich, die zwangsläufig auch mit einer Eigenschaftsänderung des Glases — nicht immer im positiven Sinne — verbunden ist. Ein solcher Ionenaustauschprozeß findet z. B. bereits bei der Bildung des Hüttenrauches (s. S. 196) im Oberflächenbereich des Glases statt, wobei Na^+-Ionen gegen H^+-Ionen ausgetauscht werden. Der hierdurch erzielbare Festigkeitszuwachs ist allerdings relativ gering [217].

Wesentlich wirksamer ist der Ionenaustausch, der in geeigneten Salzschmelzen bei unterschiedlichen Temperaturen mit mehr oder weniger großer Geschwindigkeit vorgenommen werden kann, wofür sich folgende grundsätzliche Möglichkeiten ergeben:

a) Austausch von Na^+-Ionen im Glas gegen Li^+-Ionen einer Salzschmelze oberhalb des Tg-Bereiches des Glases (die Behandlungsdauer beträgt nur wenige Minuten).

Das sich bildende Oberflächenglas weist eine niedrigere Ausdehnung auf als das Kernglas. Der hierdurch erreichbare Verfestigungseffekt ist jedoch rel. gering (12—16 kp/mm²). Da die erreichbaren Ausdehnungsunterschiede auch nur klein sind.

b) Ionenaustausch wie unter *a*), jedoch an einem solchen Ausgangsglas, das durch die eindiffundierten Ionen zur Oberflächenkristallisation befähigt wird, indem sich z. B. durch eindiffundierende Li^+-Ionen Eukryptit ($Li_2O \cdot Al_2O_3 \cdot 2SiO_2$) oder Spodumen ($L_2O \cdot Al_2O_3 \cdot 4SiO_2$) bilden kann. Beide Kristallarten verleihen den sich oberflächlich bildenden Vitrokeramen (s. S. 211) extrem niedrige Ausdehnungswerte. Die hierdurch erreichbaren Verspannungsgrade sind sehr groß, und die entsprechenden Gläser können Biegebruchfestigkeitswerte bis zu 100 kp/mm² aufweisen.

c) Weitere Möglichkeiten zur Erzeugung von Spannungen im Oberflächenbereich von Gläsern sind im sog. „Ion-stuffing"-Prozeß zu sehen, bei dem größere Ionen einer Salzschmelze, wie z. B. K^+-Ionen gegen kleinere Na^+-Ionen des Glases ausgetauscht werden (auch Na^+ gegen Li^+ ist möglich). Der Austausch erfolgt bei Temperaturen unterhalb des Tg-Bereiches der Gläser, bei dem das SiO_4-Tetraederskelett des Glases noch völlig starr ist und dem größeren Platzbedarf z. B. der K^+-Ionen nicht nachgibt. Die hierdurch entstehende größere Packungsdichte führt zu erheblichen Druckspannungen. Maximal sind hierdurch bei technisch interessanten Gläsern Festigkeitswerte von etwa 100 kp/mm² erreichbar. Dieser „Ion-stuffing"-Prozeß erfordert für die Ionendiffusion einen erheblichen Zeitaufwand (mehrere Stunden), zumal die zu erreichende Verspannungszone eine Tiefe von mindest 25 μm betragen sollte. Verfestigungswerte von etwa 80 kp/mm² (etwa 10fache Verfestigung) können in der Praxis erreicht werden, wobei die Ionenaustauschgeschwindigkeiten, z. B. durch Bewegung der Salzbäder, erhöht werden können und Spezialgläser, die eine besonders hohe Austauschgeschwindigkeit aufweisen

(Gläser mit hohem Al_2O_3-Gehalt), Verwendung finden. Beim Ionenaustauschprozeß spielen durch unterschiedliche Ionenwanderungsgeschwindigkeiten und durch das hohe Konzentrationsgefälle im Grenzflächenbereich Glas—Salz-Schmelze hervorgerufene elektrische Felder, die sich als Diffusionspotentiale äußern, eine wesentliche Rolle.

Die Salzbäder — zumeist kommen wegen der niedrigen Schmelztemperaturen Kaliumnitratschmelzen in Betracht — sind infolge der zunehmenden Anreicherung an auszutauschenden Ionen nur in begrenztem Umfange verwendbar. Der anionische Teil des Salzes ist für den Austauschprozeß der Kationen praktisch ohne Bedeutung. Ein Erhitzen der chemisch verfestigten Gläser, vor allem über den *Tg*-Bereich des Glases hinaus, führt zu einem Ausgleich der Spannungen und damit zur Reduzierung der Festigkeit auf die Ausgangswerte.

Die chemischen Verfahren der Verfestigung sind auf breiter Ebene international durch Patente geschützt. Die ersten Patente auf diesem Gebiet wurden von den Corning Glaswerken USA genommen [225]. Von hier stammt auch die inzwischen allgemein übliche Bezeichnung „Chemcor-Verfahren" für Prozesse der Glasverfestigung durch einen Ionenaustausch. In der Praxis werden vor allem dünne Flachgläser, Brillengläser, Haushaltsgläser, bestimmte Glaserzeugnisse für den Gebrauch in Laboratorien usw. verfestigt. Wesentliche Unterschiede zwischen den thermisch und chemisch verfestigten Gläsern sind in der Art der Ausbildung der Spannungsprofile in Glasscherben zu sehen, was auch auf die erreichbaren Festigkeitsunterschiede Einfluß hat. Während es bei Gläsern, die nach dem Ionenaustauschverfahren gehärtet wurden, eine scharfe Grenze für die Umkehr von Druckspannung in der äußeren Schicht in Zugspannungen zum Kern des Glases hin gibt, erfolgt dieser Übergang beim thermisch gehärteten Glas über ein relativ breites Gebiet in das Innere des Glases [219]. Die chemisch erzeugten Verspannungen sind sehr gleichmäßig, eine nachträgliche mechanische Bearbeitung dieser Gläser ist im allgemeinen möglich, im Gegensatz zum thermisch gehärteten Glas. Die Entwicklung auf dem Gebiet der Verfestigung von Gläsern ist noch nicht abgeschlossen. Arbeiten werden im internationalen Rahmen durchgeführt mit einem Trend

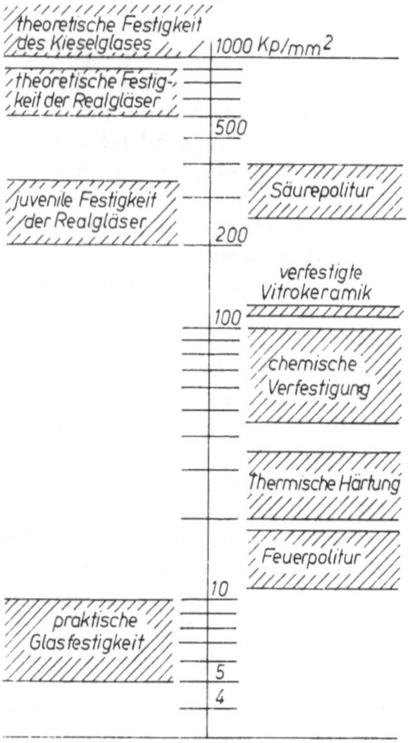

Abb. 50. Schematische Gegenüberstellung von Werten der Glasfestigkeit (entnommen [220]).

zur Verbesserung der Ökonomie der Verfahren bei einer optimalen Festigkeitsausbeute, wobei Kombinationen der verschiedensten Verfahren zur Anwendung kommen.

In Abb. 50 ist eine schematische Gegenüberstellung der unterschiedlichen Werte der Biegebruchfestigkeit von

Gläsern in Abhängigkeit von den verschiedenen Möglichkeiten der Glasverfestigung gegeben.

Zusammenfassende Literatur zur Glasverfestigung ist zu finden in [220, 221, 222, 223].

4.3. Eigenschaftsänderungen des Glases durch Entmischungseffekte

Die an den verschiedenartigsten Gläsern nachgewiesenen Entmischungseffekte, die mit der Ausbildung mehrerer flüssiger (glasiger) Phasen und der Existenz von Phasengrenzen verbunden sind, wurden im Hinblick auf die physikalisch-chemischen Entmischungsmechanismen und die stoffbedingten strukturellen Gegebenheiten bereits in Abschnitt 2.4. behandelt.

Entmischungserscheinungen können einerseits unbeabsichtigt bei Gläsern Trübungs- oder Opaleszenzerscheinungen hervorrufen bzw. Eigenschaftsminderungen hinsichtlich der chemischen Beständigkeit bedingen. Sie können aber auch andererseits gewollt nutzbringend Anwendung finden, z. B. zur Herstellung von Trübgläsern, wobei die Intensität der Trübung gesteuert werden kann. Ostwald [226] zeigte, daß die Intensität und Art der Trübung abhängig ist von der Teilchengröße, im hier interessierenden Fall von der Größe der Entmischungsbereiche. Liegt die Teilchengröße beträchtlich unterhalb der eingestrahlten Lichtwellenlänge, so zeigen die entsprechenden Gläser nur eine schwache Opaleszenz, allerdings verbunden mit einer Doppelfärbung (im durchfallenden Licht gelb bis rot und in der Aufsicht blau bis violett). Mit zunehmender Tröpfchengröße kommt es zu einer stärker werdenden Beugungstrübung, die auch als „Diffusion" bezeichnet wird und ihr Maximum erreicht, wenn die Tröpfchengröße im Glas etwa der der eingestrahlten Lichtwellenlängen entspricht. Wachsen die Entmischungsbezirke über die Dimension der Lichtwellenlängen hinaus, dann treten die Lichtbeugungserscheinungen zurück, und Reflexions- und Beugungstrübungen werden zunehmend wirksam, was aber auch von der Größe der Lichtbrechungsunterschiede zwischen der dispersen Phase und dem Dispersionsmittel (Glaströpfchen und umgebende Glasmatrix) beeinflußt wird.

Ein praktisches Beispiel für eine Eigenschaftsbeeinflussung, die durch eine, für das Auge selber nicht sichtbare Entmischung hervorgerufen wird, bietet eine Reihe optischer Gläser, die eine temperaturabhängige Rotbraunfärbung zeigen, ohne daß irgendwelche farbgebenden Komponenten im Glas nachgewiesen werden konnten. Diese Gläser weisen eine Entmischung auf, bei der die Tröpfchengröße weit unterhalb der Lichtwellenlänge liegt und die Färbung somit auf Beugungseffekte zurückzuführen ist [51]. Entmischungserscheinungen sind aber auch als Vorstadien der Kristallisation zu werten, was besonders demonstrativ von Vogel [228] an Fluorsilicatgläsern gezeigt werden konnte und was sinngemäß auch auf eine Reihe anderer Glassysteme übertragbar ist. Ein besonderes Problem der Phasentrennung, speziell bei Borosilicatgläsern, ist die mit der Entmischung einhergehende Veränderung der chemischen Beständigkeit der entsprechenden Gläser, indem sich die borsäurereichen Phasen relativ leicht in wässrigen Medien lösen und die SiO_2-reiche Phase als Skelett zurückbleibt oder als Kieselsäuregel fortgeschwemmt wird. Besonders negativ kann sich diese Erscheinung bei den Gläsern vom Pyrex-Typ bemerkbar machen, die sich normalerweise gerade durch eine gute chemische Beständigkeit auszeichnen. Untersuchungen ergaben [229], daß sich die chemische Resistenz dieser Gläser mit der Zeit und Höhe der Wärmebehandlung beim Kühlprozeß ändert und das es eine Frage der Sorgfalt ist, mit der die Glasgemenge bereitet werden, um zu vermeiden, daß Zusammensetzungsverschiebungen zustande kommen, die so geartet sind, daß die Entmischungsneigung der Gläser nicht mehr ausreichend unterdrückt wird. In einem solchen Falle entstehen weitreichende

Produktionsstörungen und die erzeugten Gläser sind ihrem Zweck entsprechend unbrauchbar!

Wie bereits erwähnt, findet die Entmischung von Borosilicatgläsern des Dreistoffsystems $SiO_2-B_2O_3-Na_2O$ aber auch eine interessante praktische Nutzung, indem gerade die Trennung in eine lösliche B_2O_3-reiche und in eine SiO_2-reiche unlösliche Phase in höchster Perfektion realisiert wird, mit dem Ziel, durch eine Extraktion der löslichen Phase zu Glaserzeugnissen mit einem SiO_2-Gehalt von mindest 96% zu gelangen. Das genannte Verfahren, als Vycor-Verfahren 1934 von M. E. NORDBERG und H. P. HOOD zum Patent angemeldet [230], führte zu einer intensiven wissenschaftlichen Beschäftigung mit diesem bis dahin einmaligen Phänomen, und bis zum heutigen Zeitpunkt finden sich immer neue Anwendungs- und Einsatzmöglichkeiten, besonders der bei diesem Prozeß entstehenden porösen Zwischenstufe. Die Zahl der auf diesem Gebiet existierenden Patentschriften ist ungewöhnlich groß und noch heute, 40 Jahre nach der Erstanmeldung, werden neue Patente für dieses Gebiet auch auf internationaler Ebene beansprucht.

Im Dreistoffsystem $SiO_2-B_2O_3-Na_2O$ gibt es ein relativ großes Zusammensetzungsgebiet (s. auch S. 111), in welchem die Gläser bei einer Wärmebehandlung die bereits genannte Phasentrennung zeigen (Abb. 24). Innerhalb dieses Gebietes existiert aber nur ein sehr schmaler Zusammensetzungsstreifen, auf dem diejenigen Gläser liegen, die dem Vycor-Prozeß in allen seinen Stufen zugänglich sind. Nach Angaben von NORDBERG und HOOD [230] sind für das Ausgangsglas ein SiO_2-Gehalt von 55 bis 70 Gew.-% und ein Na_2O-Gehalt von $(10{,}5 \cdot 0{,}1\,x)$ Gew.-% notwendig ($x = SiO_2$-Gehalt in Gew.-% oberhalb 55 Gew.-% SiO_2). Der jeweilige B_2O_3-Gehalt ergibt sich aus der Differenz zu 100%. Das Na_2O kann auch durch K_2O oder Li_2O ganz oder teilweise ersetzt werden, wofür dann allerdings andere Konzentrationswerte als für Na_2O gelten. Auch ist ein Einbau von Al_2O_3 in das Ausgangsglas in geringen Konzentrationen möglich, was dann zu einer Verbesserung der Eigenschaften des Endproduktes führt. Gläser dieser Zusammensetzung liegen im Bereich der *sog.* spinodalen Entmischung (s. S. 97) und weisen demzufolge ein spontanes Entmischungs-

Abb. 51. Elektronenoptische Aufnahme (Direktdurchstrahlung) eines porösen Vycor-Glases.
In den Hohlräumen des schwammartigen Kieselsäureskelettes ist amorphe Kieselsäure abgeschieden.

verhalten auf, gleichgültig, wie schnell die Abkühlung aus dem Schmelzfluß heraus auch erfolgt. Aus diesen Gläsern läßt sich ohne eine zusätzliche Wärmebehandlung in einem heißen Mineralsäurebad bereits in diesem Zustand die lösliche B_2O_3-reiche Phase extrahieren, wobei allerdings das Glas in feine schuppenartige Plättchen zerfällt. Die im Glas nach einer relativ schnellen Abkühlung vorhandenen Mikroentmischungsbereiche müssen erst durch einen Temperprozeß bis zu einem von der jeweiligen Zusammensetzung des Glases bestimmten, optimalen Wert vergrößert werden. Glasgegenstände (Hohlkörper, Rohre, Platten usw.), die durch eine in Temperaturhöhe und Zeitdauer der Wärmeeinwirkung genau definierte Entmischung erfahren haben, lassen sich ohne Zerstörung vollständig in einer geeigneten Säurelösung (z. B. 3 n H_2SO_4 bei 90°C) extrahieren, wobei der Extraktionsprozeß selber visuell beobachtbar ist. Bei Abweichungen der Wärmebehandlung und bei Abweichungen der Glaszusammensetzungen von vorgegebenen Werten, treten während des Extraktionsprozesses im Glas Spannungen auf, die auf eine Volumenminderung oder -vergrößerung der extrahierten porösen Schicht zurückzuführen sind und zur Zerstörung des Glases führen können. Der Extraktionsprozeß verläuft im allgemeinen mit einer Geschwindigkeit von 0,8—1,5 mm/h und ist ein außerordentlich komplexes Geschehen, bei dem nicht nur die lösliche B_2O_3 und Na_2O enthaltende Glasphase als Entmischungsprodukt aus dem Strukturverband herausgelöst wird, sondern bei dem auch im Phasengrenzbereich Reaktionen ablaufen, die zur Ausbildung chemisch aktiver, hochmolekularer Kieselsäureschichten und Gele führen. Diese verbleiben zum großen Teil in dem entstehenden hoch SiO_2-haltigen Glasskelett und verstopfen gewissermaßen die entstandenen Poren (Abb. 51).

Das nach der Extraktion verbleibende SiO_2-Glasskelett besitzt, entsprechend der für eine spinodale Entmischung typischen Entmischungsform (dreidimensional miteinander verbundene Entmischungsbezirke), eine schwammartige Struktur, wobei die Dimension der entstehenden Hohlräume oder Poren in der Größenordnung von etwa 20—50 Å liegen kann.

Das im porösen Glas enthaltene Hohlraumvolumen kann sehr unterschiedliche Werte besitzen, je nachdem welche Zusammensetzung das Ausgangsglas hatte. So sind z. B.

Hohlraumvolumen in der Größenordnung zwischen 25 und 40 Vol.-% durchaus möglich. Daraus ergeben sich auch relativ unterschiedliche Werte für die spezifische Oberfläche der porösen Gläser, die darüberhinaus in Abhängigkeit von der Wärmebehandlung veränderbar ist und sich in der Größenordnung zwischen 100 und 300 m^2/g bewegen kann. Die porösen Gläser besitzen großes technisches Interesse als selektives Adsorbens, z. B. in der Chromatografie, als Trägerstoffe für Katalysatoren, und finden Verwendung zur Herstellung von Membranen mit unterschiedlicher Durchlaßgeschwindigkeit, z. B. für unterschiedliche Gase. Die porösen Gläser stellen aber als solche nur eine Zwischenstufe im Vycor-Prozeß dar. Nach einem eingehenden Wasch- und Trockenprozeß können sie durch vorsichtiges Erwärmen auf Temperaturen von etwa 1100 °C zu einem homogenen, porenfreien Glas (dem eigentlichen Vycor-Glas) mit einem SiO_2-Gehalt von etwa 96% verdichtet werden, obgleich die Erweichungstemperatur eines solchen Glases bei wesentlich höheren Werten liegt. Der Sinterprozeß beginnt bereits bei 850 bis 900 °C. Diese ungewöhnlich niedrige Sintertemperatur ist auf die strukturellen Besonderheiten des mikroporösen Skelettes zurückzuführen. Der Sinterprozeß ist zwangsläufig verbunden mit einer Volumenkontraktion, die gleichmäßig den gesamten porösen Glasgegenstand erfaßt, sodaß z. B. Rohre oder Hohlkörper hinsichtlich ihrer Form erhalten bleiben und lediglich eine Verkleinerung der Abmessungen erfolgt.

Vycor-Gläser werden mit unterschiedlichen Eigenschaften bezüglich ihrer UV- und UR-Durchlässigkeit angeboten und finden demzufolge für unterschiedliche Zwecke Verwendung. Haupteinsatzgebiete dieser Gläser sind die Herstellung von Halogenlampen sowie von einfachen Laborgeräten, wie Bechergläsern, Schalen etc.

Zusammensetzung der Vycor-Gläser:

95–98 Gew.-% SiO_2, 0,3–0,6 Gew.-% Na_2O, 2,5–3,5 Gew.-% B_2O_3 und $< 0,5$ Gew.-% Al_2O_3.

Eigenschaften des Vycorglases:

lineare Wärmedehnung $\alpha = 7-8 \cdot 10^{-7}$ grd^{-1}
maximale thermische Belastbarkeit etwa 1100 °C
thermische Dauerbelastung 800–900 °C
Dichte 2,18 g/cm^3
chemische Beständigkeit (Säure-, Lauge- und Wasserbeständigkeit) = Klasse 1
Knoop-Härte KHN_{100} 463–487 (Kieselglas = 489)
Unterer Kühlpunkt (Strain-Punkt) 820–890 °C
oberer Kühlpunkt (Annealing-Punkt) 910–1020 °C
Erweichungspunkt (Softening-Punkt) 1500–1530 °C

Der besondere Vorteil des Vycor-Verfahrens besteht darin, daß die Überführung in den hoch SiO_2-haltigen Zustand erst nach der eigentlichen Formgebung des leicht erschmelz- und verformbaren Borosilicatglases erfolgt. Die praktische Nutzanwendung dieses außerordentlich interessanten Verfahrens ist trotz der Tatsache, daß die Grundsatzpatente heute längst abgelaufen sind, auf den Ursprungsbetrieb Corning USA beschränkt geblieben. Die Gründe hierfür liegen nicht zuletzt in der außerordentlichen Kompliziertheit der verschiedenen Verfahrensschritte. Nähere Einzelheiten über das Verfahren selber und die wissenschaftliche Untermauerung der einzelnen Prozeßstufen finden sich in [48, 231, 232, 233 u. 234].

4.4. *Eigenschaftsänderungen der Gläser durch gesteuerte Kristallisation*

Kristalle im Glas zählen zu den am häufigsten in Erscheinung tretenden Glasfehlerarten! Sie können als Kristallrelikte aus einem nicht völlig aufgeschmolzenen Gemenge stammen oder aber sekundäre Kristallneubildungen sein. In beiden Fällen sind sie unerwünscht; von ihnen gehen häufig feine Sprünge aus, da sie sich meist hinsichtlich ihrer Wärmedehnung anders verhalten als das Glas selber, oder aber sie beeinträchtigen die Durchsichtigkeit des Glases.

Nicht immer sind jedoch Entglasungserscheinungen unerwünscht, in einer Reihe von Fällen stellen sie jedoch gewollt erzielte Effekte dar, z. B. zur Erzeugung einiger Farb- und Trübgläser, indem bestimmte, dem Glas zugegebene Bestandteile beim Abkühlen sich in mikrokristalliner Form ausscheiden. In anderen Fällen wird angestrebt, daß möglichst die gesamte Glasmasse in den mirkokristallinen Zustand übergeht, wodurch eine neue Gruppe von Werkstoffen entsteht, die unter der Bezeichnung „Vitrokerame" bekannt geworden sind. Der Kristallisationsprozeß wird maßgeblich durch die Kristallkeimbildung und durch die Kristallisationsgeschwindigkeit bestimmt. Im allgemeinen liegen in einer Schmelze genügend Keime vor, so daß die Glasbildung nur dadurch gewährleistet wird, daß die Kristallisationsgeschwindigkeit infolge der hohen Viskosität der Schmelze sehr klein ist. Die Glasbildung (ein kinetischer Prozeß) wird danach nur dann zustande kommen, wenn sowohl die Keimbildungsgeschwindigkeit als auch die Kristallisationsgeschwindigkeit niedrige Werte aufweisen. Ein kristallisationsbeständiges Glas wird also dann erhalten werden, wenn die Maxima der Keimbildungs- und der Kristallisationsgeschwindigkeit bei möglichst weit voneinander entfernten Temperaturen zu finden sind.

Umgekehrt sind die Verhältnisse, wenn man zu Gläsern gelangen will, die gut kristallisieren sollen. Erste Versuche, ein Glas homogen zur Kristallisation zu bringen, wurden von Réaumur bereits im 18. Jh. durchgeführt. Aber erst zu Anfang unseres Jahrhunderts wurden von Tammann [23], mit Arbeiten über die Keimbildung und das Kristallwachstum, die wissenschaftlichen Voraussetzungen für eine gesteuerte Kristallisation geschaffen. Stooky [236] war es, der 1957 zeigte, welche technischen Möglichkeiten eine gesteuerte Kristallisation von Gläsern bestimmter Zusammensetzung beinhaltet. Von ihm wurde die Bezeichnung „Pyroceram" für die sich hieraus ergebende Gruppe glasig-kristalliner Werkstoffe geprägt. Für den Herstellungsprozeß derartiger Werkstoffe spielen die

Anzahl und Art der im Glas erzeugten Kristallkeime eine entscheidende Rolle. Diese Keime können von der gleichen Zusammensetzung und Struktur sein, wie die daraus später wachsenden Kristalle, und die Keimbildung kann z. B. auf Entmischungsprozesse bei Übersättigung oder Unterkühlung der einen Phase zurückzuführen sein. In einem solchen Fall spricht man von homogener Keimbildung. Eine andere Möglichkeit, von welcher in der Praxis am häufigsten Gebrauch gemacht wird, ist die heterogene Keimbildung. Hierbei weisen die Keime eine grundlegend andere Struktur und Zusammensetzung auf als die später darauf wachsenden Kristalle. Als Nucleatoren finden Verwendung: Edelmetalle in feinster Verteilung, wie Pt, Au, Ag, aber auch Cu sowie TiO_2, Cr_2O_3, ZrO_2, Fluoride oder Phosphate, die sich im Glas nur geringfügig lösen und sich beim Erkalten in feinster Form ausscheiden. Die Wirkungsmechanismen, die zur Kristallisation durch heterogene Keime führen, sind in ihren Einzelheiten bisher weitgehend ungeklärt.

Die Vitrokerame (= Glaskeramiken) sind Werkstoffe, die im noch glasigen Zustand mit den Verfahren der Glasverarbeitung verformt und danach durch eine gezielte Wärmebehandlung in den kristallinen Zustand übergeführt werden. Von der jeweiligen Zusammensetzung des Ausgangsglases und von der Dauer und Höhe der Wärmebehandlung ist es abhängig, wie groß die noch im Vitrokeram verbleibende Restglasmenge ist. Der Kristallgehalt der Vitrokerame kann zwischen 50 und 95% liegen. Der praktisch immer verbleibenden Restglasphase kommt die Funktion eines sehr wirksamen Bindemittels im Kristallgefüge zu. Die Vitrokerame nehmen auf Grund ihres physikalischen Aufbaus eine Mittelstellung zwischen den Gläsern und den Keramiken ein, sie besitzen die charakteristischen Eigenschaften beider Werkstoffgruppen. Eine markante Eigenheit dieser Stoffe ist es, daß sie während der Verarbeitung (durch Blasen, Pressen, Ziehen etc. im zähplastischen Zustand) noch nicht kristallisieren, sondern erst in einer von diesem Arbeitsgang unabhängigen

Produktionsstufe in den kristallinen Zustand übergeführt werden, was dadurch möglich ist, daß die Keimbildungshäufigkeit und die Wachstumsgeschwindigkeit der Kristalle eine ganz unterschiedliche Temperaturabhängigkeit aufweisen. Beide haben bei unterschiedlichen Temperaturen ihre maximalen Ablaufgeschwindigkeiten. Hierdurch wird erreicht, daß das Glas, das aus dem Schmelzfluß heraus abkühlt, im Temperaturbereich hoher Kristallwachstumsgeschwindigkeit noch praktisch frei von Kristallkeimen ist, die sich erst bei niederen Temperaturen bilden können, bei denen die Kristallwachstumsgeschwindigkeit nun aber schon wieder zu klein ist, um wirksam zu werden. Der sich an die Formgebung anschließende Temperprozeß erfolgt in zwei Stufen. Die erste Temperaturstufe liegt im Bereich der höchsten Kristallkeimbildungsgeschwindigkeit, bei der Keimdichten von 10^9 bis 10^{17} Keime/cm^3 erzielt werden sollen. Die bei höheren Temperaturen liegende zweite Temperaturstufe dient dem eigentlichen Kristallwachstum, wobei die Kristallite Größen zwischen 10^2 und 10^4 Å erreichen. Die besonderen Eigenschaften der Vitrokerame ergeben sich aus dem sehr gleichmäßigen und submikrokristallinen Gefügeaufbau. Infolge der dichten Verzahnung der Kristallite ergibt sich im allgemeinen eine relativ hohe mechanische Abriebfestigkeit. Vitrokerame besitzen auf Grund der immer noch vorhandenen Glasphase eine Transformationstemperatur. Sie sind einer chemischen Härtung durch Ionenaustausch zugänglich (s. Abschnitt 203) und weisen eine absolute Porenfreiheit auf. Die Eigenschaften der Vitrokerame werden aber maßgeblich durch die Art der ausgeschiedenen Kristallphasen bestimmt, woraus sich eine Vielzahl möglicher Varianten ergibt. So lassen sich Vitrokerame mit extremen Werten der Temperaturwechselbeständigkeit erzeugen, auf Grund niedriger Wärmedehnungswerte. Aus geeigneten Li—Al-Silicatgläsern können sich z. B. Hochspodumen ($Li_2O \cdot Al_2O_3 \times 4\,SiO_2$) oder Hocheukryptit ($Li_2O \cdot Al_2O_3 \cdot 2\,SiO_2$) ausscheiden. Die entsprechenden Vitrokerame haben negative

Ausdehnungswerte bzw. sie sind über *rel.* weite Temperaturbereiche frei von thermischen Dehnungseffekten. Derartige Materialien sind ideale Werkstoffe zur Herstellung großer Astrospiegel (bis 4 m Durchmesser) oder von Heizplatten etc. Aus geeigneten Mg—Al-Silicatgläsern läßt sich eine Cordieritkeramik ($2MgO \cdot 2Al_2O_3 \cdot 5SiO_2$) herstellen, die ebenfalls ein relativ günstiges Ausdehnungsverhalten ($\alpha = 15-30 \cdot 10^{-7}$ grd^{-1}) zeigt. Ferroelektrika mit $BaTiO_3$- und $NaNbO_3$-Ausscheidungen, mechanisch bearbeitbare Vitrokerame mit ausgeschiedenen fluorhaltigen Glimmerkristallen, Foto-Vitrokerame mit strahleninduzierter Keimbildung [227] usw. seien als einige weitere Möglichkeiten der Erzeugung von Vitrokeramen mit unterschiedlichen Eigenschaften genannt. Sind die ausgeschiedenen Kristalle kleiner als 500 Å und besteht nur ein geringer Brechzahlunterschied zwischen den Kristalliten und der verbleibenden Glasphase, so ergeben sich klar durchsichtige Werkstoffe, auch wenn der Kristallanteil mehr als 90% beträgt! Viele in großen Mengen anfallende technische Abprodukte, wie z. B. Schlacken der Erzverhüttung, weisen Zusammensetzungen auf, die denen mancher Vitrokerame sehr ähnlich sind. Häufig lassen sich diese Schlacken ohne besondere Zusätze (z. B. von Nucleatoren) in vitrokeramähnliche Produkte überführen. Umfassende Untersuchungen über die Kristallausscheidungsbedingungen z. B. der Mansfelder Kupferschlacken wurden von Hinz und Wihsmann [237, 235] durchgeführt. In der sowjetischen Literatur werden derartige Schlacken-Vitrokerame als „Sitalle" bezeichnet.

Eine zusammenfassende Darstellung des Gebietes der Vitrokerame wurde u. a. von McMillan [238] gegeben.

5. Die Glaserzeugung und Verarbeitung

Die Methoden der Glaserzeugung und der Glasverarbeitung sind für den Werkstoff Glas spezifisch, und es gibt im Bereich der anorganischen Werkstoffe hierfür praktisch keine Parallele. Vergleichbare Verarbeitungstechnologien, allerdings bei etwa zehnfach niedrigeren Temperaturen, finden sich bei den organischen Thermoplasten. Bestimmend für die Verfahrensweise der Glastechnologie ist der stark temperaturabhängige viskose Zustand der Glaschmelze, der sowohl bei der Schmelztechnologie — vom Einschmelzen des Gemenges bis zum fertig geschmolzenen Glas — als auch bei allen nachfolgenden Prozessen der Glasformgebung eine entscheidende Rolle spielt. Hierauf gründen sich die bereits in der Frühzeit der Glasherstellung — vor etwa 4000 Jahren — entwickelten Methoden, die hinsichtlich ihrer wirksamen Grundprinzipien, in allerdings entsprechender Perfektion und sinnvoller Modifizierung, auch heute noch Anwendung finden und somit die Grundlage der Glasproduktion auch unseres Jahrhunderts darstellen.

Die im Abschnitt 5. dargelegten Methoden der Glaserzeugung und Verarbeitung sind auf das Wesentliche und Prinzipielle orientiert. Technologische sowie maschinentechnische Einzelheiten würden den hier gesteckten Rahmen bei weitem sprengen, es sei auf die entsprechende Fachliteratur (S. 55) verwiesen.

5.1. Die Glasrohstoffe

Von der möglichen, Anzahl der chemischen Elemente, die hauptsächlich in Form ihrer Oxide, Carbonate oder Nitrate, zur Herstellung der Gläser Verwendung finden können, sind es nur etwa 15, die als wesentliche Glasbausteine für die Erzeugung der Gebrauchsgläser, einschließlich der chemisch-technischen Spezialgläser, zum Einsatz kommen. Eine solche Rohstoffauswahl ist in erster Linie ökonomisch bedingt. Anders bei den hochwertigen Sondergläsern, an die ganz spezielle Eigenschaftsforderungen gestellt werden. Hier steht die Frage nach den technisch geeignetsten Rohstoffen an erster Stelle.

Die Glasrohstoffe lassen sich in 3 Gruppen einteilen:

1. Rohstoffe, die die Hauptbestandteile der Gläser, die Netzwerkbildner und die Netzwerkänderer liefern, die in geeigneten Konzentrationsverhältnissen, die eigentliche Glassubstanz bilden.

2. Die Trübungs- und Färbungsmittel, sie kommen in nur geringen Konzentrationen als Glasbestandteile zum Einsatz (etwa 1 bis 10 Gew.-%) und

3. Die Läutermittel und Schmelzbeschleuniger mit Einsatzmengen im allgemeinen < 5 Gew.-%.

Die Forderungen an die Qualität der Glasrohstoffe sind sehr unterschiedlich, sie richten sich nach der vorgesehenen Verwendung des jeweiligen Glases und umfassen den Bereich vom natürlichen Rohstoff (Gesteine und unaufbereitete Minerale) über sorgfältig ausgesuchte und aufbereitete mineralische Stoffe bis zur chemisch reinen Chemikalie. Wichtig für den praktischen Einsatz von Rohstoffen für die Glaserzeugung ist

— eine gleichbleibende chemische Zusammensetzung,
— eine genaue Kenntnis der Zusammensetzung einschließlich der störenden Verunreinigungen, zum Zwecke einer exakten Gemengeberechnung
— und eine geeignete Körnung bzw. Kornverteilung.

(Zusammenfassende Literatur über die Glasrohstoffe siehe [270].)

5.1.1. Die Hauptrohstoffe der Glasherstellung

SiO_2-Rohstoffe:

Da SiO_2 mengenmäßig der Hauptbestandteil aller Gebrauchsgläser darstellt, hängt die Qualität des Glases weitgehend von der Reinheit der zur Anwendung gebrachten SiO_2-Rohstoffe ab. Eine besondere Bedeutung besitzt hierbei der Fe_2O_3-Gehalt.

Vorkommen des SiO_2 in Form von Sanden (β-(Tief)-Quarz):

1. Edelsande (Quarz- oder Glassande) mit mindest 99% SiO_2 und Eisenoxidanteilen $< 0,1\%$. Es werden mehrere Qualitätsklassen unterschieden, die durch den Eisenoxidgehalt bestimmt werden.

2. Tonsande mit mindest 2% Al_2O_3, auch als Spatsande bezeichnet, wenn Al_2O_3 als Feldspat und als Porzellansande, wenn es als Kaolin vorliegt. (Spatsande sind wegen ihrer leichten Einschmelzbarkeit zur Glasherstellung besonders geeignet.)

3. Kalksande mit größeren $CaCO_3$-Gehalten.

4. Eisensande (Oligozäne Eisensande oder diluviale Mergelsande) mit rel. hohem Fe_2O_3-Gehalt (geeignet für grüne Flaschengläser).

Andere SiO_2-Rohstoffe stellen Quarzite und Gangquarze sowie im Extremfall Bergkristall dar. In vielen Fällen macht sich eine Aufbereitung der SiO_2-Rohstoffe erforderlich (Waschen mit Wasser im Hydrozyklon, chemische Aufbereitung oder Anwendung von Flotationsverfahren zur Abtrennung anderer Mineralbestandteile usw.), um zu einem SiO_2-Material hoher Reinheit zu gelangen.

Höchstzulässige Eisengehalte von Glassanden für unterschiedliche Glasarten sind:

0,01–0,001% Fe_2O_3	für Gläser hoher optischer Qualität
0,015 % Fe_2O_3	für feinstes „Kristallglas“ und techn. Spezialgläser
0,05 % Fe_2O_3	für Glühlampenkolben und Röhrengläser
0,1 % Fe_2O_3	für gutes Fensterglas
0,2 –0,3 % Fe_2O_3	für gewöhnliches Fensterglas und weißes Hohlglas
$>$ 0,5 % Fe_2O_3	Für Flaschengläser und Grüngläser

B_2O_3-Rohstoffe:

In den meisten Fällen wird B_2O_3 als Natriumtetraborat (Borax $= Na_2B_4O_7$) bzw. als Orthoborsäure (H_3BO_3) in das Gemenge eingeführt. In den Fällen, in denen es der Na_2O-Anteil des Glases erlaubt, sollte grundsätzlich Borax als B_2O_3-Träger Verwendung finden, da beim

Einsatz von Orthoborsäure durch deren leichte Verdampf- oder Sublimierbarkeit mit hohen B_2O_3-Verlusten zu rechnen ist, die in der Größenordnung von 10—15 Gew.-% der eingesetzten Borsäuremenge liegen können. Die natürlichen Borminerale, hauptsächlich Boracit $7B_2O_3 \cdot 5MgO \times MgCl_2$, Colemanit $3B_2O_3 \cdot 2CaO \cdot 5H_2O$, Rasorit $2B_2O_3 \times Na_2O \cdot 4H_2O$, Tinkal (Borax), $2B_2O_3 \cdot Na_2O \cdot 10H_2O$, sind wegen der meist vorhandenen starken Verunreinigungen nicht oder nur in Ausnahmefällen direkt als Glasrohstoffe einsetzbar.

P_2O_5-Rohstoffe

Die Einführung von P_2O_5 als Netzwerkbildner, besonders in optische Gläser (Phosphatkrone), wurde bereits im vergangenen Jahrhundert praktiziert. Phosphatgläser finden heute für die verschiedensten Zwecke Verwendung, sie besitzen allerdings den Nachteil einer geringen chemischen Beständigkeit. P_2O_5 wird meist in Form der Orthophosphorsäure (H_3PO_4) in das Glasgemenge eingeführt. Die Gemenge weisen dann eine breiige oder dickflüssige Konsistenz auf. In barium- und aluminiumoxidreiche Gläser wird P_2O_5 zweckmäßig auch als Ba- bzw. Al-Phosphat eingeführt, ebenso finden die Alkaliphosphate praktischen Einsatz.

Al_2O_3-Rohstoffe

Aluminiumoxid wird meist bereits in geringen Mengen mit dem Glassand in das Glas eingeführt, bzw. reichert sich durch Auflösung von Feuerfestmaterial der Schmelzaggregate, in Abhängigkeit von der Verweilzeit des Glases, in unterschiedlich großen Mengen im Glas an. Als Tonerdeträger finden in der Praxis Verwendung:

a) Gesteine: Sie stellen Mischungen von verschiedenen Mineralien dar und schwanken in ihrer summarisch chemischen Zusammensetzung meist relativ stark. Sie sind praktisch immer reich an störenden Verunreinigungen. Für die Erschmelzung von Alkali-Erdalkali-Silicatgläsern sind geeignet:

Basalte mit bis zu 15 Gew.-% Al_2O_3 neben SiO_2, Fe_2O_3, Na_2O, CaO, MgO usw. Basalte bestimmter Lagerstätten sind direkt zu

Gläsern aufschmelzbar, sie werden z. B. zu Basaltfasern verarbeitet.

Diabas, besteht meist aus Feldspat und Augiten mit einem Al_2O_3-Gehalt von 14 bis 16 Gew.-%.

Diorit, besteht aus Na—K-Feldspat und Hornblende; er enthält 15—17 Gew.-% Al_2O_3.

Granite stellen als Glasrohstoffe das SiO_2-reichste und gleichzeitig das eisenärmste Gestein dar. Sie bestehen aus 50 bis 80 Gew.-% Feldspat und 15 bis 17 Gew.-% Quarz und Glimmeranteilen.

Phonolithe, Ergußgesteine, enthalten K-Feldspäte und Nephelin; sie sind damit relativ reich an Alkalien und wirken im Glasgemenge nahezu als Flußmittel. Sie stellen deshalb besonders für die Flaschen-, Bauglas- und Flachglasererzeugung einen geschätzten Rohstoff dar.

b) Mineralien: Für die Glaserzeugung kommen als Al_2O_3-Lieferanten in Betracht:

Feldspäte (Kali- und Natronfeldspäte), enthalten 15 bis 18 Gew.-% Al_2O_3 mit mehr als 60 Gew.-% SiO_2 und 10 bis 12 Gew.-% Alkalien.

Kaolin mit 30 bis 39 Gew.-% Al_2O_3 sowie Mineralien der Nephelin-Leucitgruppe.

c) Industriell erzeugte Tonerdeverbindungen: Diese Stoffe kommen insbesondere für die Herstellung von Sondergläsern oder technischen Spezialgläsern hoher Reinheit sowie von alkalifreien bzw. -armen hochtonerdehaltigen Gläsern zum Einsatz. Verwendung hierfür finden Aluminiumoxidhydrate ($Al_2O_3 \cdot 3\,H_2O$), Tonerde (Al_2O_3), Aluminiumnitrat ($Al(NO_3)_3 \cdot 15\,H_2O$) und in Ausnahmefällen Aluminiumsulfat ($Al_2(SO_4)_3 \cdot 18\,H_2O$). Diese Verbindungen, insbesondere die Tonerde selber, zeigen ein weniger gutes Einschmelzverhalten im Vergleich zu den Al_2O_3-haltigen Mineralien oder Gesteinen, so daß bei Einführung von z. B. Tonerde in Mengen über 3 Gew.-% eine Schmelztemperaturerhöhung unumgänglich ist.

Alkali-Rohstoffe:

Nur in seltensten Fällen entspricht z. B. die mit den Feldspäten in den Glassatz eingebrachte Alkalimenge den erforderlichen Konzentrationen, sodaß Na_2O oder K_2O in Form anderer chemischer Verbindungen eingeführt werden muß. Hierbei stellen die Carbonate, die gebräuchlichsten Alkaliträger dar. Na_2CO_3 wird grundsätzlich in kalzinierter Form verwendet. In den „Sulfatgläsern“ findet Na_2SO_4 als Alkaliträger Verwendung, das allerdings erst durch Reduktion mit Kohlenstoff in eine mit SiO_2 reaktionsfähige Verbindung übergeführt werden muß:

$$2\,Na_2SO_4 + C \rightarrow 2\,Na_2SO_3 + CO_2$$

$$Na_2SO_3 + SiO_2 \rightarrow Na_2SiO_3 + SO_2.$$

Natriumsulfat ist als solches im Glasfluß kaum löslich, es bildet die sog. Glasgalle, die in feinen Tröpfchen in der Schmelze verteilt ist bzw. auf deren Oberfläche schwimmt.

Alkalinitrate ($NaNO_3$ und KNO_3) finden meist in Verbindung mit As_2O_3 und Sb_2O_3 als Läutermittel oder als Oxydationsmittel Verwendung.

Neuerdings wird auch NaOH in Form mäßig konzentrierter Lösungen zum Einbringen von Na_2O in das Gemenge eingesetzt. Das Natriumhydroxid besitzt eine hohe chemische Aktivität, so daß die Silicatbildung bereits bei niedrigeren Temperaturen abläuft als bei Verwendung anderer Alkaliträger, andererseits ist der Wasseranteil zum Granulieren oder Brikettieren des Gemenges nützlich.

Erdalkali-Rohstoffe:

Die Erdalkalien finden hauptsächlich in Form ihrer Carbonate Eingang in das Glasgemenge. Bei Einführung des CaO in Form von Carbonaten finden unterschiedlich reine, natürlich vorkommende Kalke bzw. Kalkspate Verwendung, wobei Verunreinigungen durch $MgCO_3$, $CaSO_4$, SiO_2, Tone und Eisenverbindungen zu berücksichtigen sind. Die Verwendung dolomitischer Kalke (Dolomit = $MgCO_3 \cdot CaCO_3$) bringt einen in vielen Fällen erwünschten Anteil an MgO in das Glas. Bei einem Ersatz von CaO durch MgO, in der Größenordnung bis zu 5 Gew.-% MgO, wird der Einschmelzprozeß des Gemenges durch Erniedrigung der Einschmelztemperatur wesentlich erleichtert, ebenso werden die Verarbeitungseigenschaften des Glases günstig beeinflußt. Gläser mit einem derartigen MgO-Anteil eignen sich besonders für eine maschinelle Verarbeitung, da sie „länger" sind als die reinen Kalkgläser.

MgO wird in reiner Form als Magnesit ($MgCO_3$) oder als Magnesia (MgO) eingeführt.

In einer Reihe optischer und technischer Spezialgläser ist auch Bariumoxid (BaO) eine wichtige Komponente. BaO wird als Carbonat ($BaCO_3$) oder auch als Nitrat ($Ba(NO_3)_2$) eingeführt. Die entsprechenden Gemenge besitzen eine gute Einschmelzbarkeit. Die Schmelzen läutern leicht und wesentlich schneller als die der Kalkgläser. Bariumoxidhaltige Gläser sind glastechnisch leicht verarbeitbar, da sie „lange" Gläser darstellen.

Weitere wesentliche Hauptbestandteile, besonders für optische und Spezialgläser sind ZnO, PbO, TiO_2, ZrO_2 u.a.m.

Der Einbau von Zinkoxid, welches dem Gemenge auch als solches zugesetzt wird, bewirkt eine starke Herabsetzung der Viskosität der Glasschmelze, speziell im Bereich höherer Temperaturen. ZnO vermindert von den basischen Glasoxiden — ähnlich dem MgO — die Wärmedehnung der entsprechenden Gläser relativ stark. Es wird in der Glaspraxis von der Tatsache relativ selten Gebrauch gemacht, daß durch Einbau von ZnO (im Austausch gegen SiO_2), bei gleichzeitiger Erhöhung des Alkaligehaltes, ein leicht schmelzendes Glas erhalten wird, ohne daß sich hierbei die chemische Beständigkeit des Glases vermindert. Die Wirksamkeit des ZnO ist hierbei größer als die vom B_2O_3 [239].

Eine besondere Bedeutung für die Glasschmelztechnik hat das Bleioxid. Auf Grund seines niedrigen Schmelzpunktes (880 °C) ist es von allen zweiwertigen basischen Oxiden am leichtesten einschmelzbar. Es kann in erheblichen Mengen ins Glas eingeführt werden; auch unter vollständigem Ersatz des Alkalis. In der Praxis enthalten die sog. Bleikristallgläser etwa 18 Gew.-% PbO, die Flintgläser 42—46 Gew.-% PbO, die Schwerflinte 51 bis

71 Gew.-% PbO und schließlich die Schwerstflinte bis zu 82 Gew.-% PbO. Bleioxid wird in das Glasgemenge meistens als Mennige (Pb_3O_4) oder als Bleiglätte (PbO), selten als Bleinitrat ($Pb(NO_3)_2$) eingeführt.

Titan- und Zirkonoxid finden in zunehmenden Umfang Eingang in die Praxis der Herstellung besonders chemisch resistenter Gläser. So bewirkt ein TiO_2-Gehalt von > 2 Gew.-% eine wesentliche Verbesserung der Säurebeständigkeit, während mit ZrO_2 die Laugenbeständigkeit erheblich verbessert werden kann. Glasfasern, die gegen die Einwirkung des $Ca(OH)_2$ aus hydraulischen Zementbindern beständig sein sollen, enthalten größere Mengen ZrO_2. Beide Stoffe werden in Form ihrer Oxide zur Gemengeherstellung genutzt, lediglich beim ZrO_2 wird wegen der besseren Einschmelzbarkeit vielfach auf Zirkonsilicat ($ZrSiO_4$) mit theoretisch 67,23 Gew.-% ZrO_2 zurückgegriffen.

5.1.2. *Die Trübungs- und Färbungsmittel*

Trübungseffekte in Gläsern entstehen, wenn in der optisch durchsichtigen Glasmatrix feinstdispergierte Stoffe mit einer zur Matrix unterschiedlichen Lichtbrechung enthalten sind. Der Trübungseffekt ist um so intensiver, je größer die Lichtbrechungsunterschiede sind, und er ist abhängig von der Größe der Teilchen und ihrer Anzahl pro Volumeneinheit. Das Einbringen derartiger Stoffpartikel in eine Glasmatrix kann auf unterschiedlichem Wege geschehen:

a) durch chemische Umsetzung in der Schmelze selber und Ausscheidung von schwerlöslichen Reaktionsprodukten.

So scheiden sich im Glas schwerlösliche Verbindungen z. B. NaF oder CaF_2 aus, wenn fluorhaltige Stoffe, wie Kryolith ($3NaF \cdot AlF_3$) in Mengen bis zu 10 Gew.-% oder Na-Silikofluorid (Na_2SiF_6) in Mengen von 10 bis 15 Gew.-% dem Glassatz zugegeben werden. Ein Gehalt von mehr als 1,5 Gew.-% As_2O_3 in Bleigläsern mit mindest 30 Gew.-% PbO führt zur Ausscheidung von Bleiarsenat ($Pb_3(AsO_4)_2$). Heute kaum noch in Anwendung ist die Erzeugung gelbgetrübter Gläser durch Bildung von Bleiantimonat ($Pb_3(SbO_4)_2$ = Neapel-Gelb), das unter analogen Bedingungen entsteht wie das Bleiarsenat und das bereits in der Frühzeit der Glasherstellung zum Gelbfärben des Glases genutzt wurde.

b) durch Einführung von „Weißtrübmitteln", die in der Schmelze nicht oder nur schwerlöslich sind bzw. sich bei geringfügiger Abkühlung der Schmelze bereits wieder in feindisperser Form ausscheiden. Als Trübungsmittel dieser Art kommen SnO_2, ZrO_2 und TiO_2 in betracht.

c) durch Ausscheidung tröpfchenförmiger Mikrophasen bei niedrigen Temperaturen (Anlaufgläser). Ein Beispiel hierfür ist das durch Kalziumphosphat ($Ca_3(PO_4)_2$) getrübte sog. Bein- oder Milchglas. Das Kalziumphosphat wird entweder in Form von Knochenasche (daher Beinglas) direkt dem Gemenge zugegeben oder in CaO-haltigen Gläsern durch Einführung von Dinatriumphosphat (Na_2HPO_4) durch chemische Umsetzung erhalten.

Farbgläser zeichnen sich durch eine selektive Durchlässigkeit oder Absorption von Lichtwellen aus, die hervorgerufen wird entweder durch ionogen im Glas gelöste Metalloxide (Farboxide) der Nebengruppenelemente (die gut bewegliche Außenelektronen besitzen) oder durch kolloidgelöste Farbkomponenten, wie Metalle, Sulfide, Selenide etc. Die Farboxide werden im allgemeinen nur in relativ kleinen Konzentrationen dem Glasgemenge zugegeben, so daß sie selber, abgesehen eben von der Farbgebung, nur geringen Einfluß auf die Eigenschaften des Glases nehmen. Nur bei sehr intensivfarbenen Gläsern überschreitet der Farboxidanteil die 3-Gew.-%-Grenze. Die Färbung des Glases durch die verschiedenartigen Ionen ist abhängig von deren Ionenladung und Koordinationszahl, die durch die Schmelzbedingungen und durch die jeweilige Glaszusammensetzung beeinflußt werden. Die Farbkomponenten werden im allgemeinen in Form der entsprechenden Metalloxide, Carbonate oder anderer thermisch-zersetzbarer Salze dem Gemenge in möglichst gleichmäßiger Verteilung zugegeben. Zur Verwendung kommen unter anderem (Auswahl der häufigsten Farbkomponenten):

Eisenoxid (Fe_2O_3) — je nach Wertigkeit blaugrün (II) bis gelbgrün (III),
Manganoxide — Pyrolusit (MnO_2), Braunit (Mn_2O_3) oder Psilomelan ($MnO_2 \cdot MnO$) — schwach gelbliche Färbung,
Kaliumpermanganat ($KMnO_4$)-violett,
Kupferoxid (CuO)-blaugrün bis blau,
Chrom-III-Oxid (Cr_2O_3)-grüngelb,
Kaliumbichromat ($K_2Cr_2O_7$)-gelborange,
Uranoxid (U_3O_8)-gelborange ohne Fluoreszenz,
Natriumuranat ($Na_2U_2O_7$)-gelbgrüne Fluoreszenz,
Kobaltoxid (CoO)-blau bis blauviolett,
Vanadin-III-Oxid (V_2O_3)-grün,
Nickeloxide (NiO oder Ni_2O_3) oder Nickelcarbonat ($NiCO_3$)-Farbe ist stark abhängig von der Zusammensetzung des Glases — rotviolett in K-Gläsern, gelbbraun in Na-Gläsern,
Seltene Erdenoxide mit unterschiedlichen Färbungen.

Für die Herstellung kolloidal gefärbter Gläser, deren Färbung erst bei einem erneuten Erwärmen des Glases auf dunkle Rotglut zur Ausbildung kommt, finden Metalle, wie Gold, Kupfer oder Silber Verwendung, die in Form geeigneter Salze dem Gemengesatz zugegeben werden, unter gleichzeitigem Einsatz entsprechender Reduktionsmittel (z. B. SnO_2). Gold- und Kupferkolloide liefern intensivfarbene „Rubingläser", während Silber eine gelbe bis gelbbraune Färbung ergibt.

Andere Farbeffekte, ebenfalls durch Kolloide hervorgerufen, werden erzielt durch Einführung von:

Cadmiumsulfid (CdS) — feurig, sattgelbe Farbe,
Selen, meist in Form von Seleniten auch in Verbindung mit CdS und Kupferverbindungen — rosa, orangerot bis dunkelblaurot,
Kohlenstoff, in Verbindung mit Sulfaten zur Erzeugung von „Schwefel-Kohlegelb",
Eisen-Schwefelverbindungen durch Zugabe von Eisensulfid (FeS) zum Gemenge.

Eine zusammenfassende Darstellung, der in Gläsern erzeugbaren Farbeffekte wurde von W. Weyl gegeben [240] bzw. findet sich in [244].

5.1.3. Die Läutermittel und Schmelzbeschleuniger

Dem Glasgemenge zugesetzte, chemisch wirksame Läutermittel haben die Aufgabe, entweder zur Verminderung der Viskosität der Schmelze und damit zum schnellen Aufsteigen von Blasen beizutragen, oder aber bei bestimmten Temperaturen (Läutertemperatur) eine starke Gasentbindung in der Schmelze zu bewirken, wodurch eine Vergrößerung sehr kleiner Bläschen erzielt wird, die dadurch dann rascher aufsteigen können.

Als Läutermittel und gleichzeitig als Schmelzbeschleuniger wirken solche Stoffe, die die Geschwindigkeit gasabspaltender Reaktionen beschleunigen bzw. selber bei niedriger Temperatur Gase abscheiden (die normalerweise nicht in der Glasschmelze enthalten sind) die den Gasdruck der Schmelze erhöhen, den Partialdruck der aus den Rohstoffen stammenden Gase in den Blasen herabsetzen und die Viskosität der Schmelze vermindern.

Als Läutermittel dienen:

Nitrate (KNO_3, $NaNO_3$, $Ba(NO_3)_2$, $Pb(NO_3)_2$ usw.) — Freisetzung von N_2 und O_2,

Arsen- bzw. Antimontrioxid (As_2O_3, Sb_2O_3) zusammen mit Nitraten-Freisetzung von O_2 bzw. Verdampfen von As_2O_3 und Sb_2O_3,

Peroxide, Chlorate, Perchlorate (Na_2O_2, BaO_2, $KClO_3$, $KClO_4$ usw.) — Freisetzung von O_2,

Sulfate, besonders Na_2SO_4-Freisetzung von SO_2 infolge thermischer Zersetzung des Na_2SO_4 bei etwa 1350 °C,

Halogenide, besonders Chloride (NaCl) oder Fluoride (Na_2SiF_6, Na_3AlF_6) wirken durch Verdampfen bzw. Reaktion mit dem SiO_2 unter Freisetzung von SiF_4,

Cerdioxid (CeO_2) wirkt entweder allein oder in Verbindung mit Nitraten durch Abspaltung von O_2 bei 1100 °C.

Die Läutermittel werden im allgemeinen dem Gemenge in Konzentrationen von 0,1 bis max. 3 Gew.-% zugesetzt.

Eine besonders schmelzbeschleunigende Wirkung haben eine Reihe von Stoffen, ohne daß sich mit ihnen gleichzeitig eine direkte Läuterwirkung verbindet.

So wirkt z. B. Wasser schmelzbeschleunigend, wenn es dem Gemenge in Anteilen bis zu 5 Gew.-% zugesetzt wird [241, 242]. Ebenso verhalten sich kleine Boraxmengen (0,6—1,0 Gew.-%) und Di- oder Trinatriumphosphat in Mengen bis max. 1 Gew.-%. In interessanter Weise wirkt WO_3 mineralisierend, indem es, bereits in geringen Mengen dem Glassatz zugegeben, die Schmelztemperatur und die Viskosität der Schmelze herabsetzt. GINSBERGER [243] berichtet darüber, daß beim Ersatz von einem Gew.-% SiO_2 im Pyrexglas durch WO_3 die Schmelzdauer wesentlich vermindert und die Arbeitstemperatur von 1400 auf 1300 °C herabgesetzt wird. Die Neigung der Gläser zur Kristallisation wird allerdings hierdurch nicht unerheblich gesteigert.

5.2. *Die Gemengebereitung*

Unter einem Gemenge ist die eingewogene, homogenisierte Mischung aller für die Erzeugung eines Glases erforderlichen Rohstoffe zu verstehen. Die Berechnung des Gemenges hinsichtlich der mengenmäßigen Anteile der einzelnen Rohstoffkomponenten erfolgt nach den Prinzipien der Stöchiometrie unter Zugrundelegung der jeweiligen Rohstoffanalysen. Eine exakte Gemengeberechnung setzt demzufolge eine möglichst genaue, analytisch ermittelte Kenntnis der chemischen Zusammensetzung der Rohstoffe voraus. Bei der Gemengeberechnung sind Substanzverluste zu berücksichtigen, wie sie beim Schmelzprozeß durch Verdampfen oder Sublimieren einzelner Komponenten z. B. B_2O_3, Na_2O, As_2O_3, Fluor als SiF_4 usw. entstehen. Alle bei der Gemengebereitung begangenen Fehler wirken sich am fertigen Glas aus und sind hier meist nicht mehr korregierbar. Deshalb müssen bei der Gemengebereitung besonders berücksichtigt werden:

- einwandfreie Satzberechnung nach zuverlässigen Analysenwerten der Rohstoffe, die unter ständiger chemischer Kontrolle stehen müssen,
- genaue Wägung der einzelnen Komponenten,
- intensive Mischung der Rohstoffe (z. B. in Gegenstromschnellmischern) unter gesonderter Vermahlung einzelner Komponenten mit anderen Gemengebestandteilen, z. B. im Sulfatgemenge das Na_2SO_4 mit der erforderlichen Kohlenstoffmenge, oder Farbkomponenten, die nur in kleinen Mengen zum Einsatz kommen, mit einer bestimmten Menge Quarzmehl etc.,
- Vermeidung einer Entmischung des Gemenges beim Transport. Um das zu erreichen, sollten Rohstoffe gleicher Dichte möglichst auch in gleichen Korngrößenverhältnissen vorliegen. Die spezifisch schwereren Komponenten sollten in feineren und die spezifisch leichteren Komponenten in gröberen Kornanteilen eingesetzt werden. Dem gleichen Zwecke dient eine Granulierung oder Brikettierung des Gemenges, was zusätzlich noch den Vorteil einer dichteren Packung und damit einer erhöhten Reaktionsfähigkeit und Wärmeleitfähigkeit bringt.
- von den fertigen Gemengen sollten in bestimmten Zeitabständen Kontrollgemengeanalysen angefertigt werden, z. B. mittels Röntgenfluoreszenzanalyse, um zu vermeiden, daß Fehlgemenge eingeschmolzen werden und im Falle einer automatischen Gemengebereitung technische Fehler der Anlage schnell erkannt werden können.

Eine besondere Bedeutung hat die Zugabe von Glasscherben (Glasschrott) zum Gemenge. Der Scherbenanteil (es können nur jeweils Scherben gleicher Zusammensetzung wie das aus dem Gemenge erschmolzene Glas Verwendung finden) soll mindestens 20—30 Gew.-% betragen und kann besonders bei leichtschmelzenden Gläsern bis zu 60 und 70 Gew.-% des Gemenges ausmachen. Der Scherbenanteil bedingt ein schnelleres Einschmelzen der Satzmischung, da zum Erschmelzen der Glasscherben selber keine Reaktionswärme verbraucht wird. Darüberhinaus hat der Scherbeneinsatz den Vorteil, daß der bei der Verarbeitung des Glases entstehende Scherbenanfall eine ökonomische Verwendung findet und ebenso Gebrauchsglas als Rohstoff wiederverwendet werden kann. Bei einem mehrfachen Wiedereinschmelzen größerer Scherbenanteile ist jedoch zu beachten, daß der Anteil des Gemenges an Läutermittel erhöht werden muß, ebenso wie die Verdampfungsverluste, besonders von Alkali durch das Gemenge gesondert ausgeglichen werden müssen. Eine optimal einschmelzbeschleunigende Wirkung hat ein Scherbenzusatz zum Gemenge, wenn die entsprechenden Scherben zu Grieß vermahlen sind und in dieser Form dem Gemenge zugesetzt werden.

Für eine Gemengebereitung finden zunehmend kontinuierliche und weitgehend automatisch arbeitende, lochkartengesteuerte Gemengegroßanlagen Verwendung. Das Problem dieser Anlagen ist u. a. die erforderliche Rieselfähigkeit der Rohstoffe, das präzise Funktionieren der Waagen und nicht zuletzt die Neigung einzelner Rohstoffe zur Staubbildung.

5.3. *Die Schmelzverfahren und Schmelzaggregate*

Die Glasherstellung setzt die Existenz von Einrichtungen voraus, mit deren Hilfe es möglich ist, Schmelzgefäße aus geeigneten Feuerfeststoffen auf Temperaturen über 1000 °C längere Zeit kontinuierlich zu erhitzen. Von der Wirksamkeit und der technischen Perfektion derartiger Schmelzeinrichtungen und der Art der zur Anwendung gelangenden Brennstoffe war und ist die Qualität und Quantität der zu erzeugenden Gläser abhängig. Es ist sicherlich nicht richtig, wie vielfach angenommen wird, daß in der Frühzeit der Glasherstellung der Fritte- und Schmelzprozeß über einem offenen Holzfeuer erfolgt ist, denn die hiermit erreichbaren Temperaturen sind für diesen Zweck völlig unzureichend. Die Zweckmäßigkeit der Anwendung von Einrichtungen, in denen eine Akkumulation von Wärme möglich ist, war bereits in der Frühzeit zum Brand von Keramiken erkannt worden und wurde dann ganz sicherlich auf die Glasherstellung übertragen. Schmelzöfen nach dem Prinzip des in Abb. 8 dargestellten einfachen Aggregates, dürften die technische

Grundlage der frühesten Glasherstellung unter Verwendung fester Brennstoffe (Holz) gewesen sein. Die Entwicklung der Glasschmelzöfen über mehrere Jahrtausende hinweg führte bis zum Beginn des 19. Jahrhunderts zwar zu einer nicht unwesentlichen technischen Perfektion der Hafenöfen — allerdings ausschließlich auf Basis von Holz als Brennstoff — jedoch der thermische Wirkungsgrad dieser Aggregate blieb erschreckend gering, und nur die Tatsache, daß Holz unter den damaligen Bedingungen relativ billig erhältlich war, ermöglichte eine Glasherstellung im größeren Umfange.

Die Konstruktion von Schmelzaggregaten, in denen Temperaturen über 1000 °C erzielt werden können, setzt das Vorhandensein spezieller Feuerfestbaustoffe voraus. Einfache Tone erfüllen diese Forderungen nur noch sehr bedingt, und speziell für die Herstellung der Schmelztiegel und -häfen können nur besondere Feuerfesttone Verwendung finden. Neben der Feuerfestbeständigkeit muß der Glashafen, oder jeder andere Schmelzbehälter, eine möglichst hohe chemische Resistenz gegenüber der Glasschmelze aufweisen, die mit zunehmender Temperatur und in Abhängigkeit von der Schmelzzeit das Feuerfestmaterial auflöst und die Lösungsprodukte zum Teil zum unerwünschten Bestandteil des Glases werden läßt. Derartige Forderungen bestehen im erhöhtem Maße für moderne Wannenbaustoffe, da von diesen Schmelzwannen Standzeiten von mehreren Jahren bei Schmelztemperaturen bis zu 1600 °C erwartet werden.

Grundsätzlich sind an Glasschmelzaggregate folgende Forderungen zu stellen, die in zunehmender Perfektion im Laufe der technischen Entwicklung Beachtung fanden und heute bei den vollelektrischen Schmelzreaktoren nahezu in idealer Weise realisiert sind:

- Erreichung hoher Temperaturen bei einem guten thermischen Wirkungsgrad über beliebig lange Zeiten,
- minimale Beeinflussung der Glasschmelze durch das Schmelzbehältermaterial unter möglicher Ausschaltung einer unerwünschten Gasatmosphäre dun

– technisch günstige Bedingungen zum Einbringen des Gemenges und zur Entnahme des fertigen Glases.

5.3.1. Die Energieträger

Der Einsatz von Holz als Heizstoff für Glasschmelzöfen reicht von der Frühzeit der Glaserzeugung bis zur Mitte des 19. Jh. Die hiermit (in den auf diesen Brennstoff abgestimmten Öfen) erreichbaren Temperaturen, lagen im Bereich von 1250 bis 1300 °C. Der Vorteil des Holzes waren die schwefelfreien Verbrennungsgase. Mit fossilen Brennstoffen (Stein- und Braunkohlen) wurden die als BÖOTIUS-Öfen bekannten Hafenöfen erstmals im 19. Jh. beheizt. Das Glas mußte hier in sog. verdeckten Häfen erschmolzen werden, um mit den Verbrennungsgasen und der Flugasche nicht in Berührung zu kommen. Der thermische Wirkungsgrad dieser Öfen war ebenfalls gering, aber die erreichbaren Temperaturen lagen höher als bei den „Holzöfen". Den festen Brennstoffen folgte noch im 19. Jh. die Anwendung gasförmiger Brennstoffe, die den erstgenannten weitgehend überlegen waren. Sie gestatten eine zweckmäßige Temperaturführung und -regelung und hinterlassen keine festen Verbrennungsrückstände. Die heißen Abgase können zur Vorwärmung der Verbrennungsluft und der Heizgase selber Verwendung finden, wodurch eine günstigere Ausnutzung der Wärme möglich ist. Mit gasbeheizten Schmelzaggregaten sind heute Temperaturen von 1600 °C erreichbar. Die gasförmigen Brennstoffe besitzen entsprechend ihrer Herkunft sehr unterschiedliche Heizwerte.

Generatorgas	
aus Braunkohle	1100 bis 1350 kcal/N m^3
aus Steinkohle	1200 bis 1600 kcal/N m^3
Wassergas	2500 bis 2900 kcal/N m^3
Koksofengas	3840 bis 4400 kcal/N m^3
Erdgas (weitgehend CH_4)	8000 bis 8500 kcal/N m^3

Wesentlich energiereicher sind die flüssigen Brennstoffe. Die Ölfeuerung, zuerst in England zur Glasherstellung eingesetzt, wird heute aus technischen und zum Teil ökonomischen Gründen der Gasbeheizung vorgezogen. Als Brennstoff können schweres Rohöl, Teer, Masut usw. Verwendung finden. Die mittleren Heizwerte dieser Stoffe liegen bei 10000 und 12000 kcal/kg.

Die durch gasförmige oder flüssige Brennstoffe erzeugten Flammen sind für die Glaserschmelzung in Wannenöfen dann am günstigsten, wenn die Flammen durch leuchtende Flammenspitzen eine hohe Wärmestrahlung zeigen, was besonders durch kohlenstoffreiche Brenngase erreicht wird, z. B. durch Teeröle mit Zusatz von Ruß.

Zu Beginn des 20. Jahrhunderts wurde erstmals elektrische Energie zum Schmelzen von Glas verwendet, wobei das Glas selber als Heizleiter (Leiter 2. Art) fungiert. Die Anwendung vollelektrischer Schmelzöfen bietet aus glastechnischer Sicht größte Vorteile, nicht zuletzt dadurch daß die Wärme direkt in der Schmelze erzeugt wird und nicht erst durch Strahlung oder Wärmeleitung übertragen werden muß. In verschiedenen Fällen werden mit großem Vorteil die verschiedenen Möglichkeiten der Erwärmung des Glases miteinander gekoppelt, wie z. B. in den sog. „Mixed Meltern" in denen das Glas mit Gas- oder Ölheizung geschmolzen und mit elektrischer Zusatzheizung geläutert wird.

5.3.2. Die Schmelzaggregate

Der Einsatz der verschiedenartigen Schmelzaggregate wird heute fast ausschließlich durch die Art, Menge und Verwendung der zu erschmelzenden Gläser bestimmt. Nur in den seltensten Fällen sind noch traditionelle Faktoren maßgebend. Für die Erschmelzung relativ kleiner Glasmengen, wie sie zum Zwecke der künstlerischen Glasgestaltung mit unterschiedlichen Farbgläsern benötigt werden, für die Herstellung von Spezial- und Sondergläsern, für ein breites Sortiment von Email- und Farbgläsern und nicht zuletzt für die Herstellung optischer Gläser ist der Hafenofen noch heute unentbehrlich.

Hafenöfen weisen üblicherweise eine ovale Form auf, und sie können 8 bis 12 Häfen aufnehmen. Die Häfen haben Abmessungen von 60 bis 150 cm im Durchmesser, bei Hafenhöhen bis zu 100 cm. Für die Herstellung optischer Gläser finden Einhafenöfen Verwendung (Abb. 52), die zusätzlich eine Einrichtung zum Rühren und damit zur Homogenisierung der Schmelze aufnehmen können.

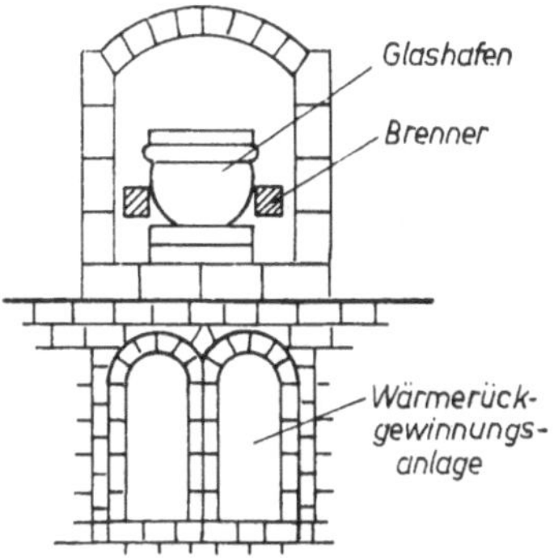

Abb. 52. Schematische Darstellung eines Hafenofens zur Herstellung optischer Gläser.

Durch die Art der Beheizung werden bei den Hafenöfen der Bütten- und der Oberflammenofen unterschieden. Ersterer weist am „Ofengesäß“ (Ofenboden) zwei nach unten gehende rechteckige Schächte (Bütten) auf, die als Brenner fungieren. Das Brenngas und die Verbrennungsluft werden in den Bütten gemischt. Jeweils aus einer Bütte treten die Flammen in den Ofen, und die Verbrennungsgase ziehen durch die andere Bütte ab. Dies geschieht mit einem Richtungswechsel im Abstand von etwa 30 Minuten. Der Oberflammenofen hat die Brenner an der Schmalseite oberhalb der Häfen, so daß die Flammen den Ofen in Längsrichtung durchstreifen, um an der gegenüberliegenden Seite auszutreten.

Für spezielle Einsatzzwecke gibt es vielfältige Abwandlungen dieser Ofentypen, besonders für solche Fälle, in denen für die in dem gleichen Ofen zu erschmelzenden unterschiedlichen Gläser verschiedene Schmelzbedingungen gefordert werden müssen. Als Beispiel sei der Vielflammenofen nach KNOBLAUCH genannt, der aus einer Reihe von Hafenkammern besteht, die unabhängig voneinander beheizt werden können, aber insgesamt einem gemeinsamen Ofenaggregat angehören. Der spezifische Wärmeverbrauch für die Erschmelzung von Glas im Hafenofen ist relativ groß. Am höchsten liegt er beim optischen Einhafenofen mit etwa 13000 bis 15000 kcal/kg Glas, was jedoch mit auf die relativ lange Schmelzdauer zum Homogenisieren des Glases zurückzuführen ist. Beim Büttenofen liegt der Energieverbrauch bei 5000 bis 9000 kcal/kg Glas. Von den Hafenöfen soll am energiegünstigsten der sog. Rundofen arbeiten (3200 bis 5000 kcal/kg Glas), bei dem das Gas-Luft-Gemisch einem in der Mitte des Ofens gelegenen Brenner zugeführt wird und die Häfen rund um diesen Brenner angeordnet sind.

Eine wesentliche Verbesserung, besonders im Hinblick auf die Wirtschaftlichkeit der Massenglaserzeugung, brachte der etwa 1860 von H. und F. SIEMENS entwickelte Glasschmelzwannenofen, der entsprechend seiner Bauart einen Herdofen darstellt. Die Glasschmelze befindet sich in einem langgestreckten Becken, das aus feuerfestem Material zugestellt ist und das von einem Gewölbe, ebenfalls aus Feuerfeststeinen, überdeckt wird. Am einen Ende der Wanne wird das Rohstoffgemisch eingelegt und am anderen Ende wird das Glas im verarbeitungsfertigen Zustand entnommen. Die Verbrennung der Heizgase, und damit die Wannenbeheizung, erfolgt über dem Glas im sog. Ofenraum. Die zunächst nur periodisch arbeitende Siemensche Glaswanne wurde bereits 1867 zu einem kontinuierlich arbeitenden Wannenofen weiterentwickelt. Im Laufe der Jahre wurden hieraus recht unterschiedliche Konstruktionstypen abgeleitet, die sowohl nach der Art der Brenneranordnung, der Wärmerückgewinnungsanlagen und der Wanneneinteilung (Schmelz- und Arbeitsraum usw.) unterschieden werden können. Diesen Glasschmelzwannen gemeinsam ist die Art der Erwärmung des Glases durch Wärmestrahlung, die von der über dem Glas brennenden Flamme und dem erhitzten Gewölbe ausgeht. Diese Wärmestrahlung, die entsprechend der Lage der Flamme im Ofenraum und der Konstruktion der Wanne selber in den verschiedenen Wannenteilen recht unterschiedlich ist, bewirkt eine starke Konvektionsströmung in der Glasschmelze, die der Homogenisierung und der Läuterung des Glases dienlich ist und eine Wärmeverteilung im Glasbad bewirkt. Im Gebiet der höchsten Flammentemperatur entwickelt sich im Glasbad der sog. Quellpunkt, in welchen die heißen Glasmassen zur Glasoberfläche aufsteigen. In Abb. 53 werden schematisch die Strömungsverhältnisse in einer Schmelzwanne bei unterschiedlicher Glasentnahme dargestellt, die sowohl durch thermische Konvektion als auch durch Transportbewe-

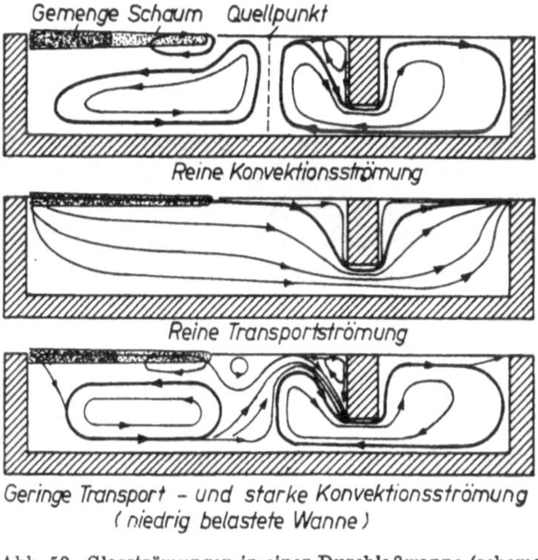

Abb. 53. Glasströmungen in einer Durchlaßwanne (schematisiert) nach [245].

gungen des Glases hervorgerufen werden und die einen wesentlichen Einfluß auf die Glasqualität ausüben. Die Strömungsverhältnisse müssen demzufolge recht sorgfältig während der Glasproduktion überwacht werden!

Allen Glaswannen gemeinsam ist weiterhin, entsprechend des technologischen Ablaufes der Glaserzeugung eine Dreiteilung der Wanne in den Schmelz-, Läuter- und Arbeitsteil. Da der Schmelz- und Läuterteil der Wanne

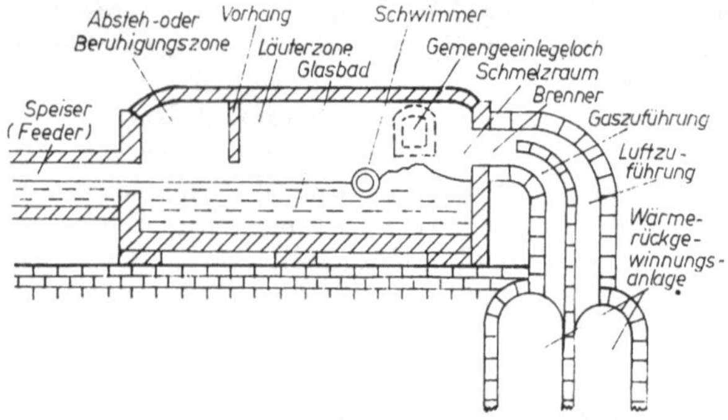

Abb. 54. Schema einer Glasschmelzwanne mit *U*-Flammenbrenner.

konstruktiv niemals getrennt wird, bezeichnet man diese beiden Teile der Wanne zusammen als Schmelzwanne. (Schema einer Glasschmelzwanne Abb. 54.)

Nach folgenden Gesichtspunkten können spezielle Glaswannentypen unterschieden werden:

1. Durch die Art der Abgrenzung zwischen Schmelz- und Arbeitswanne

Die einhäusige Wanne („Haus" bezieht sich auf das Oberteil der Glaswanne, in welchem die Verbrennung der Heizstoffe erfolgt); sie besitzt einen nicht getrennten, gemeinsamen Ofenraum für den Schmelz- und Arbeitsteil. Beide Wannenteile werden durch die gleiche Befeuerung beheizt. Bei den zweihäusigen Wannen stellen die beiden Wannenteile feuerungstechnisch getrennte Ofenteile dar. Eine Verbindung besteht dann nur über die Glasschmelze selber.

Unter einräumigen oder offenen Wannen („Raum" bezieht sich auf das Wannenbecken mit der Glasschmelze) versteht man Glasschmelzwannen, bei denen es zwischen der Schmelz- und Arbeitswanne, innerhalb des Glasbades, keine festen Abgrenzungen durch Brücken, Durchlässe oder Wanneneinschnürungen gibt. Lediglich zum Zurückhalten von auf der Glasoberfläche schwimmenden Verunreinigungen, können „Schwimmer" eingebaut sein. Eine zweiräumige Wanne weist eine entsprechende Abtrennung der Wannenteile im Schmelzbecken durch Brücken etc. auf.

2. Nach der Anordnung der Brenner

Die Querflammenwannen, bei ihnen sind mehrere Brennerpaare an gegenüberliegenden Punkten der Seitenwände der Wanne angebracht. Die Wannentemperatur ist hierdurch gut regulierbar. Da die Weglängen der Flammen relativ kurz sind, treten größere Wärmeverluste auf, als bei den U-Flammenwannen. Letztere besitzen ein Brennerpaar an der Stirnseite der Wanne. Die Flamme brennt in Wannenlängsrichtung und kehrt U-förmig zur Stirnseite zurück. Der lange Flammweg führt zu einer guten Brennstoffausnutzung. Der Nachteil der U-Flammenwannen ist in einer schlechteren Temperaturregelbarkeit zu sehen.

3. Nach der Art der Wärmerückgewinnungsanlagen

Es ist hierbei zu unterscheiden zwischen der regenerativ und der rekuperativ beheizten Wanne. Der überwiegende Teil aller im Betrieb befindlichen Glasschmelzaggregate wird über Regeneratoren beheizt. Diese bestehen aus vier Wärmespeichersystemen (Kammern), die mit einem Gitterwerk aus Feuerfestmaterial zugestellt sind, das etwa 40% des Kammerraumes ausfüllt und das den eigentlichen Wärmespeicher darstellt. Die heißen Ofenabgase werden im Wechsel durch jeweils zwei Kammern geleitet, wobei sich diese innerhalb von 20—30 min auf etwa 1000 °C erwärmen. Durch einen Umschaltvorgang

(„Wechsel") werden danach sowohl die Verbrennungsluft als auch das Brenngas durch je eine der aufgeheizten Kammern geführt und entsprechend vorgewärmt, während sich die beiden anderen Kammern wieder aufheizen. (Brenngase, die reich an Kohlenwasserstoffen sind, sind hiervon ausgenommen, da diese bei den hohen Temperaturen „vercracken"). Die Regenerativsysteme haben den Vorteil, hohe Vorwärmtemperaturen zu ermöglichen, wodurch hohe Flamm- und Ofentemperaturen erzielt werden, da ein nicht unwesentlicher Teil der Abgaswärme dem Ofen wieder zugführt wird. Der Nachteil der regenerativen Heizung ist in der Diskontinuität und dem zeitlich unterschiedlichen Wirkungsgrad der Regeneratoren zu sehen, der sich nicht nur innerhalb einer Wechselperiode verändert sondern sich auch durch ein Zusetzen des Gitterwerkes mit Gemengeflugstaub während des Betriebes ständig vermindert.

Rekuperatoren gestatten im Gegensatz zu den Regeneratoren eine kontinuierliche Arbeitsweise, sie besitzen aber einen weitaus geringeren Wirkungsgrad, da im Rekuperator aus Sicherheitsgründen keine Vorwärmung des Brenngases erfolgen kann. Der Wärmeusatausch erfolgt in den Rekuperatoren nach dem Gegenstromprinzip, wobei die Abgaswärme über keramische oder metallische Wände an die Verbrennungsluft abgegeben wird. Mit keramischen Rekuperatoren sind maximale Vorwärmtemperaturen von 1000 °C meist aber nur von 600 bis 800 °C erreichbar. Mit Metallrekuperatoren werden im Höchstfall Vorwärmtemperaturen von nur 400 bis 600 °C erreicht. Die besonderen Vorteile der Rekuperativheizung sind eine konstante Flammenrichtung im Ofenaggregat (keine Wechsel) wodurch eine gute Temperaturregelbarkeit und -konstanz in der Wanne erzielt wird.

Für die verschiedenartigsten Anwendungszwecke sind aus einer geeigneten Kombination der dargestellten konstruktiven Möglichkeiten bestimmte Wannentypen und Sonderformen zur Anpassung der Schmelzaggregate an die Belange der Technologie entwickelt worden, auf die im einzelnen hier nicht eingegangen werden kann; es sei auf die Fachliteratur verwiesen [246, 247, 248, 249]. Als ein Beispiel sei jedoch auf den etwa 1950 in den USA entwickelten Unit-Melter (Abb. 55) [250–251] hingewiesen, dessen Wannenbecken 5 bis 7mal so lang als breit ist

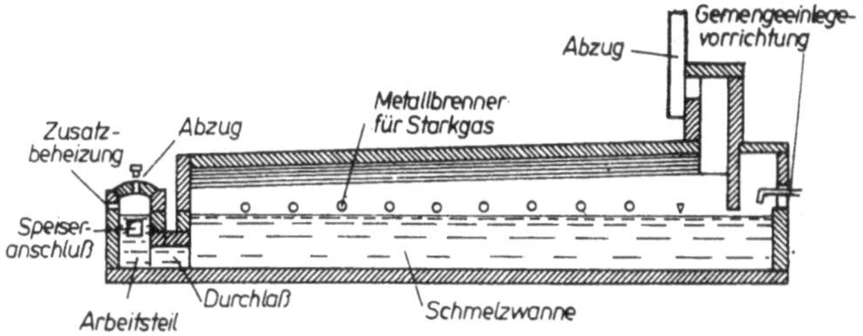

Abb. 55. Schema des Unit-Melters im Längsschnitt [250–251].

und an dessen Längsseiten eine große Anzahl von Metallbrennern für „Starkgas" angebracht sind. Die Abgase ziehen dem Gemenge entgegen und werden mit etwa 1200 °C aus der Wanne abgeführt! Der Unit-Melter zeichnet sich durch eine hohe Schmelzleistung und gute Glasqualität aus.

Die Energieausnutzung ist in allen mit Gas oder Öl beheizten Glasschmelzaggregaten trotz der Wärmerückgewinnungsanlagen unbefriedigend. Im allgemeinen werden nur 14 bis 15% der zugeführten Wärmemenge genutzt, etwa 85% gehen verloren!

Die Wärmeverluste verteilen sich wie folgt (Angaben nach BEYERSDORFER [249]):

32 bis 46%	Wandverluste im Oberofen
8 bis 15%	Wandverluste in Regeneratoren
15 bis 32%	Abgasverluste
4 bis 12%	Verluste durch Kühlung des Wannenbeckens
1 bis 2%	Wechselverluste.

Der Brennstoffverbrauch verändert sich während des Betriebes eines Schmelzaggregates („Wannenreise") recht erheblich und kann insgesamt um 10 bis 40% gegenüber dem Anfangswert zunehmen, was auf eine Verringerung des Wirkungsgrades der Wärmerückgewinnungsanlagen, zunehmende Wandverluste durch Wärmeabstrahlung usw., zurückzuführen ist.

Um eine Vorstellung zu erhalten von der Schmelzleistung von Glaswannen seien folgende Zahlenwerte genannt:

Tafelglaswannen mit einem Wannenbeckeninhalt von 1000 bis 5000 t Glas haben einen Glasdurchsatz an verarbeitbarem Glas bis zu 300 t/d. Der spezifische Wärmeverbrauch in Glaswannen liegt zwischen 5000 und 10000 kcal/kg Glas. Hohlglaswannen haben im allgemeinen ein erheblich kleineres Glasfassungsvermögen und damit auch eine entsprechend kleinere Schmelzleistung.

Viele der Nachteile, die das Schmelzen von Glas in Gas- oder Ölbeheizten Schmelzaggregaten mit sich bringt (hohe Energieverluste, Einwirkung der Verbrennungsgase, speziell SO_2 auf die Glasschmelze, Verdampfung von Gemengebestandteilen, starke Auflösung des Feuerfestmaterials usw.) lassen sich zum Teil vermeiden durch Anwendung von Elektroenergie. Ein erstes Grundpatent zum elektrischen Erschmelzen von Glas wurde im Jahre 1900 erteilt. Erst 1925 entstand aber die erste Elektroschmelzwanne durch RAEDER in Norwegen. RAEDER benutzte große Plattenelektroden aus Graphit, die in die Wände des Schmelzaggregates eingebaut waren. Etwa zur gleichen Zeit wurde in Schweden von CORNELIUS ein elektrischer Glasschmelzofen mit Eisenelektroden in Betrieb genommen. Der Ofen lieferte zwar durch Eisen verfärbtes Glas, benötigte aber nur 1,4 kWh/kg Glas. 1930 wurden durch FERGUSON in Cleveland bei der General Electric Company Schmelzversuche unternommen, bei denen erstmals wassergekühlte Molybdänblöcke als Elektroden Verwendung fanden. 1947 entwickelte PENTBERTHY einen kleinen Elektroofen zum Erschmelzen stark gefärbter Gläser mit Molybdänelektroden. Diese Arbeiten legten den technischen Grundstein, den BORELL zur Weiterentwicklung der Elektroschmelzaggregate nutzte. Die Molybdänelektrode setzte sich zunehmend durch und es wurden Glaselektroschmelzöfen mit einer Schmelzleistung von 30 t/d installiert [252 u. 253].

Das Hauptproblem der Elektroschmelze stellen die Elektroden dar. Die Kohlenstoffelektrode von RAEDER war gut, wurde aber vom Sauerstoff stark angegriffen, wirkte auf manche Glasbestandteile reduzierend und die Glasschmelze zeigte Verfärbungen durch fein verteilten Kohlenstoff. Die Eisenelektrode begrenzte trotz Wasserkühlung von vornherein die Schmelztemperatur und lieferte stark gefärbte Gläser. Erst die Molybdänelektroden, zunächst als Plattenelektroden, dann später in Stabform, lieferten einwandfreie Glasschmelzen, wenn das Molybdän vor dem Zutritt von Sauerstoff während der gesamten Schmelzzeit geschützt wurde. Für die Herstellung von Bleigläsern erwiesen sich jedoch auch die Molybdänelektroden als wenig geeignet. PENTBERTHY und WHITE entwickelten 1967 ein Verfahren zur Herstellung und zur praktischen Anwendung von Zinndioxidelektroden, bei denen das Hauptproblem die elektrische Kontaktgebung darstellte [254]. Die heute vielfach betriebenen vollelektrischen Glasschmelzöfen unterscheiden sich hinsichtlich der Art der eingesetzten Elektroden, ihrer Anordnung (horizontale oder vertikale Elektrodenanordnung) sowie hinsichtlich ihrer Abmessungen und Schmelzleistungen. Elektroschmelzaggergate sind besonders geeignet zum Erschmelzen von Fluorid-, Phosphat- und Borosilicatgläsern sowie für stark gefärbte Gläser.

Abb. 56 zeigt das Schema einer elektrisch beheizten Glasschmelzwanne mit vertikaler Elektrodenanordnung. Das Schmelzaggregat selber stellt einen quaderförmigen Reaktor dar, in den die Elektroden über waasergekühlte Durchführungen eingebaut werden. Der Schmelz- und Arbeitsteil des Elektroaggregates bilden über einen Durchlaß ein kommunizierendes System. Die Glasoberfläche des

Schmelzteiles wird von einem Gemengeteppich vollständig abgedeckt, so daß die Oberfläche selber nur eine niedrige Temperatur aufweist. Das Gemenge schmilzt nach unten ab, während die reaktionsbedingten Gase, hauptsächlich CO_2 und H_2O, durch das Gemenge nach oben austreten.

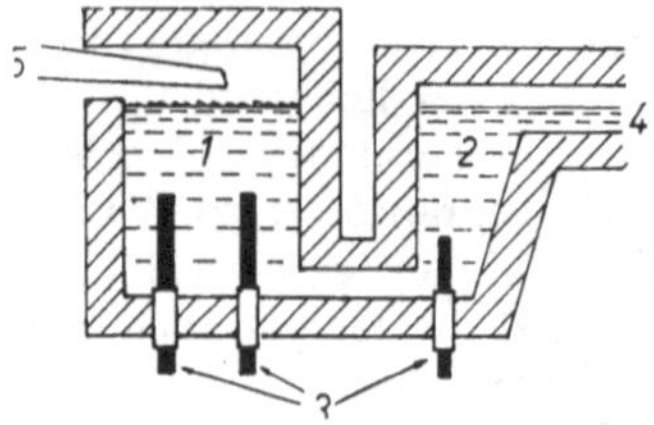

Abb. 56. Schematische Darstellung einer elektrisch beheizten Glasschmelzwanne mit vertikaler Elektrodenanordnung (vollelektrische Schmelze). *1* – Schmelzteil; *2* – Absteh- und Arbeitsteil; *3* – Elektroden; *4* – Speiser; *5* – Einlegevorrichtung

Die im Elektroreaktor geschmolzenen Gläser zeichnen sich aus durch eine vergleichsweise sehr gute Glasqualität (Homogenität und Blasengehalt), durch im allgemeinen Farblosigkeit, durch geringe Zusammensetzungsschwankungen, besonders bei Boratgläsern (infolge Vermeidung von B_2O_3-Verdampfungsverlusten) und nicht zuletzt dadurch, daß sie relativ wenig Feuerfestmaterial in sich aufgenommen haben, da die Auflösungserscheinungen der Wannenbaustoffe vergleichsweise zu den herkömmlichen Schmelzaggregaten rel. gering sind. Für die Glaserzeugung in Elektroreaktoren werden im allgemeinen nur etwa 1000 bis 1300 kcal/kg Glas benötigt, was allerdings unter den ungünstigen Aspekten der Elektroenergiegewinnung in Wärmekraftwerken zu betrachten ist. Umfangreiche Arbeiten zum Problem der Elektroglasschmelze wurden von Staněk durchgeführt, auf dessen Arbeiten besonders hingewiesen sei [255–257].

5.3.3. *Die Feuerfeststoffe*

Sowohl die Qualität des Glases als auch die Lebensdauer der Schmelzaggregate ist gebunden an die Eigenschaften der zur Verfügung stehenden feuerfesten Werkstoffe. Der modernen Glasschmelztechnik stehen heute feuerfeste Werkstoffe für die verschiedenartigsten Einsatz- und Anwendungszwecke zur Verfügung, die aber jeweils nur bestimmten Forderungen entsprechen, und keinesfalls universelle Eigenschaftswerte aufweisen. Die Palette der feuerfesten Werkstoffe für die unterschiedlichen Beanspruchungen in einer Glasschmelzwanne reicht vom reinen SiO_2-Sintermaterial (Silika) über Alumosilicate natürlichen und künstlichen Ursprunges, gesinterte Magnesia- und Magnesitchromoxiderzeugnisse bis zu den schmelzgegossenen Materialien, die heute ausschließlich aus reinen Rohstoffen wie Tonerde, $ZrSiO_4$, ZrO_2 mit einigen als Mineralisator fungierenden Zusätzen erzeugt werden [294]. Für kein anderes technisches Verfahren sind die spezifischen Eigenschaften des feuerfesten Materials von so bedeutendem Einfluß auf die Durchführung des Prozesses und auf die Qualität des Endproduktes wie für die Glaserzeugung.

Bei der Korrosion durch die Glasschmelze spielt neben der chemischen Zusammensetzung des Feuerfestmaterials auch dessen Gefügeausbildung eine wesentliche Rolle. Stark porige Materialien sind im Kontakt mit der Glasschmelze und den Ofengasen, die viel Alkalidampf und Gemengestaub enthalten, ungeeignet. Dies ist auch der Hauptgrund, weshalb die schmelzgegossenen Materialien, die fast porenfrei und praktisch gasdicht hergestellt werden können, in kaum zwei Jahrzehnten die Schamottewannensteine für die Zustellung der Bassins der Glasschmelzöfen fast vollständig ersetzt haben. Auch entscheidet die Temperaturwechselbeständigkeit den Einsatz der feuerfesten Werkstoffe, da die thermische Wechselbeanspruchung, vornehmlich im Bereich der Brenner, wesentlich ist, wo in relativ kurzer Zeit Temperaturschwankungen von mehreren hundert Grad Celsius auftreten können [295, 296].

Die Einführung der schmelzgegossenen Materialien hat die Technologie des Glasschmelzens entscheidend verändert. War früher das mit Schamottesteinen zugestellte Schmelzbassin der gefährdetste Teil der Glaswanne, der auch die Wannenlaufzeit bestimmte, so ist mit dem Aufkommen der schmelzgegossenen Steine und der Entwicklung einiger Spitzenqualitäten für spezifische Einsatzgebiete eine grundlegende Veränderung im Wannenbetrieb eingetreten. Durch die hohe Feuerfestigkeit des Materials war es möglich, die Schmelztemperatur und damit auch den Durchsatz zu steigern. Gleichzeitig konnten die Wannenlaufzeiten ganz beträchtlich erhöht werden.

Im Laufe der Entwicklung haben sich einige Standardtypen von schmelzgegossenen Steinen durchgesetzt:

Type	Einsatz	Besondere Vorzüge
Zirkonkorundstein mit 30–35% ZrO_2	Wannenstein für hohe Beanspruchung durch Glasschmelze, geeignet für Oberbau	Hohe Korrosionsbeständigkeit
Zirkonkorundstein mit 40–42% ZrO_2	Wannenstein für höchste Beanspruchung durch Glasschmelze, geeignet für Brenner	Sehr hohe Korrosionsbeständigkeit
Korundstein mit 93–99% Al_2O_3	Wannenstein für mittlere thermische Beanspruchung	Gutartige Auflösung
β-Tonerdestein mit 94% Al_2O_3 und mit 5% Na_2O	Speziell für Oberbau bei geringem Auftreten von Gemengestaub	Beste Beständigkeit gegen Alkalidämpfe, gute Temperaturwechselbeständigkeit
Al_2O_3-Cr_2O_3-Stein mit ca. 25% Cr_2O_3	Einsetzbar bei Gläsern, bei denen eine geringfügige Färbung durch Cr_2O_3 ohne Belang ist (Glasseide)	Höchste Korrosionsbeständigkeit, geringe Tendenz zur Bildung von Glasfehlern.

Heute werden für einige spezielle Fälle, wie z. B. den Durchlaß, lunkerfreie und allseitig bearbeitete Steine produziert. Besonderer Wert wird auf Materialien gelegt, die keine reduzierenden Bestandteile enthalten, d. h. bei denen der in die Schmelze geratene Elektrodenkohlenstoff durch Einleiten von Sauerstoff oder durch Zugabe oxydierender Mittel entfernt worden ist. Derartige Materialien zeigen verbesserte Eigenschaften im Kontakt mit der Glasschmelze, weil sie weniger zur Bildung von Gasblasen im Glas beitragen. Bis auf wenige Ausnahmen werden heute die Gasschmelzbassins völlig mit schmelzgegossenen Steinen zugestellt. Der Boden, der noch vielfach aus Schamottsteinen besteht, wird dann zumeist mit schmelzgegossenen Platten abgedeckt. Auch die Brenner und Teile des Oberbaues bestehen aus diesem Material. Das Gewölbe der Wannen wird üblicherweise mit hochwertigen Silikatsteinen zugestellt, während sich bei hohen thermischen Beanspruchungen Sillimanit- und auch schmelzgegossene Steine bewähren [294, 297]. Bei der Zustellung der Kammern nehmen die Magnesit- und Magnesitchromsteine immer breiteren Raum ein, so daß auch hier die früher üblichen Schamottequalitäten mehr und mehr zurückgedrängt werden. Neuerdings finden auch hier schmelzgegossene Steine Eingang [298].

Der Übergang von der Generatorgasbeheizung auf die Beheizung der Schmelzaggregate mit Öl oder Erdgas sowie die Einführung der vollelektrischen Schmelze haben neue Probleme bezüglich des Feuerfestmaterials gebracht, die jedoch inzwischen weitgehend gelöst werden konnten. Besonders bei Erdgasbeheizung ist der Oberbau der Schmelzwannen gefährdet. Bei der vollelektrischen Schmelze ist dagegen der Oberbau thermisch unbeansprucht, jedoch die Bordwände werden infolge der erhöhten Glasströmungen stärker beansprucht. Bei Elektrodendurchführung von unten werden die Elektrodensteine einer hohen Beanspruchung ausgesetzt [299].

Einen Sonderfall stellen die Schmelzwannen für das sog. E-Glas (alkalifreies Spinnfaserglas für Elektroisolationen) mit über 20% CaO dar, die wegen der extrem hohen Korrosion mit keramisch hergestellten Cr_2O_3-Platten ausgekleidet werden, weil diese eine ganz hervorragende Korrosionsbeständigkeit besitzen. Trotzdem gehen geringe Mengen Cr_2O_3 im Glas in Lösung und bewirken eine leichte Grünfärbung. Ein Nachteil dieser Cr_2O_3-Platten ist deren hohe Temperaturwechselempfindlichkeit.

Bei der Vielzahl der äußerst verschiedenartigen Gläser und Wannentypen sind naturgemäß die Kühl- und Isolierprobleme sehr unterschiedlich. Die derzeitige Tendenz, einzelne Partien der Schmelzwanne stärker von außen zu kühlen und durch konstruktive Maßnahmen und eine gut abgestimmte Zustellung mit hochwertigen Feuerfestmaterialien die Wärmeisolierung der gesamten Wanne weiter voranzutreiben, wird sich aus Gründen der Energieeinsparung fortsetzen. Als Isoliermaterialien finden temperaturbeständige Leichtbetone, Leichtsteine sowie Erzeugnisse aus feuerfesten Fasern auf $SiO_2-Al_2O_3$-Basis Anwendung [300]. Letztere eignen sich auch zur flexiblen Abdichtung von Dehnungsfugen!

Aus den genannten recht unterschiedlichen Forderungen, die an die feuerfesten Werkstoffe in der Glasindustrie gestellt werden müssen und besonders hinsichtlich der Bedeutung, die der stark differenzierten Korrosion der verschiedenen Glasarten bei ihren Schmelz- und Verarbeitungstemperaturen zukommt, ist es erforderlich, eine sorgfältige Auswahl und eine sinnvolle Kombination nach chemischen und physikalischen Gesichtspunkten beim Einsatz der verschiedenartigsten feuerfesten Werkstoffe vorzunehmen. Nur dadurch läßt sich für die Glaserzeugung ein Minimum an Störmomenten sowie eine wesentliche Verringerung des Energieverlustes erzielen.

5.4. Vorgänge beim Aufschmelzen des Gemenges

Das Gemenge, eine mehr oder weniger homogenisierte Mischung von Siliciumdioxid mit Carbonaten, Sulfaten, Nitraten oder anderen geeigneten Verbindungen der übrigen Glasbestandteile, stellt ein reaktionsträges Stoffgemisch dar, daß im wesentlichen nur durch endotherme, pyrochemische Reaktionen in Silicate, Borosilicate usw. umgewandelt werden kann.

Die chemischen und physikalischen Vorgänge beim Einschmelzen des Gemenges wurden in der Vergangenheit mit sehr verschiedenartigen Methoden recht eingehend analysiert. So untersuchte NIGGLI [258] mit rein chemischen Methoden die Reaktionsprodukte und die sich bildenden Glasphasen. TAMMANN arbeitete mit thermochemischen Methoden [259]. TURNER untersuchte die Gaspartialdrucke. Ganz wesentlich sind die Arbeiten von KRÖGER u. Mitarb., die sich mit Gleichgewichtsfragen und Reaktionsgeschwndigkeiten befassen sowie mit Untersuchungen über die Wärmeleitfähigkeit und die elektrische Leitfähigkeit im schmelzenden Gemenge [260]. Differential-thermoanalytische und thermogravimetrische Untersuchungen führten WILBURN [261] durch, während WONDRATSCHEK [262] und MOORE u. a. [263] röntgenanalytische Methoden anwendeten.

Die durch diese Arbeiten insgesamt gewonnenen Erkenntnisse über die Einzelheiten der Reaktionsmechanismen beim Einschmelzen des Glasgemenges sind außerordentlich interessant und aufschlußreich, haben aber bis heute für die Praxis der Glasherstellung nur relativ geringen praktischen Nutzen erbracht, da alle beim Erhitzen der Gemenge ablaufenden Reaktionen, gleich welcher Art sie auch immer sind, letztlich nur zu einem Endergebnis, der Glasschmelze führen.

Diese Gemengeprozesse beginnen bei Temperaturen $> 100\,°C$ mit der Abgabe von im Gemenge eingeschlossener Luft sowie der Bildung und Abgabe von Wasserdampf. Mit weiter steigender Temperatur ($> 600\,°C$) erfolgt zunächst über Festkörperreaktionen die Bildung von Doppelcarbonaten (z. B. $Na_2Ca(CO_3)_2$), die ihrerseits mit anderen Gemengebestandteilen leicht schmelzende Eutektika bilden. Hydrate, Nitrate, Carbonate und Sulfate zersetzen sich unter Gasabspaltung, und parallel hierzu laufen, nun unter Beteiligung flüssiger Phasen, die eigentlichen Silicatbildungsprozesse mit komplizierten Reaktionsmechanismen ab, deren Vielschichtigkeit bereits im Dreistoffsystem SiO_2—CaO—Na_2O so groß ist, daß eine Trennung in Einzelmechanismen kaum noch möglich ist, zumal diese Reaktionen im allgemeinen nicht quantitativ ablaufen und durch die verschiedenartigsten Faktoren beeinflußt werden.

Die Silicatbildung erfolgt insgesamt relativ schnell (im Vergleich zur nachfolgenden Glasbildung) und ist im allgemeinen bereits bei Temperaturen um 900 °C beendet. Der Zeitbedarf dieser Reaktionen wird bestimmt durch die Wärmeleitfähigkeit des Gemenges, die infolge der eingeschlossenen Gase äußerst gering ist und zu einem Wärmestau Anlaß gibt. In der Glasschmelzpraxis vermeidet man deshalb die Bildung von Gemengehaufen auf der Oberfläche der Glasschmelze und legt das Gemenge in möglichst dünnen Schichten ein. Das Shmelzverhalten des Gemenges wird selbstverständlich ganz wesentlich beeinflußt von der Art, Anzahl und Konzentration der Gemengekomponenten, von denen die Reaktionstemperaturen bestimmt werden, die im allgemeinen um so niedriger liegen, je mehr Komponenten im Glasgemenge enthalten sind.

Über den Einfluß der Feuchtigkeit im Gemenge hinsichtlich der Aufschmelzgeschwindigkeit wurden u. a. auch von Kröger u. Mitarb. [264] umfangreiche Arbeiten durchgeführt.

Mit der Silicatbildung im Gemenge ist ein erster wichtiger Schritt zur Glaserzeugung getan. Die sich zeitlich und von der Temperatur her daran anschließende, eigentliche Glasbildung, stellt nunmehr einen Lösungsvorgang dar, bei dem sich die restlichen Gemengekomponenten, vornehmlich SiO_2, in den gebildeten silicatischen Primärschmelzen auflösen. Dieser Auflösungsprozeß benötigt ein Vielfaches an Zeit — etwa das Zehnfache im Vergleich zur Silicatbildung — um die aus dem Gemenge verbliebene Restkieselsäure, (etwa 10 bis 30%) in Lösung zu bringen.

Für diesen Lösungsvorgang sind hauptsächlich Diffusionsvorgänge und die in der hochviskosen Schmelze sehr langsam und träge ablaufenden Homogenisierungsprozesse durch thermische Konvektion und aufsteigende Gasblasen wirksam.

Die bereits beim Silicatbildungsprozeß umgesetzte SiO_2-Menge, beträgt im allgemeinen 70 bis 90% der im Gemenge enthaltenen Kieselsäure. Hierbei werden besonders die kleinen SiO_2-Körner an der Umsetzung beteiligt sein, während die größeren Körner dem zeitlich, nachfolgenden langsameren Auflösungsprozeß vorbehalten bleiben. Hieraus könnte abgeleitet werden, daß der Einsatz von Quarzmehl anstelle von Sand eine optimale Beschleunigung aller Prozesse bringt! Da ein solches feinteiliges Gemenge aber Gaseinschlüsse extrem festhält, zur Staubbildung neigt und zur Gemengesteinbildung im fertigen Glas Anlaß gibt, hat sich in der Praxis gezeigt, daß ein für jedes Gemenge spezifisches Körnungsspektrum des SiO_2 (Fein- und Grobkorn) optimale Einschmelzbedingungen ergibt.

Parallel mit der Glasbildung durch Auflösungsprozesse laufen Vorgänge ab, die zeitlich und chemisch nicht von ersteren zu trennen sind und die der Entgasung und weiteren Homogenisierung der Glasschmelze dienen. Diese Läuter-, Homogenisierungs- und Abstehvorgänge sollen jedoch gesondert betrachtet werden, da sie erst beim Vorliegen einer Schmelze wirksam werden.

5.5. *Die Läuterung und Homogenisierung des Glases*

Unter der Läuterung (von „lauter“ = rein) des Glases, werden in der Sprache der Glasmacher jene Prozesse verstanden, die der Befreiung der aus dem Gemenge entstandenen Erstschmelze von Gasblasen, Konzentrationsunterschieden (Schlieren) und den noch in der Schmelze gelösten Gasen dienen. Die Läuterung der Glasschmelze beginnt mit der Steigerung der Temperatur über die

1000 °C-Grenze hinaus, wo infolge der hohen Viskosität zunächst nur sehr große, beim Aufschmelzen des Gemenges eingschlossene Gasblasen austreten können. Mit weiter zunehmender Temperatur vermindert sich die Viskosität der Schmelze und die aufsteigenden Gasblasen führen zu einer intensiven Durchmischung derselben, wobei die feinen Lösungsschlieren, vornehmlich von SiO_2 und Al_2O_3, zum Verschwinden gebracht werden. Würde eine solche mechanische Durchmischung der Schmelze nicht erfolgen, so könnte ein Konzentrationsaustausch zwischen Schliere und umgebender Schmelze nur über den Weg der Diffusion erfolgen, was extrem lange Zeiten in Anspruch nehmen würde. Eine Förderung dieses natürlichen Entgasungsvorganges einer jeden Schmelze wird seit altersher durch Zugabe von sog. Läutermitteln zum Gemenge erzielt, die entweder durch chemische Umsetzungen, durch thermische Zersetzung oder durch Verdampfung im Bereich bestimmter Temperaturen, plötzlich eine große Gasmenge in der Schmelze entbinden, wodurch eine intensive Durchmischung der Schmelze erfolgt, kleine Bläschen mitgerissen werden und deren Gasgehalt in größere Blasen entleert wird, sodaß diese schließlich aus der Schmelze austreten können. Die Temperatur bei der eine solche plötzliche Gasentbindung aus dem Läutermittel erzielt wird, bezeichnet man als Läutertemperatur, sie soll mindest 50 oder 100 °C höher liegen als die eigentliche Schmelztemperatur.

Die in der Glasschmelze physikalisch oder chemisch gelöste Gasmenge ist nicht unerheblich, und in den meisten Fällen sind die Schmelzen selbst nach der Läuterung noch leicht übersättigt an Gasen, so daß Rauhigkeiten der Oberflächen der Schmelzbehälter oder sonstige Keimbildungszentren zu ständigen und immer erneuten Gasausscheidungen Anlaß geben können. Solche Erscheinungen treten besonders dann auf, wenn die Gasatmosphäre über der Schmelze verändert wird, wodurch eine Störung labiler Gasgleichgewichte erfolgt oder aber eine erneute Temperatursteigerung in Erscheinung tritt, wodurch sich die Löslichkeitsverhältnisse der Gase im Glas verändern.

Auch durch Rühren der Glasschmelze, wie es zur Herstellung äußerst homogener optischer Gläser erforderlich ist, findet bei Nichtbeachtung dieser labilen Gas-Temperaturgleichgewichte und bei nicht ausreichender vorheriger Vermeidung von Gasübersättigung in der Schmelze, eine erneute Gasabscheidung statt, wobei sich meist sehr kleine, als „Gispen" bezeichnete Bläschen bilden, die nur schwer aus der Schmelze entfernbar sind. Die Läutermittel können, wie aus Abschnitt 5.1. ersichtlich ist, chemisch recht unterschiedlich sein und sind in ihrer Wirkungsweise den Erfordernissen der verschiedenartigsten Glaszusammensetzungen anpaßbar. So findet bei den hochschmelzenden Gläsern vom Pyrex-Typ meist NaCl als Läutermittel Verwendung, da der Dampfdruck des NaCl erst bei Temperaturen über 1500 °C ausreichend hoch ist, um Gasblasen in der Schmelze zu bilden. Die Glasschmelze hat ihrerseits aber bei dieser Temperatur nun auch eine für den Läuterprozeß ausreichend niedrige Viskosität.

Die Sulfatläuterung, meist bei den einfachen Na—Ca-Silicatgläsern zur Anwendung gebracht, erfolgt bei entsprechend niedrigeren Temperaturen (etwa 1350 °C) unter Austritt von SO_2.

Eine häufig bei chemisch-technischen und optischen Gläsern zur Anwendung gebrachtes Läutermittel ist Arsentrioxid in Gegenwart von Alkalinitraten. Die hierbei ablaufenden chemischen Reaktionen sind Gegenstand eingehender Untersuchungen gewesen, wobei sich herausgestellt hat, daß die Läuterwirkung auf weitaus komplizierteren chemische Umsetzungsmechanismen beruht, als bisher angenommen wurde. Die bisherige Annahme [265] basiert auf folgendem Reaktionsmechanismus:

$$As_2O_3 + O_2 \underset{\text{hohe Temperatur}}{\overset{\text{mittlere Temperatur}}{\rightleftharpoons}} As_2O_5$$

wobei das As_2O_3 durch die Alkalinitrate zu As_2O_5 aufoxidiert wird und letzteres sich bei Erreichen der Läutertemperatur wieder in As_2O_3 unter Abspaltung von O_2 zersetzt.

Aus den Untersuchungen von KARCH [266], EICHHORN [267] u. a. Autoren läßt sich nunmehr jedoch folgender Gesamtmechanismus für die Arsenläuterung ableiten:

$$1.\quad 5\,As_2O_3 + 5\,Na_2CO_3 \xrightarrow{180-350\,°C} 10\,NaAsO_2 + 5\,CO_2$$

$$2.\quad 10\,Na_2AsO_2 + 4\,Na_2CO_3 \xrightarrow{300-500\,°C} 6\,Na_3AsO_4 + 4\,CO_2 + 4\,As$$

$$3.\quad 2\,Na_3AsO_4 + 3\,SiO_2 \xrightarrow[1350\,°C]{\text{Läutertemp.}} 3\,Na_2SiO_3 + As_2O_3 + O_2$$

(Das in Gleichung 2. gebildete Arsen oxidiert sich schnell wieder zu zu As_2O_3, wobei die oxidierende Wirkung des Nitrates behilflich ist.)

KARCH wies darauf hin, daß es zweckmäßig sei, anstelle von As_2O_3 z. B. Ammonium-Magnesiumarsenat (ein Abfallprodukt der chemischen Industrie) dem Gemenge zuzugeben, wodurch vermieden wird, daß bereits ein Teil des As_2O_3 bei relativ niedriger Temperatur aus dem Gemenge absublimiert und so dem eigentlichen Läuterprozeß verloren geht.

Neben der Zugabe der verschiedenartigsten Läutermittel zum Gemenge sind gerade aus der Frühzeit der Glasherstellung noch heute Methoden gebräuchlich, die zur Anwendung kommen, wenn das Glas trotz allen Bemühens noch immer Blasen und Schlieren enthält, bzw. nach dem Läuterprozeß wieder „gispig“ geworden ist. In einem solchen Falle wendet man als Kunstgriff das sogenannte „Bülwern“ oder „Blasen“ an, das darin besteht, daß an einer Eisenstange eine Rübe, eine Kartoffel oder auch ein Stück nasses Holz bis zum Boden des Schmelzgefäßes in die Schmelze eingetaucht wird. Die hierbei entstehenden Dampf- und Gasblasen durchmischen die Schmelze intensiv und reißen die kleinen Bläschen mit an die Oberfläche. Anstelle der wasserhaltigen organischen Stoffe kann hierfür auch Arsentrioxid in Form von stückigem Material Verwendung finden, was bei den hohen Temperaturen der Schmelze sofort verdampft und entsprechende

Dampfblasen in der Schmelze erzeugt (Das Bülwern ist bei bereits länger im Betrieb befindlichen Schmelzwannen mit Vorsicht anzuwenden, da hier in tieferen Schichten meist stark tonerdehaltiges, äußerst zähes Glas anzutreffen ist, das hierdurch an die Oberfläche der Schmelze befördert werden kann und dabei das ganze Glas verdirbt!).

Die läuternde Wirkung, die das direkte Einbringen von Dampf oder Gas in die Glasschmelze ausübt, wird heute mit gutem Erfolg in einer verbesserten Form des „Bülwerns" durch direkte Zuführung über Düsensteine im Wannenboden (bubbling) genutzt.

Der Läuterprozeß insgesamt wird z. B. auch beeinflußt durch das Gemenge der Glasbestandteile selber, indem erfahrungsgemäß ein Gemenge mit einem sehr feinkörnigen, angefeuchteten Sand zwar schnell aufschmilzt aber dafür langsamer läutert als ein Gemenge mit grobkörnigem, trockenem Sand, bei dem die „Rauhschmelze" zwar länger dauert aber die Läuterung schneller abläuft, so daß meist insgesamt hierdurch die Schmelzzeit verkürzt wird!

Dem Läuterprozeß, dem in der Glasschmelzpraxis eine ganz entscheidende Rolle zukommt und der von erfahrenen Schmelzern sowohl in der Wanne als auch im Hafen ständig kontrolliert werden sollte (Einzelheiten [268, 269]), folgt der sog. Abstehprozeß, d. h. die allmähliche Temperatursenkung der Schmelze auf die Arbeitstemperatur, die erheblich niedriger liegt als die Läutertemperatur. Dieser Abstehprozeß ist verbunden mit einer Viskositätserhöhung der Glasschmelze, wobei häufig feinste Blasen durch Resorption verschwinden, die noch in der Schmelze enthalten sein können. Außerdem laufen Prozesse der Gleichgewichtsannäherung an die physikalischen Bedingungen der niedrigeren Temperaturen ab (Wasserdampf- und Gasgehalte der Schmelze), aber was weitaus wichtiger ist, es erfolgen mit großer Wahrscheinlichkeit strukturelle Aggregationen, die in ihren Einzelheiten bis heute noch nicht erfaßbar sind, die aber für die Nachfolgeprozesse der Verarbeitung und Formgebung des

Glases von nicht zu unterschätzender Bedeutung sind. So bewirkt z. B. ein zu langes Abstehen des Glases eine schlechte Verarbeitbarkeit (sog. „Montagsglas", jene Schmelze, die über das arbeitsfreie Wochenende in der Wanne bei rel. niedrigen Temperaturen gestanden hat!), aber auch das andere Extrem ist für den Verarbeitungsprozeß unvorteilhaft.

Die gesamten, für den Glasherstellungsvorgang charakteristischen Teilprozesse,

1. den eigentlichen Schmelzprozeß aus dem Gemenge,
2. den Läuterprozeß zur Homogenisierung und
3. den Abstehprozeß zur Anpassung der Schmelze an die Arbeitsbedingungen

sind in der Praxis nicht streng voneinander abzugrenzen. Alle drei Prozesse gehen mehr oder weniger kontinuierlich ineinander über bzw. überlagern sich zum Teil. Auch gibt es kaum meßtechnische Verfahren, um das Ende des einen oder den Beginn des anderen Prozesses ermitteln zu können. Entscheidend ist, daß am Ende der drei Verfahrensstufen ein qualitativ gutes Glas zu finden ist, wofür, trotz intensiver wissenschaftlicher Durchdringung der Prozesse, umfangreiche Praxis- und Erfahrungswerte, also empirische Faktoren, nach wie vor maßgeblich sind (Zusammenfassende Literatur zum Problem der Glasbildung, Reaktionen im Gemenge usw. sind zu finden in [271, 249, usw.]).

5.6. *Die Formgebungsverfahren*

Die Verfahren zur Formgebung des Glases sind alle auf das zähplastische Verhalten der Glasschmelze innerhalb bestimmter Temperaturbereiche abgestimmt. Glaserzeugnisse können sowohl aus der Wanne oder dem Glashafen heraus durch Blasen, Ziehen, Pressen, Drehen oder Gießen (Tätigkeit der Glasmacher) oder auch aus dem bereits festen Zustand, unter Verwendung von Glasrohren oder anderen Halbfabrikaten, durch erneutes Erwärmen vor der Lampe (Tätigkeit der Glasbläser) hergestellt werden. In beiden Fällen ist das viskose Verhalten des Glases in Verbindung mit seiner Oberflächenspannung für die Verarbeitbarkeit maßgeblich, wobei der Temperaturgradient der Viskosität bestimmt, ob ein Glas gut oder weniger gut verarbeitbar ist und die Oberflächenspannung dafür sorgt, daß Unebenheiten der Oberfläche verlaufen, sich einebnen und keine scharfen Kanten entstehen können, sondern alle Flächen das Bestreben haben, sich abzurunden.

Für die Verarbeitbarkeit des Glases sind Viskositätswerte zwischen etwa 10^3 und 10^6 Poise geeignet, es kommt jedoch nicht darauf an, daß sich das Glas bei einer bestimmten Temperatur in diesem günstigen Verarbeitungsbereich befindet, sondern daß diese günstige Verarbeitungsviskosität sich über ein sinnvoll breites Temperaturintervall erstreckt. Aus der Frühzeit der handwerklichen Glasverarbeitung stammt hierzu der Begriff des „kurzen“ oder „langen“ Glases, mit dem die Größe dieses Temperaturintervalles charakterisiert ist.

Für die meisten Gläser, die in der Praxis verarbeitet werden, läßt sich eine Temperaturdifferenz für den Viskositätsbereich zwischen 10^3 und 10^6 P von etwa 400 °C ermitteln. Gläser mit einer Differenz von 500 °C werden als ausgesprochen „Lang“ und solche mit z. B. nur 250 °C als extrem „Kurz“ bezeichnet. Für die unterschiedlichen Arbeitsgänge bei der Verarbeitung des Glases, sind bestimmte Viskositätswerte typisch, z. B. (nach Beyersdorfer) [249]:

Gießviskosität etwa 10^2 P,
Tropfenbildung im Speiser $10^{3,4}$ bis ^{4,1} P,
Verblasen des Glases $10^{4,9}$ bis ^{6,3} P und
Abgabe des Fertigerzeugnisses, ohne das Deformationsgefahr besteht etwa bis 10^{7-8} P.

Für die maschinelle Verarbeitung von Glas mit Hochleistungsautomaten zu Hohlgläsern ist für eine störungsfreie Produktion eine schnelle Wärmeabführung von ganz wesentlicher Bedeutung, da hierbei ein Temperaturunterschied von mindest 400 bis 500 °C vom Glasposten bis zur fertig geblasenen Flasche in 10 oder 20 Sekunden durchlaufen werden muß. In dieser kurzen Zeit müssen bei einem Gewicht der Flasche von 500 bis 600 Gramm etwa 100 kcal über die Wandung der Form abgeführt werden!

Generell sei jedoch festgestellt, daß die Einstellung der richtigen Viskosität des Glases, die für die ganz unterschiedlichen Formgebungsverfahren innerhalb des genannten Verarbeitungsintervalles recht unterschiedlich und spezifisch ist, ein großes Maß an Erfahrung und Feinfühligkeit erfordert und hierfür eine langjährige Praxis eine entscheidende Grundlage darstellt.

Als Fachliteratur für den Gesamtbereich der Formgebungsverfahren und der Glasverarbeitung kann empfohlen werden [272, 248, 249, 247].

5.6.1. *Hohlglas*

Die Erfindung der Glasmacherpfeife ermöglichte es, durch Aufblasen eines Glaspostens Hohlgläser mit einem erheblich geringeren Aufwand und Risiko herzustellen, als es durch die Sandkerntechnik der Ägypter und Assyrer möglich gewesen ist. Die Arbeitsgänge des Glasblasens mittels der Glasmacherpfeife sind seit jener frühen Zeit die gleichen geblieben und stellen im Prinzip, unabhängig von der endgültigen Form des Glasgegenstandes, einen immer wiederkehrenden, gleichbleibenden Vorgang dar, der in seinen einzelnen Stufen auch auf die Funktion der Glasblasautomaten zur Herstellung von Hohlglaserzeugnissen übertragen wurde.

Die Glasmacherpfeife besteht aus einem Metallrohr, daß auf der einen Seite ein Mundstück sowie einen hölzernen Griff besitzt und am sog. Arbeitsteil meist eine mehr oder weniger ausgeprägte Verdickung des Rohrendes aufweist. Die Glasmacherpfeife wird zu Beginn der Arbeit am Arbeitsteil mit einer dünnen Glasschicht überzogen, danach wird durch Eintauchen in die Glasschmelze eine bestimmte Glasmenge, die als Posten bezeichnet wird, aufgenommen. Dieser Glasposten wird durch geschicktes Drehen der Pfeife am Herunterlaufen gehindert und nach Erreichen einer bestimmten Viskosität in einem Formlöffel oder „Motzeisen“ geformt. Danach wird in den Glasposten eine bestimmte Menge Luft eingeblasen, wodurch das sogenannte Külbel entsteht. Durch erneutes Erwärmen im Ofen und ein erneutes „Motzen“ wird dafür gesorgt, das die Wandstärke des Külbels gleichmäßig ist. Besteht die Notwendigkeit, die Glasmenge, die sich nach einmaligem Aufnehmen von Glas auf der Glasmacherpfeife befindet, zu erhöhen, so wird das Külbel erneut unter einer Drehbewegung in die Glasschmelze eingetaucht (überstochen) und durch Einblasen von Luft zu einem dickwandigen Hohlkörper möglichst gleicher Wandstärke vorgeformt. Dieser Prozeß wird solange wiederholt, bis sich genau die richtige Menge Glas an der Pfeife befindet. Diese Glasmenge kann zwischen wenigen Gramm und mehr als 50 kg schwanken. Das immer wieder aufgewärmte Külbel wird nunmehr durch Schleudern und Schwenken der Pfeife unter ständiger Drehbewegung und zeitweiligem Einblasen von Luft in einen sog. Darm, einen länglichen Hohlkörper von immer noch relativ dicker Wandung, verformt und damit dem Endprodukt angepaßt. Dieser „Darm“ wird jetzt in eine aus Holz oder Metall hergestellte, aufklappbare Form eingeblasen. Bei einer Form für einen rotationssymmetrischen Körper erfolgt das Einblasen des Glases unter ständigem Drehen der Glasmacherpfeife, wodurch eine gleichmäßige Wandstärke des herzustellenden Gegenstandes erreicht wird. Bei der Herstellung von nicht rotationssymmetrischen Körpern dagegen muß die Drehbewegung beim Einblasen in die Form zwangsläufig unterbleiben. An derartigen Gegenständen sind dann meist ungleiche Wandstärken zu beobachten.

Die Übertragung dieser in Abb. 57 dargestellten Arbeitsgänge mittels der Glasmacherpfeife auf die technisch hochentwickelten Glasblasautomaten, ist mit einer absoluten Perfektion erfolgt, wobei die Speisung der

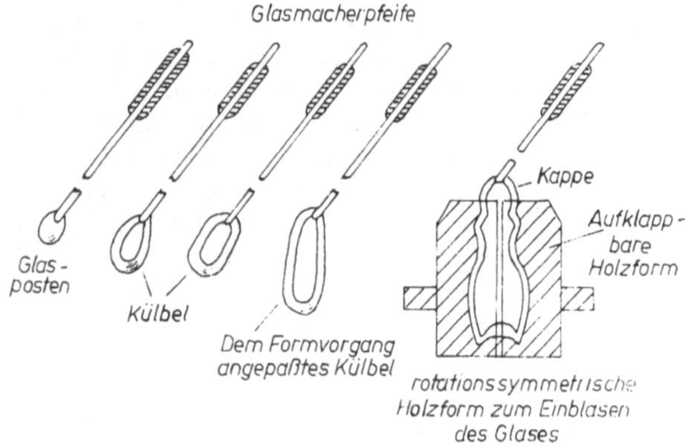

Abb. 57. Schematische Darstellung der Glasverarbeitung mittels der Glasmacherpfeife.

Automaten mit Glas über Saug- oder Tropfspeiser erfolgt. Der Glasposten wird im Automaten zu einem Külbel verarbeitet, vorgeformt und schließlich in die rotierende Fertigform eingeblasen. Die Entwicklung derartiger Automaten in den unterschiedlichsten Ausführungsarten hat heute einen technischen hohen Stand erreicht, und die Produktivität steht in keinem Verhältnis zur manuellen Fertigung.

Der erste Vollautomat zur Hohlglasherstellung wurde bereits 1899 von M. J. Owens in England konstruiert und gelangte zu Anfang des 20. Jahrhunderts zum allgemeinen praktischen Einsatz. Die Owens-Automaten mit Saugspeisern (Abb. 58), die den Glasposten in eine Vorform einsaugen, wurden in den Folgejahren weitgehend perfektioniert und sie sind noch heute zur Herstellung von rel. dickwandigem Hohlglas (Konservenglas, Flaschen usw.) im Einsatz. Der Saugspeiser, der es er-

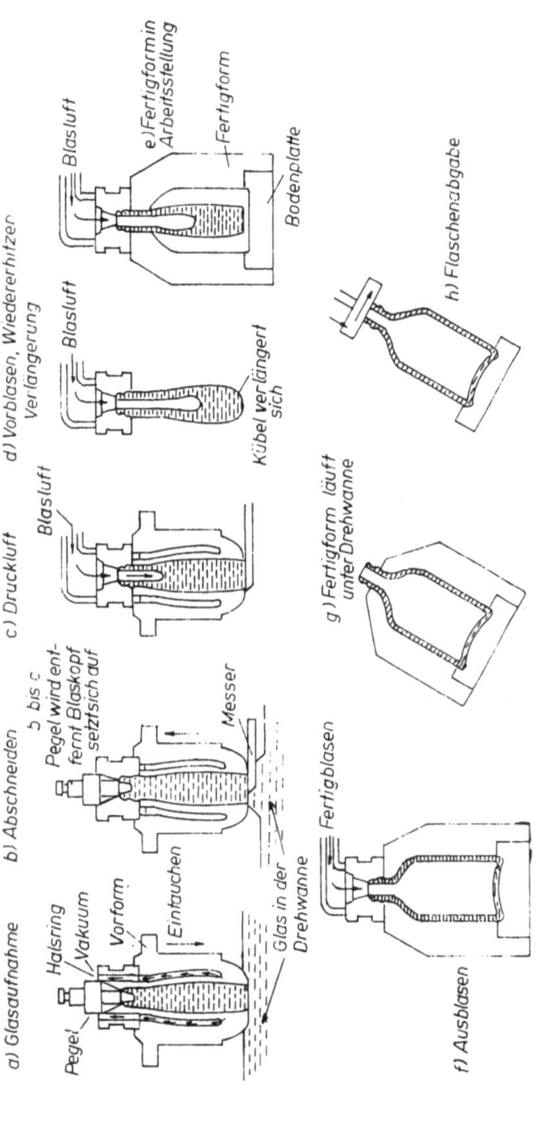

Abb. 58. Arbeitsgänge eines OWENS-Automaten mit Saugspeiser [248].

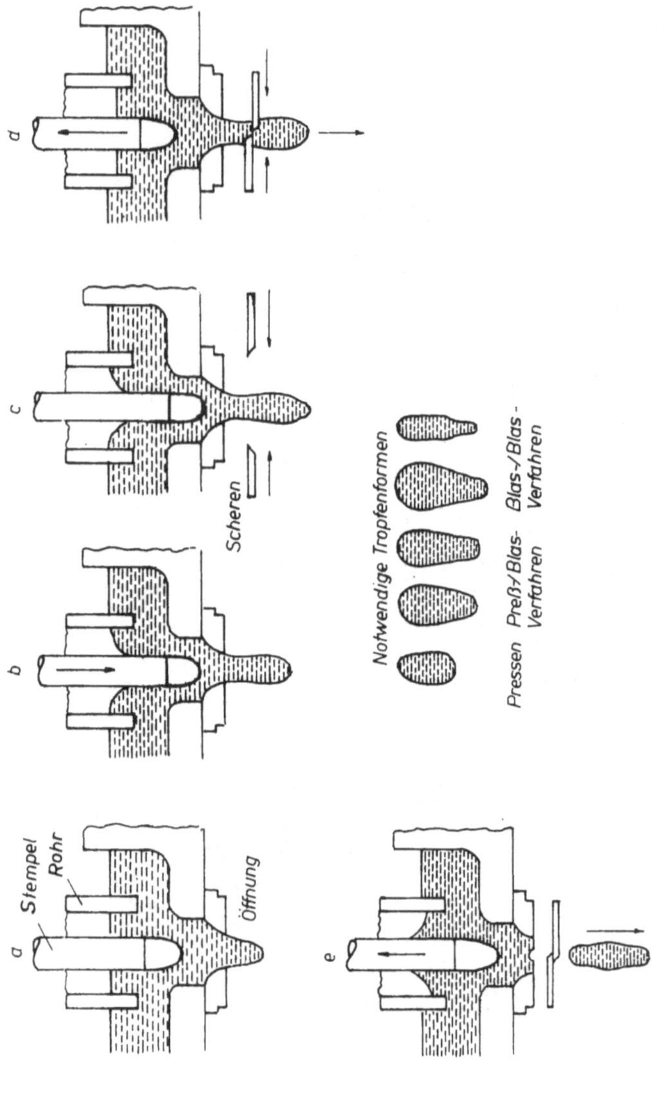
a
Stempel
Rohr
Öffnung
b
c
Scheren
d
e
Notwendige Tropfenformen
Pressen
Preß-/Blas-
Verfahren
Blas-/Blas-
Verfahren

forderlich macht, daß die Maschine direkt an der Glaswanne steht, damit das Glas von der Oberfläche der Schmelze eingesaugt werden kann, weist eine Reihe von Nachteilen auf und wird heute weitgehend durch den Tropfspeiser verdrängt (Abb. 59).

Die Hohlglasautomaten wurden in Anpassung an die unterschiedlichsten Glastypen und Glaserzeugnisse vielfach variiert, so daß heute eine Vielzahl von Maschinentypen unterschiedlicher Funktionsprinzipien existieren. Hierbei lassen sich im Prinzip 3 Grundtypen unterscheiden:

1. Der Blas-Blas-Automat, bei dem der Glastropfen vom Speiser in eine Vorform gelangt, im Mündungsteil der Vorform festgeblasen wird (Niederblasen) und durch ein entsprechendes Gegenblasen das Külbel entsteht (siehe Abb. 60).
2. Der Saug-Blas-Automat, bei dem der Glasposten durch Saugen von der Glasoberfläche einer Glaswanne oder einer nachgeschalteten Drehwanne entnommen wird (Prinzip siehe Abb. 58).
3. Der Preß-Blas-Automat, bei dem das Külbel aus dem Glasposten durch Pressen gebildet wird, um dann in die Blasform überführt zu werden, in der es zum fertigen Erzeugnis verblasen wird.

Für die Herstellung dünnwandiger Hohlgläser, wie z. B. Glühlampenkolben usw. finden Automaten Verwendung, die ohne Vorform arbeiten, bei denen der Glasposten direkt in der Hauptform gebildet und gleich dort ausgeblasen wird.

Speziell zur Herstellung dünnwandiger Massenerzeugnisse, wie Glühlampen, wurde von Corning-USA eine hochwirksame Produktionstechnologie entwickelt. Mittels

Abb. 59. Funktionsschema eines Tropfspeisers [248]
a) Glas fließt unter eigenem Gewicht; *b*) Glasfluß wird durch Stempel beschleunigt; *c*) Abschnitt erfolgt, wenn Stempel im unteren Totpunkt oder bald danach; *d*) bei beginnender Abwärtsbewegung des Stempels ist der Abschnitt beendet; *e*) Tropfen fällt frei.

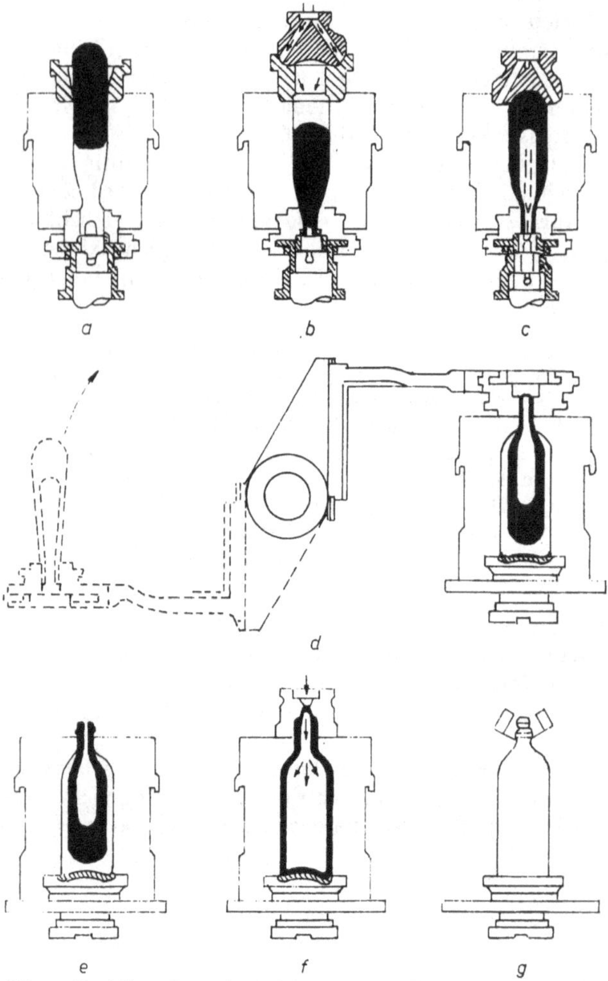

Abb. 60. Funktionsschema der Arbeitsgänge einer HARTFORD-IS-Maschine mit Tropfspeiser-Beschickung [248].
a) Tropfenabgabe; *b*) Niederblasen; *c*) Gegenblasen; *d*) Übertragung aus Vorform in Fertigform; *e*) Wiedererhitzen; *f*) Fertigblasen; *g*) Ausleeren

der sog. Band-(Ribbon)-Maschine gelingt es, 50000 bis 60000 Kolben pro Stunde herzustellen, im Gegensatz zu den üblichen Karusselmaschinen, die höchstens 4000 bis 5000 Kolben pro Stunde erzeugen können.

Die wesentlichen Funktionsmerkmale der Ribbon-Maschine bestehen darin, daß aus einem kontinuierlichen Glasstrom über zwei Walzen zunächst ein Glasband gewalzt wird, das auf eine kontinuierliche Kette von Lochplatten aufgelegt wird. Durch jedes der Löcher wird später ein Kolben geblasen. Eine kontinuierliche Kette

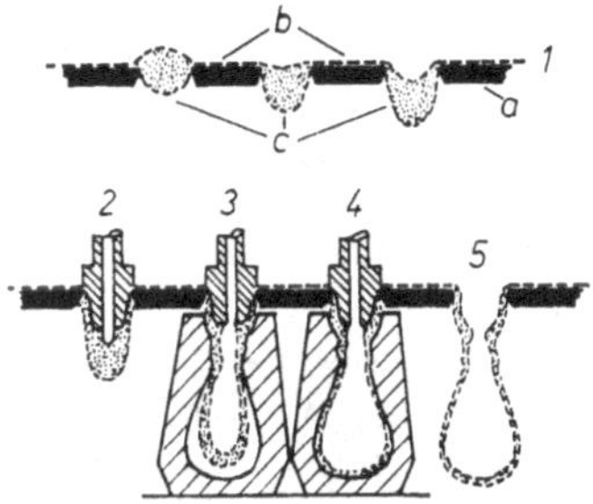

Abb. 61. Schema der Arbeitsweise der Band-(RIBBON-)Maschine

1 – horizontal laufendes Lochband (*a*) mit einem aufgelegten, gewalzten Glasband (*b*) das „postenartige“ Verdickungen (*c*) aufweist, die auf Grund der Schwerkraft durch die Öffnungen sinken.

2 – Aufsetzen des Blaskopfes und Bildung eines Külbels; *3* – Einblasen des Külbels in die Form; *4* – Ausblasen der Form; *5* – fertiger Glasrohling.

mit Blasköpfen läuft synchron mit dem Lochband und es setzt sich über jedes Loch ein Blaskopf. Unterhalb der Lochplatte läuft eine kontinuierliche Kette mit Blasformen, die aus zwei Formhälften bestehen, die sich um den zu bildenden Kolben schließen und in denen unter Rotation der Form der Kolben ausgeblasen wird. Die geblasenen Kolben werden schließlich vom Band abgeklopft. Das entscheidende Merkmal der Maschine ist die absolute Synchronität mit der die drei Ketten laufen müssen.

Das Arbeitsschema einer solchen Maschine ist in Abb. 61 dargestellt.

5.6.2. *Flachglas (Blatt-Formung)*

Zur Herstellung von Flachglas, d. h. Glastafeln relativ geringer Dicke aber möglichst großer flächiger Abmessungen wurden, wie in Abschnitt 1.2. erwähnt, bereits in der Antike erste Versuche unternommen. Im Mittelalter wurde Fensterglas so hergestellt, daß eine aufgeschnittene, mundgeblasene Hohlkugel im heißen Zustand auf der Glasmacherpfeife in schnelle Drehung versetzt wurde, wodurch sich die weiche Glasmasse zu einer flachen Scheibe streckte. Dieses Verfahren als Mondglasverfahren bezeichnet, lieferte mehr oder weniger große flache Glasstücke, die in Blei gefaßt, Fensterscheiben ergaben. Die Reststücke aus der Mitte der Scheibe ergaben die sogenannten Butzenscheiben, die allerdings später gesondert hergestellt wurden. Die Erzeugung von Flachglas bis zum Beginn unseres Jahrhunderts war, abgesehen von Gußglasscheiben, die auf angewärmten Eisentischen durch Auswalzen von Glasschmelze erzeugt wurden, an das Blasen großer Walzen gebunden, die nach Entfernung der beiden Kappen längs aufgeschnitten und in besonderen Strecköfen gestreckt wurden. Dieses Verfahren, des freihändigen Blasens großer Walzen wird noch heute zum Teil für die Herstellung von Farb- und Sondergläsern angewendet. Zu Beginn unseres Jahrhunderts erlangte ein von Lubbers in den USA entwickeltes Verfahren einiges Interesse, bei welchem durch einen mechanisierten Blas-Ziehprozeß große Hohlwalzen erzeugt und ebenfalls aufgeschnitten und in Strecköfen gestreckt wurden. Alle diese auf das Blasen von Hohlkörpern zurückgehenden Verfahren, lieferten nur Flachgläser mit wenig guter Oberfläche, so daß in der Durchsicht mehr oder weniger starke Bildverzerrungen (sog. Optik) unvermeidbar sind. Bereits 1857 unternahm deshalb der Engländer Clarke Versuche, Glasscheiben direkt aus der Schmelze einer Wanne zu ziehen. Seine Arbeiten führten jedoch nicht zum gewünschten Ergebnis, da das entstehende Glasband auf Grund der Oberflächenspannung des Glases das Bestreben hat, zusammenzulaufen und somit ständig schmaler zu werden. Erst etwa ein halbes Jahrhundert später nahmen nahezu zur gleichen Zeit der Belgier Fourcault (1904) und der Amerikaner Colborn (1905) Arbeiten in dieser Richtung wieder auf, die beide zu den grundlegenden Verfahren der Flachglasherstellung führten.

Das Fourcault-Verfahren: Charakteristisch für dieses Verfahren ist die im Glasbad der Glaswanne befindliche lange Schlitzdüse (Ziehdüse), aus einem geeigneten Feuerfestton hergestellt, die soweit in die Schmelze hineingedrückt wird, daß das Glas aus dieser Düse infolge des hydrostatischen Druckes herausquillt. (Schematische Darstellung des Verfahrens siehe Abb. 62 u. 63.) Das 1000 bis 1060 °C heiße Glas wird sofort nach dem Einsenken der Düse von einem Fangstück aufgenommen, das langsam senkrecht nach oben abgezogen wird. Das sich hierbei bildende Glasband wird nun durch Kühler (wassergekühlte Rohre) an den beiden Bandrändern intensiv gekühlt so daß hier eine starke Viskositätszunahme erfolgt und somit der Effekt des Zusammenlaufens des Bandes unterbleibt. Die Entwicklung dieser sogenannten Bortenhalter war der entscheidende Schritt zur Realisierung der kontinuierlichen Flachglasziehverfahren. Das Glasband, das sich oberhalb der Ziehdüse bildet, wird durch „Kühlflaschen“ (Flächenkühler), die in Längsrichtung zu beiden Seiten des Glasbandes angebracht sind, gleich oberhalb der sogenannten Ziehzwiebel stark gekühlt und zwar bis zum Tg-Bereich des Glases, so daß das Glasband die erforderliche mechanische Festigkeit erlangt. Die Schwerkraft des Glasbandes wird durch die Zugkraft der über der Ziehdüse angebrachten Ziehmaschine überwunden. In dieser Ziehmaschine wird das Glasband zwischen 16 bis 18 Walzenpaaren, die mit Asbest überzogen sind, senkrecht nach oben gezogen. Die Walzenpaare befinden sich innerhalb eines Kühlschachtes von 5 bis 8 m Länge, in dem sich das Glasband spannungsfrei abkühlen kann. Nach Verlassen des Kühlschachtes wird das Band auf die gewünschte Tafellänge zerschnitten.

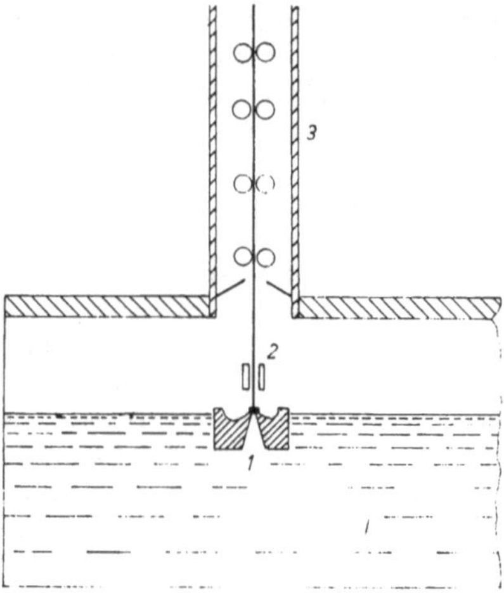

Abb. 62. Schematische Darstellung der Flachglasherstellung nach dem FOURCAULT-Verfahren [248].

1 – eingetauchte Düse; *2* – Flächenkühler; *3* – vertikale Zieheinrichtung und Kühlofen

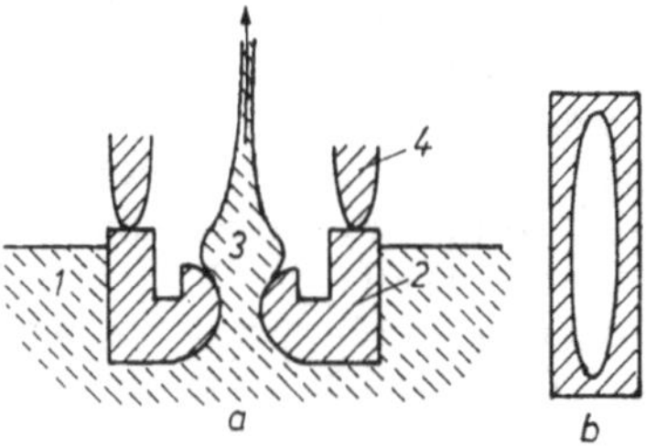

Abb. 63. Schema der Ziehdüse einer FOURCAULT-Maschine.

a) im Querschnitt *1* – Glasbad, *2* – Ziehdüse, *3* – Ziehzwiebel *4* – Düsendrücker

b) in der Aufsicht:
Der ovale Querschnitt der Düse dient der Sicherung einer gleichmäßigen Banddicke, da der Mittelstrom des Glases heißer ist als der Außenstrom.

Die Ziehleistung der FOURCAULT-Maschinen liegt (bei einer Glasdicke von 2 mm) bei 120 bis 200 cm/min. Die Ziehgeschwindigkeit wird ganz entscheidend von der Viskosität des Glases beeinflußt. Diese muß, kurz bevor das Glas zur Bandbildung gelangt, möglichst hoch sein, was eine relativ niedrige Ziehtemperatur erfordert. Die Ziehtemperatur wird aber bestimmt von der oberen Kristallisationstemperatur des Glases, die bei den FOURCAULT-Gläsern entsprechend der jeweiligen Zusammensetzung zwischen etwa 890 und 960 °C liegen kann. Bevorzugt werden solche Glaszusammensetzungen, die eine möglichst niedrige Entglasungstemperatur aufweisen, z. B. SiO_2 = 72,5%, Al_2O_3 = 1,8%, CaO = 4,0%, MgO = 6,0%, Na_2O = 15,0% und Restbestandteile = 0,7%. Ein derartiges Glas besitzt eine Entglasungstemperatur von 895 °C (entnommen [249]). Die Abkühlung des Glases auf derartig niedrige Temperaturen im Bereich der Ziehzwiebel ist beim FOURCAULT-Verfahren beschränkt auf die zugängige Fläche des Schlitzes der Ziehdüse, die maximal eine Breite von 200 mm haben kann. Die Qualität des FOURCAULT-Glases wird bestimmt durch die chemische und thermische Homogenität des zu ziehenden Glases. Um eine hohe chemische Homogenität des Glases zu erreichen, werden zum Schmelzen hohe Temperaturen benötigt (1500—1550 °C). Eines der Probleme und nicht zuletzt der Nachteil des Fourcault-Verfahrens ist das Düsenmaterial, das sich selbstverständlich im Glas auflöst (und das nicht immer gleichmäßig), so daß eine sog. „Ziehoptik" (Ziehstreifen) der Glasbänder nahezu unvermeidbar ist. Die ständige Erweiterung und Veränderung des Ziehschlitzes der Düse infolge der Auswaschung durch das Glas, sowie Entglasungserscheinungen an der Düse bedingen, daß die Ziehdüse nur eine begrenzte Funktionsdauer aufweist. Eine Ziehperiode umfaßt meist nicht mehr als 500 Arbeitsstunden.

Das FOURCAULT-Verfahren bietet Möglichkeiten zur Herstellung von maschinengezogenen Überfanggläsern. Hierzu wird das aus der Düse abgezogene Glasband an einer längs dieses Bandes verlaufenden sogenannten Schüssel vorbeigezogen, aus der eine Schicht schmelzflüssigen Trüb- oder Farbglases vom Glasband aufgenommen wird (Schema des Vorganges s. Abb. 64).

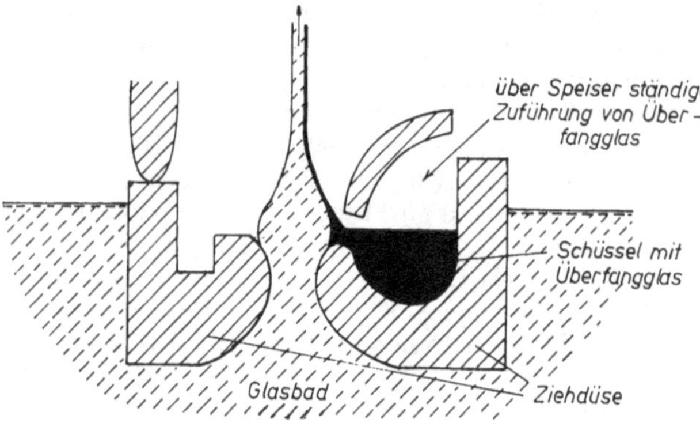

Abb. 64. Schematische Darstellung der Ziehdüse zur Erzeugung von Überfangglas nach dem FOURCAULT-Verfahren.

Das COLBURN-Verfahren stellt die Grundlage für das prinzipgleiche LIBBY-OWENS-Verfahren dar. Beide Verfahren arbeiten ohne Verwendung einer Ziehdüse. Das Glasband wird direkt aus der Oberfläche der Glasschmelze herausgezogen. Auch hier ist ein entscheidendes Funktionsprinzip die „Bortenkühlung", die 3—5 cm oberhalb des Glasspiegels durch waasergekühlte, rotierende Walzen erfolgt. Zwei Flächenkühler reduzieren die Bandtemperatur nur soweit, daß das Glasband etwa 60—70 cm oberhalb des Glasspiegels noch über eine polierte Stahlwalze um 90° in die horizontale Ebene umgelenkt werden kann. Das Glasband durchläuft nun in dieser Ebene einen Kühlofen (Abb. 65).

Obgleich das COLBURN-(LIBBY-OWENS)-Verfahren im Vergleich zu anderen Flachglasziehverfahren hohe spezifische Leistungen erbringt (120—160 m/h bezogen auf 2 mm dickes Glas) und relativ dünne Scheiben gezogen werden können (min. 0,6 cm), sind nur relativ wenige Anlagen dieser Art in Betrieb. Die Problematik dieser Verfahren liegt in der Kompliziertheit der Ziehkammer und darin, daß die Umlenkwalze im Abstand von mindest 10 Tagen ausgewechselt werden muß, da die Güte der Walzenpolitur sich im Gebrauch ständig vermindert und damit die Oberflächenqualität des Glases.

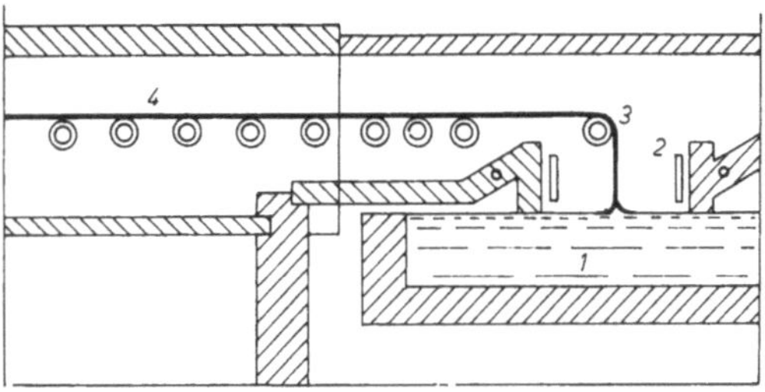

Abb. 65. Schematische Darstellung der Flachglasherstellung nach COLBURN [248].

1 — flache Ziehwanne; *2* — Flächenkühler; *3* — Biegerolle; *4* — horizontaler Kühlofen

Das PITTSBOURGH-Verfahren: In den Jahren nach 1918 wurde unter Verwendung der Ziehmaschine von FOURCAULT und des düsenlosen Ziehens von COLBURN das PITTSBOURGH-Verfahren entwickelt (Prinzip des Verfahrens siehe Abb. 66). Dieses Verfahren gestattet es, relativ hohe Ziehgeschwindigkeiten bei großer Tafelbreite (max. 335 cm) zu erreichen.

Die hohen Ziehgeschwindigkeiten sind möglich, weil mit Hilfe eines in der Glasschmelze untergetauchten — das Verfahren kennzeichnenden — Ziehblockes aus Feuerfestmaterial, das Glas der Ziehzwiebel relativ kalt gehalten werden kann. Der Ziehblock befindet sich einige Zentimeter unterhalb der Glasoberfläche und weist eine Breite von 30 bis max. 80 cm auf. Andererseits kann durch die besondere Konstruktion der Ziehkammer die Glasmasse in diese mit hoher Temperatur einströmen — was eine gute Homogenität des Glases zur Folge hat — weil hier Möglichkeiten zur Intensivkühlung gegeben sind. Die besonderen thermischen Bedingungen, die wesentlich von denen beim Fourcault-Verfahren im Ziehbereich abweichen, lassen es zu, den Alkaligehalt des „PITTSBOURGH-

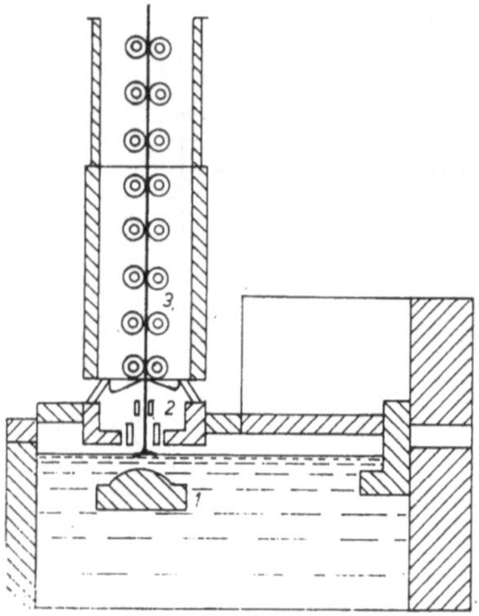

Abb. 66. Schematische Darstellung der Flachglasherstellung nach dem düsenlosen Pittsburgh-Verfahren [248].

1 — untergetauchter Ziehblock; 2 — Flächenkühler; 3 — vertikaler Kühlofen und Zieheinrichtung.

Glases" um einige Gewichtsprozent zu reduzieren, wodurch das Glas in der hydrolytischen Klasse III liegt. Die höchste Ziehleistung des Verfahrens wird bei Glasdicken von 3—4 mm erreicht. Das Ziehen von Glastafeln < 1 mm bereitet nach diesem Verfahren Schwierigkeiten. Besonders zu betonen ist die gute Qualität der düsenlos gezogenen Gläser im Vergleich zum FOURCAULT-Glas.

Das Float-Glas-Verfahren: In den Jahren 1952—1959 wurde mit einem ganz erheblichen Kostenaufwand in England von den Pilkington Brothers Ltd. ein Verfahren zur Herstellung von Flachglas entwickelt, das ein in der Glasindustrie bis dahin völlig neuartiges Prinzip zur Grundlage hat [273]. Das genannte Verfahren überbietet alle anderen Verfahren zur Flachglasherstellung sowohl hinsichtlich der Qualität des Glases als auch im Hinblick auf die Ziehleistung. Das Verfahren stellt zunächst an die Qualität des Ausgangsglases höchste Anforderungen. Die zur Gemengeherstellung erforderlichen Gemengehäuser sind mit modernsten Ausrüstungen versehen, um zu gewährleisten, daß das zur Einschmelzung gelangende Gemenge ein Glas höchster Zusammensetzungskonstanz ergibt. Die Schmelzwannen, mit einer Schmelzfläche in der Größenordnung von 250 m², bei einer Bassinbreite von 10 m, werden mit Erdgas oder Heizöl beheizt. Das Glas wird bei Temperaturen von 1560—1600 °C erschmolzen. Der Abstehteil der Wanne hat die gleiche Größe wie der Schmelzteil, was für die thermische Homogenisierung des Glases von Nutzen ist. Das auf 1170 °C abgekühlte Glas läuft über einen breiten Auslauf auf ein Metallbad. Dieses Metallbad (Float-Bad) mit einer Badtiefe von 30 cm, besteht aus Zinn mit Zusätzen von 0,005% Natrium oder 0,001% Magnesium. Über dem Bad herrscht eine reduzierende Stickstoffatmosphäre mit 0,5% H_2. Das Zinnbad wird elektrisch beheizt, und es sind Einrichtungen eingebaut, die es gestatten, unterschiedlich heiße Zonen voneinander zu trennen. Insgesamt lassen sich 5 Zonen unterscheiden, in denen folgendes Geschehen abläuft:

Zone 1: Das Glas breitet sich auf der Metalloberfläche aus, wobei sich eine Dicke von etwa 6 mm bei 1000 bis 1030 °C einstellt.

Zone 2: Das Glas wird von Kühlern, die von Wasser durchflossen sind auf etwa 700 °C abgekühlt und am Ende dieser Zone von Transportrollen erfaßt.

Zone 3: Das Glasband wird wiederum auf 850 °C erwärmt und dabei auf die gewünschte Dicke verstreckt, wobei die Glasoberfläche eine Feuerpolitur erhält.

Zone 4: Das Glasband wird auf 650 °C abgekühlt.

Zone 5: Das Glasband wird vom Floatbad abgehoben.

Die Metalloberfläche des Floatbades gibt die Gewähr dafür, daß die Unterseite des darauf schwimmenden Glasbandes absolut plan und frei von Unebenheiten ist, während die Glasoberfläche eine Feuerpolitur aufweist. Floatglas hat deshalb die Oberflächenqualität eines geschliffenen Spiegelglases. Es kann mit einer Bandbreite von 1,8 bis 4,1 m und mit Glasdicken von 2—19 mm hergestellt werden. Die erreichbaren Ziehgeschwindigkeiten übertreffen die der anderen Flachglasziehverfahren bei weitem, so sind erreichbar: bei 2 mm Glasstärke etwa 900 m/h und bei 6 mm Glasstärke 200—240 m/h.

Das Floatglasverfahren bietet darüberhinaus die Möglichkeit farbige Flachgläser durch Elektrodiffusion von farbgebenden Ionen in das Glasband herzustellen, wobei die Leitfähigkeit des Metallbades und die der daraufschwimmenden Glasschmelze ausgenutzt wird [274].

Zur Herstellung besonders dünner Flachgläser $< 0{,}2$ mm, sind die bisher beschriebenen Verfahren ungeeignet. Dünngläser, wie sie in der Mikroskoptechnik benötigt werden, wurden früher ausschließlich nach dem Mundblasverfahren vom Glasmacher erzeugt. Inzwischen existieren jedoch maschinelle Verfahren, die Dünngläser (0,1—0,2 mm) und Dünnstgläser (1—10 µm) mit hoher Qualität herzustellen in der Lage sind. Im Prinzip bieten sich heute zwei Möglichkeiten an:

1. Das Verfahren zum Verstrecken eines Glasbandes nach Röder. Es besteht darin, daß ein bandförmig zugeschnittener Flachglasstreifen normaler Dicke (2—4 mm) in einem Schlitzofen über einen schmalen Bereich der Breite dieses Streifens erwärmt und das erweichte Glas mit einer höheren Geschwindigkeit abgezogen wird als der dicke Glasstreifen in den Ofen nachläuft. Bei einer entsprechend hohen Abzuggeschwindigkeit, bei der eine Bordenhaltung erforderlich ist — um ein Einschnüren des Bandes zu vermeiden — können Glasfolien, selbst noch mit einer Dicke von wenigen µm hergestellt werden. Das Prinzip des Verfahrens ist aus Abb. 67 ersichtlich.

2. Eine weitere Möglichkeit der Herstellung dünner Glasbänder besteht im direkten Ziehen eines Glasbandes aus der Schlitzdüse einer elektrisch beheizten Platinwanne (Schema s. Abb. 68). Dieses Verfahren findet besonders bei der Verarbeitung von Glas der I. hydrolytischen Klasse Anwendung.

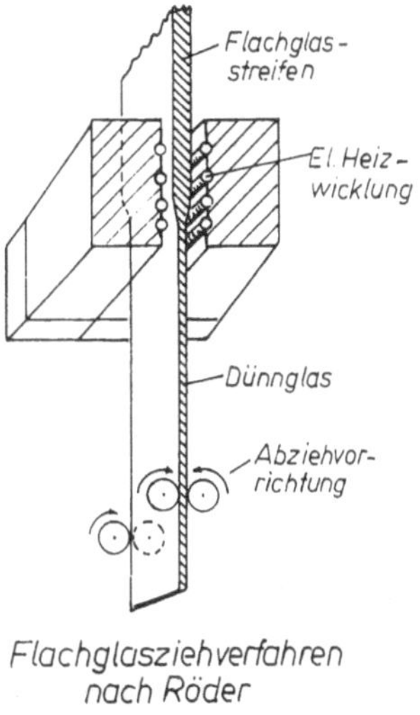

Abb. 67. Verfahren zur Herstellung von Glasfolien (Dünnglas) durch Verstrecken dicker Glasscheiben.

Für die Herstellung von Flachglas stehen außer den Blas- und Ziehprozessen, wie bereits erwähnt, auch Walzverfahren zur Verfügung. Walzgläser weisen im Gegensatz zu den nach erstgenannten Verfahren hergestellten Flachgläsern spezifische Oberflächenstrukturen auf, wodurch ihre Einsatzmöglichkeiten bestimmt werden. Sie finden heute recht vielseitig in der Bauindustrie Anwendung.

Das bereits 1688 von ST. GOBAIN entwickelte Tischverfahren (Abb. 69a) liefert Gläser recht beachtlicher

Dickenschwankungen, so daß für die Herstellung von Spiegeln große Schleifverluste eintraten. BICHEROUX entwickelte dieses Verfahren dahingehend weiter, daß er das Glas zwischen zwei Walzen mit einem festgelegten Walzen-

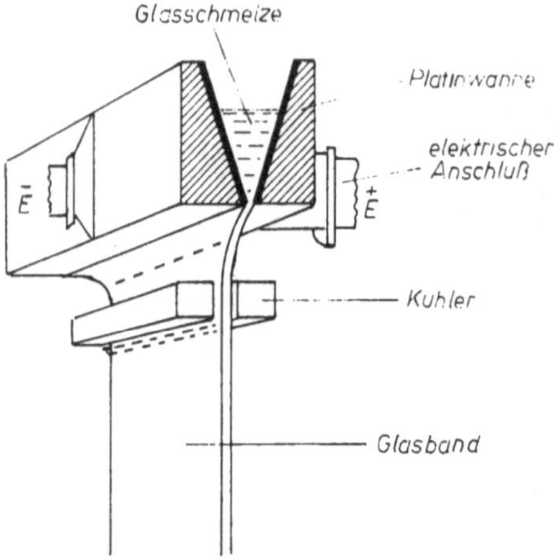

Abb. 68. Ziehen von Dünnglas, direkt aus der Schmelze [7].

abstand auswalzte (Abb. 69b). Das Verfahren arbeitete diskontinuierlich, die Glasaufgabe erfolgte portionsweise. Erst 1924 wurde ein kontinuierliches Walzverfahren mit einem Glasauslauf aus der Wanne entwickelt, das als Kontinue-Verfahren bekannt wurde. Dieses Verfahren gestattet auch die Herstellung von Ornamentgläsern,

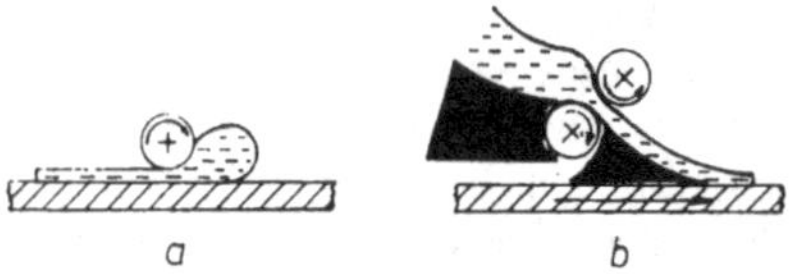

Abb. 69. Glaswalzverfahren.

a) Tischwalzverfahren

b) Doppelwalzverfahren nach BICHEROUX (in Anlehnung an [247]).

indem mit einem entsprechendem Ornamentprofil versehene Walzen Verwendung finden. Heute ist es möglich nach dem genannten Verfahren Bandbreiten von 4 m bei einer Walzgeschwindigkeit von etwa 7 m/min herzustellen.

Zur Erzeugung von Drahtglas existieren mehrere Herstellungsmöglichkeiten; eine dieser Möglichkeiten ist in Abb. 70 schematisch dargestellt. Walzverfahren gestatten

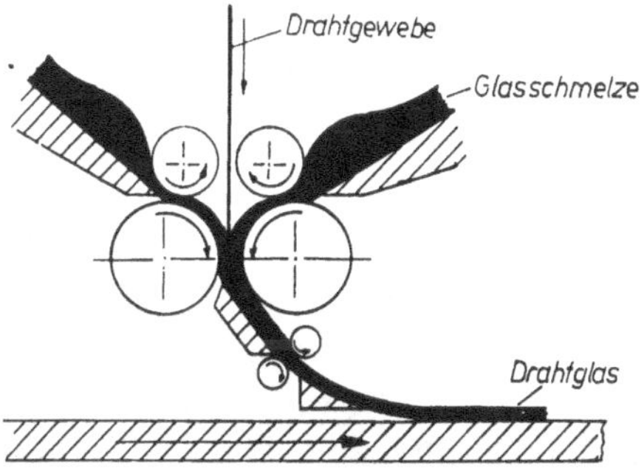

Abb. 70. Doppelwalzverfahren zur Herstellung von Drahtglas (in Anlehnung an [247]).

es auch sogenanntes Profilglas mit *U*- oder *Z*-Profil herzustellen, indem aus dem gewalzten Band im noch plastischen Zustand, durch eine geeignete Anordnung von Rollen, die Ränder des Glasbandes zum gewünschten Profil umgebogen werden.

5.6.3. Rundglas-Strang-Formung (Glasrohre und Glasstäbe)

Die Technologie der manuellen Herstellung von Glasstäben und -rohren ist fast so alt wie die Glasherstellung selbst. Wurden doch bereits Glasstäbe für die Dekoration der Sandkerngefäße etwa 1500 Jahre v. u. Z. benötigt und demzufolge auch hergestellt! Noch heute werden in vielen Hütten Rohre und Stäbe (speziell Kapillaren und Produkte aus Spezialgläsern) nach handwerklichen Verfahren erzeugt. Dieser Vorgang läuft wie folgt ab: Mit der Glasmacherpfeife wird ein entsprechender Posten Glas aufgenommen und zu einem Külbel geformt. Durch Wälzen auf einer Metallplatte wird daraus ein kegelförmiger oder zylindrischer Körper mit einem ebenso geformten Lufthohlraum hergestellt. Durch ein entsprechend häufiges Überstechen (erneutes Aufnehmen von Glas aus der Schmelze) wird die Glasmenge an der Pfeife den Erfordernissen angepaßt. Dieser Formkörper auf der Glaspfeife, als „Post“ bezeichnet, besitzt eine ebene Grundfläche, an die der sogenannte „Nabel“ angeheftet wird, der einen an einem Hafteisen befindlichen, zu einem Teller gedrückten Glasposten darstellt. Der Rohrmacher und sein Gehilfe, der Läufer, entfernen sich nun langsam voneinander unter ständigem Drehen des Hafteisens und der Pfeife, wobei der Rohrmacher in bestimmten Zeitabständen Luft in die Pfeife einbläst, um den sich ständig vergrößernden Hohlraum im entstehenden Rohr mit Luft auszufüllen. Bei der Herstellung von Kapillaren, die auch prismatischen Querschnitt haben können — je nach der Vorform der „Post“ — wird in diese nur eine minimale Luftmenge eingeblasen, und der Läufer zieht das Rohr mit entsprechend großer Geschwindigkeit auseinander. Analog verfährt man bei der Herstellung von massiven Stäben, nur das hierbei die Post ohne Einschluß eines Lufthohlraumes hergestellt wird.

Dieses manuelle Verfahren wurde bereits seit langem prinzipiell durch maschinelle Verfahren abgelöst, die einerseits die Techniken der manuellen Rohrherstellung übernommen haben (Danner-Verfahren), aber andererseits zum Teil neue Wege gegangen sind (Vello-Verfahren) oder aber sich anlehnten an Verfahrenstechniken der Flachglasherstellung (Schuller-Verfahren).

Das Danner-Verfahren (schematische Darstellung s. Abb. 71): Der Rohrbildungsprozeß erfolgt hierbei kontinuierlich über eine schrägstehende rotierende Keramikpfeife, durch die ständig Luft eingeblasen wird und auf die sich ein aus einem Schmelzaggregat auslaufender Glasstrang aufwickelt, der als Rohr waagerecht über eine Ziehbahn von 30—50 m Länge mittels einer Abziehvorrichtung mit einer bestimmten, hohen Geschwindigkeit abgezogen wird. Diese Abziehvorrichtung besorgt gleichzeitig das ständige Abtrennen bestimmter Rohrlängen. Das nach seinem Erfinder DANNER (1917) benannte Verfahren gestattet es, Rohre mit Durchmessern bis zu etwa 5 cm abzuziehen. Das Verfahren erfordert die Einhaltung bestimmter Temperaturwerte an der Ziehpfeife, einen konstanten Druck der eingeblasenen Luft, eine bestimmte

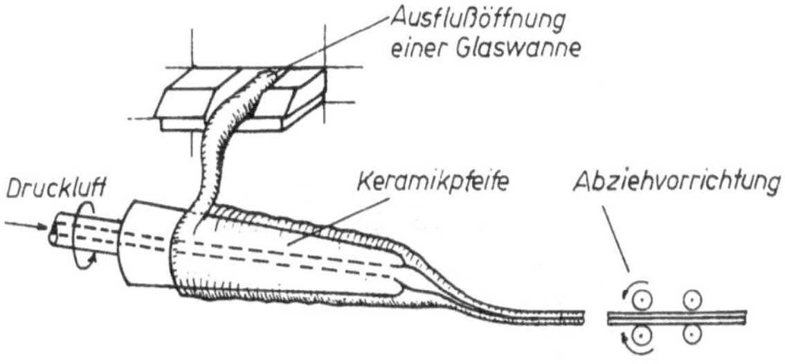

Abb. 71. Schemadarstellung zum Verfahren der Rohrherstellung nach DANNER [247].

Drehzahl der Pfeife und eine konstante Abziehgeschwindigkeit des Rohres. Von der Einhaltung einmal eingestellter Werte sind bestimmte Rohrdurchmesser und Wandstärken abhängig und bereits geringfügige Veränderungen, vor allem der Temperatur in der sog. Ziehmuffel, bedingen starke Abweichungen von den vorgegebenen Toleranzwerten. Das Verfahren gestattet es in gleicher Weise Glasstäbe herzustellen, indem einfach die Luftzuführung zur Glaspfeife unterbleibt.

Das SCHULLER-Verfahren (schematische Darstellung s. Abb. 72): Es entspricht in seinem Grundprinzip dem düsenlosen Ziehverfahren von Flachglas, und wurde in den dreißiger Jahren entwickelt. Der Rohrbildungsprozeß erfolgt direkt aus der Schmelze über einen Ziehkegel entsprechender Dimensionierung, und das Rohr wird senkrecht nach oben aus einer rotierenden Schüssel, in die kontinuierlich Glasschmelze einläuft, abgezogen. Durch den Ziehkegel hindurch erfolgt die erforderliche Luftzufuhr. Kühlringe, die oberhalb des Ziehkegels angebracht sind, sorgen für die Einhaltung bestimmter Rohrdurch-

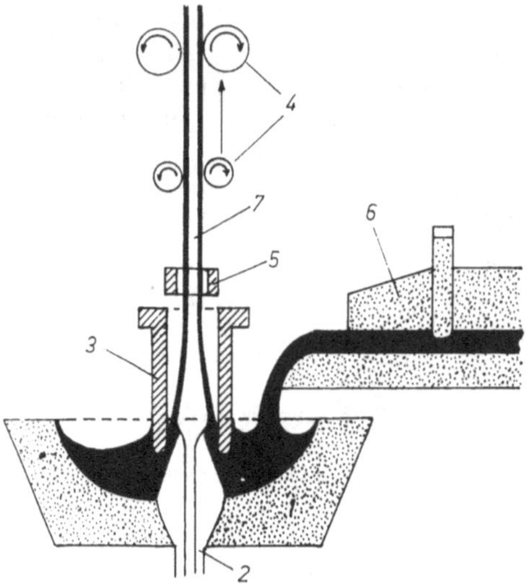

Abb. 72. Prinzip der Glasherstellung nach SCHULLER.

1 – Drehschüssel; *2* – Düsenkopf; *3* – Muffelzylinder; *4* – Transportwalzen; *5* – Kühlring; *6* – Glasschmelzwanne; *7* – Glasrohr

messer. Das Schuller-Verfahren ist besonders geeignet zur Herstellung von Rohren größerer Durchmesser. Es ermöglicht aber ebenfalls, unter Verwendung eines entsprechenden Ziehkegels, Glasstäbe herzustellen.

Das VELLO-Verfahren, in England entwickelt, ist als modernes Hochleistungsverfahren zur Herstellung von Rohren anzusehen. Über eine Düse, der ebenfalls Druckluft über einen Düsenzapfen zugeführt wird, läuft Glas aus dem Boden einer Zuführungsrinne aus und wird unter Ausnutzung der Schwerkraft nach unten abgezogen. Das noch weiche Glasrohr wird alsbald in die horizontale Ebene umgelenkt und läuft über eine entsprechende Kühlbahn und Rohrzerteilungseinrichtung. Das VELLO-Verfahren erfordert für die Herstellung von Rohren hoher Abmessungskonstanz ein Glas von bester chemischer Homogenität und sehr gleichmäßiger Temperatur, da es stärker als die anderen Verfahren von der Viskosität des Glases beeinflußt wird. Die Ziehleistung dieses Verfahrens ist außerordentlich hoch (bis zu 650 m/min) im Vergleich zu den anderen, hier genannten Verfahren (20—60 m/min).

Weitere Möglichkeiten zur Herstellung von Rohren und großer Hohlkörper aus Glas bestehen im Schleudern des Glases nach dem Zentrifugenprinzip. Hierbei wird eine entsprechende Glasmenge in eine Form eingebracht, die mit hoher Geschwindigkeit um ihre Längsachse rotieren kann. Auf Grund der Zentrifugalkraft wird das Glas gleichmäßig an die Formwandung angepreßt. Verfahren dieser Art befinden sich zur kontinuierlichen Rohrherstellung großer Abmessungen in der Entwicklung.

5.6.4. *Preßglas*

Ein Formgebungsvorgang, bei dem das thermoviskose Verhalten des Glases bereits ebenfalls in frühester Zeit sinnvoll zur Herstellung einfacher Massivglasgegenstände genutzt wurde, ist das Eindrücken der hochviskosen Glasschmelze in Formen. Je größer der hierbei aufgewandte Druck ist, um so besser und vollständiger werden die Feinheiten der Form vom Glas ausgefüllt und nach dem Erkalten wiedergegeben. Aus diesen einfachen Anfängen hat sich eine Technologie entwickelt, mit deren Hilfe heute ein großer Teil einfacher und billiger, aber auch sehr spezieller und hochwertiger Glaserzeugnisse hergestellt werden, wie z. B. Backschüsseln aus „feuerfestem“ Jenaer Glas, Fernsehkolben (aus zwei Teilen, die dann später miteinander verschmolzen werden), Trinkgläser, Schalen und Schüsseln jeder Art usw. Durch Pressen werden aber auch schon weitgehend optische Linsen und Prismen soweit vorgeformt, daß anschließend nur noch eine Feinbearbeitung erforderlich ist. Auch bei den Signalgläsern mit besonders optisch wirksamer Oberfläche handelt es sich um solche Preßgläser.

Das maschinelle Pressen wurde etwa 1880 eingeführt. Dem eigentlichen Preßvorgang muß die Erzeugung eines Glaspostens mit einer auf das Volumen des zu pressenden Objektes genau abgestimmten Glasmenge vorausgehen. Der Posten kann manuell dem Glasschmelzgefäß entnommen oder aber, wie es bei allen Preßautomaten erforderlich ist, über einen Speiser erzeugt werden. Der Preßvorgang ist stark abhängig von dem spezifischen Viskositäts-Temperatur-Verhalten des jeweiligen Glases und bedarf der Einhaltung bestimmter, diesen Eigenschaften angepaßter Arbeitstemperaturen der Preßwerkzeuge. Zu niedrige Preßtemperaturen führen zum nicht richtigen Auspressen des Glases und zu feinen Sprüngen durch die Berührung mit dem zu kalten Preßwerkzeug. Bei zu hohen Arbeitstemperaturen besteht die Gefahr des Anklebens des Glases an der Preßform.

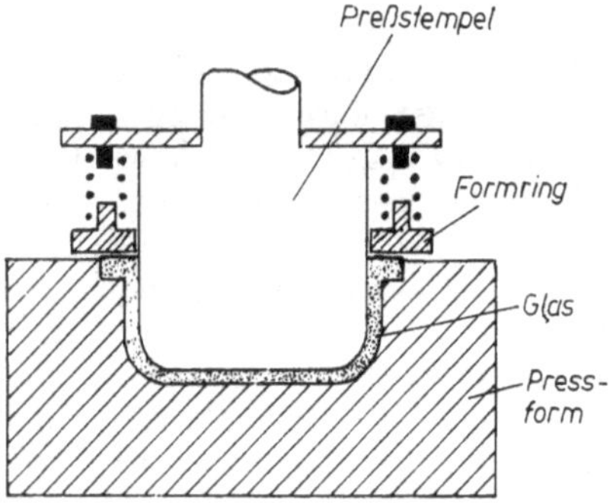

Abb. 73. Preßwerkzeug für die Herstellung von Preßglas (Schema), [247].

Der prinzipielle Aufbau eines Preßwerkzeuges ist in Abb. 73 dargestellt. Die Form und der Preßstempel sind aus einem Spezialgußstahl hergestellt und besitzen eine polierte Oberfläche, von deren Politur die Oberflächengüte des zu pressenden Glases abhängt. Zum Pressen von Hand werden noch heute Federkorb- oder Exzenterpressen benutzt, die aber zunehmend durch Druckluftpressen oder rein mechanisch arbeitende Revolverpressen ersetzt werden. Für die Fertigung von einfachem, *rel.* dickwandigem Haushaltsglas existieren vollautomatische Preßaggregate mit Tropfspeisung, die eine hohe Produktivität besitzen.

5.6.5. Glasfasern und Glasseide

Das Ausziehen einer Glasschmelze zu dünnen Fäden ist, bedingt durch Viskosität und Oberflächenspannung der Schmelze, ein bei der normalen Verarbeitung des Glases häufig anzutreffendes Phänomen. Die gezielte Herstellung von Glasfasern war wohl erstmalig für die Millefioritechnik erforderlich, zumindest erstmalig im größeren Umfang (s. S. 29). Eine industriemäßige Glasfaser und -fädenproduktion erfolgte erst zur Mitte des 19. Jh. u. Z. nach dem Prinzip des Stabziehverfahrens mit Hilfe des „Spinnapparates" des Franzosen Julius de Brunfaut. Durch eine Gebläselampe wurde das Ende eines Glasstabes stark erhitzt und der Fadenabzug erfolgte durch eine Trommel von 1 m Durchmesser, die mit etwa 600—700 Umdrehungen in der Minute per Hand gedreht wurde. Durch Aufschneiden der Trommelwicklung entstanden so Fadenbündel von etwa 3 m Länge. Auch Glaswolle wurde bereits im vorigen Jahrhundert erzeugt und wegen ihrer guten Wärmedämmwirkung und als Filtermaterial hoher chemischer Beständigkeit sehr geschätzt. Heute finden Glasfasern und Glasseidenerzeugnisse eine breite Anwendung, die von der thermisch hochisolierenden Superfeinfaser über grobe Glaswolle bis zu Glasseidengeweben für textile Anwendungszwecke und nicht zuletzt zur Lichtleitfaser reicht. Die Bedeutung der Glasfaser- und -seidenentwicklung findet ihren Ausdruck in einer Vielzahl von Patenten, die sich mit den Verfahren zur Herstellung und Verarbeitung befassen. Grundsätzlich lassen sich danach alle bisher bekannt gewordenen Verfahren drei unterschiedlichen Grundprinzipien zuordnen, die Faden- oder Fasermaterial verschiedenartiger Beschaffenheit liefern:

1. Schleuderverfahren: Diese Verfahren nutzen die Zentrifugalkraft rotierender Scheiben oder Trommeln, von oder aus denen das flüssige Glas in feinen Fäden abgeschleudert wird. Bekannt ist das Tell-Verfahren, bei dem flüssiges Glas in rotierende Schleuderkörper läuft, deren Mäntel mit feinen Löchern versehen sind. Das aus diesen Löchern in Fadenform austretende Glas wird in einer zweiten Stufe durch Verbrennungsgase hoher Geschwindigkeit um 90° umgelenkt und dabei weiterhin zu dünnen Fasern verstreckt. Das Verfahren arbeitet kontinuierlich, es entstehen Kurzfasern mit 1—25 µm Durchmesser.

Das Stillite-Verfahren, besonders zum Zerfasern von Schlacken- oder Gesteinsschmelzen geeignet, arbeitet mit einer aus 5 rotierenden Scheiben bestehenden Schleudereinrichtung. Auch hier werden die Fasern in zwei Stufen verstreckt und durch einen Dampfstrahl im rechten Winkel abgelenkt und zur Filzbildung von einem Siebtransportband aufgefangen. Die nach diesem Verfahren hergestellten Kurzfasern sind nahezu frei von Schmelzperlen. Die Produktionsleistung einer solchen Schleudereinrichtung beträgt etwa 50—80 kg/h bei Faserstärken von 15 µm Durchmesser. Weitere Schleuderverfahren s. [249, 275].

2. Blasverfahren: Hierbei wird die zu verstreckende und zerfasernde Wirkung eines mit hoher Geschwindigkeit aus einer Düse austretenden Gas- oder Dampfstromes auf einen aus einer Rinne auslaufenden Glasstrang genutzt. Die Blasverfahren liefern generell Kurzfasern, und die Faserstärke ist abhängig von der Strömungsgeschwin-

keit der Gase. Besonders zu erwähnen ist das Superfeinfaser-Verfahren, bei dem Primärfäden von 0,2—0,5 mm Durchmesser in einem besonderen Brenner von einem Gasstrom mit einer Temperatur von etwa 1700°C und einer Geschwindigkeit von etwa 650 m/s zu feinsten Fasern von 1—4 µm Durchmesser verstreckt werden. Das Verfahren liefert 1—2 kg Superfeinfasern pro Stunde, je Brenner. Die erzeugte Faser findet u. a. als Gehörschutzwatte Verwendung.

3. Ziehverfahren: Im Gegensatz zu den erstgenannten zwei Verfahrensarten können mit Hilfe der Ziehverfahren unendlich lange Glasfäden erzeugt werden. Die Verfahren gehen entweder aus von vorgefertigten Glasstäben, wie z. B. bei dem Stabziehverfahren oder aber von der Glasschmelze selber, wobei der Ziehprozeß aus einer Reihe von Düsen im Boden einer Platin-Ziehwanne erfolgt.

Das Stabziehverfahren liefert Grobfäden im Bereich von 15—30 µm Durchmesser, die zu Matten, Platten und Fliesen, oftmals mit organischen oder anorganischen Bindestoffen zusammen, verarbeitet werden. Textilfasern von 10—12 µm Durchmesser, für die Herstellung von Glas-Stapelfasergarnen und Glasseiden mit Faserstärken von 9 µm Durchmesser, sind ebenfalls nach dem Stabziehverfahren herstellbar.

Das Düsenziehverfahren liefert kontinuierlich hochwertige Glasseide, wobei die Einzelfäden Durchmesser von 5—15 µm haben können. Abb. 74 zeigt eine schematische Darstellung des Düsenziehverfahrens. Das Glas wird in Form von Kugeln, Stababschnitten oder neuerdings auch beim „Direktspinnverfahren" über den Feeder einer Spezialschmelzwanne der eigentlichen Ziehwanne zugeführt. An die Homogenität dieser Gläser müssen große Anforderungen gestellt werden. Die eigentliche Ziehwanne besteht aus einer Platinlegierung und wird elektrisch beheizt. Am Boden der Wanne befinden sich in mehreren Reihen feine Düsen, von denen die austretende Glasschmelze mit z. B. einer Geschwindigkeit von etwa 2000 m/min. abgezogen wird. Die Primärfäden aus den einzelnen Düsen werden unter Hinzufügen einer Schlichte mechanisch zusammengefaßt (z. T. sind es mehr als 200 Einzelfäden je Wanne) und auf entsprechende Trommeln aufgewickelt. Diese Glasseiden lassen sich nach den Methoden der klassischen Textiltechnik zu Garnen und diese zu Geweben jeder Art verarbeiten, Einzelheiten hierzu siehe Bobeth [275].

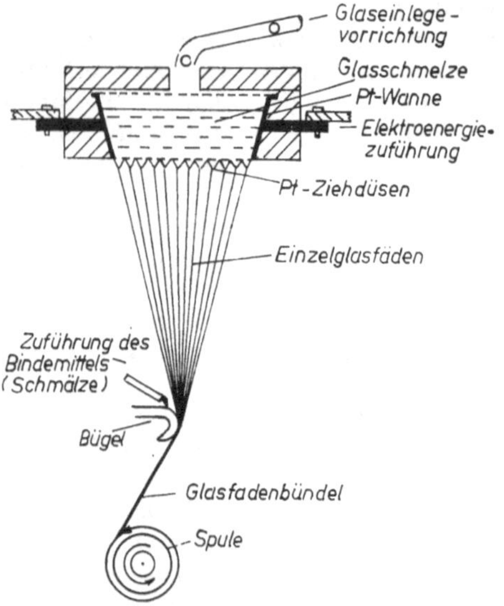

Abb. 74. Herstellung von Glasseide nach dem Düsenziehverfahren [7].

Besondere Forderungen werden an die Eigenschaften von Glasfasern gestellt, die zur Herstellung von Faseroptiken und Lichtleitfasern Verwendung finden sollen. Das Lichtleitprinzip einer solchen Faseroptik besteht in der Totalreflexion eines einfallenden Lichtstrahles an der zylindrischen Innenwand der Faser, wodurch der Lichtstrahl am Verlassen der Faser durch die Wandung hindurch gehindert wird, und lediglich durch die Absorptions- und Streuverluste im Glas selber geschwächt am Ende der Faser austritt. Lichtleitkabel bestehen aus mehr als 100000 Einzelfasern von je 10—15 µm Durchmesser, die zu einem Bündel geordnet sind und von einem Kunststoffmantel zusammengehalten werden. Die beiden Enden des Kabels sind optisch plan geschliffen, so daß beim Übergang des Lichtstrahles in das optisch dünnere Medium Luft keine seitlichen Abweichungen auftreten. Weit mehr Präzision, als bei der Herstellung von Lichtleitkabeln erforderlich ist, bedingen die Bildleitkabel, bei denen die Einzelfasern so geordnet sein müssen, daß jeweils die durch die Einzelfaser entstehenden Bildpunkte am Kabel-Aus- und Eigang die gleiche Lage aufweisen.

Die Länge der Lichtleitkabel wird begrenzt durch die Lichtverluste im optischen Medium Glas. Hier wirken vor allem Absorptionseffekte durch farbgebende Ionen, wie Fe^{2+}, Fe^{3+}, Cu^{2+}, Mn^{2+} usw., die in Spuren als Verunreinigungen zwangsläufig im normalen Glas enthalten sind. Weiterhin treten Lichtverluste durch Lichtstreuung an feindispersen Fremdstoffen, Luftblasen und Schlieren auf, so daß ein normales optisches Glas Gesamtlichtverluste im sichtbaren Spektralbereich von etwa 1000 dB/km Schichtdicke aufweist, was für den praktischen Anwendungsfall die Faserlängen auf nur wenige Meter begrenzt [276, 281].

Die Möglichkeit, Lichtleitfasern zur Nachrichtenübertragung einzusetzen, hat in den vergangenen Jahren zu erheblichen Fortschritten bei der Herstellung entsprechender Gläser und ihrer Verarbeitung zu sog. Mantelfasern geführt. Diese bestehen aus einem Kernglas von nur 1—3 µm Durchmesser, das von einem Glasmantel von 20—50 µm Stärke umgeben ist. Reinheitsforderungen in chemischer und optischer Hinsicht, die an ein derartiges Glas gestellt werden müssen, um bei Schichtdicken von mindest 1000 m eine noch sinnvolle Transparenz zu gewährleisten, wurden noch vor Jahren als utopisch bezeichnet. Die inzwischen erzielten Fortschritte bei der Herstellung optischer Gläser haben jedoch gezeigt, daß es prinzipiell möglich ist, unter Benutzung superreiner Rohstoffe und entsprechender Schmelz- und Homogenisierungsverfahren, Gläser zu erzeugen, die eine Dämpfung der Lichtwellen im Wellenlängenbereich von 1050 nm von nur etwa 2 dB/km aufweisen [277, 278]. Die chemische Reinheitsforderung an derartige Gläser, die z. B. Alkali-Erdalkali-Silicatgläser mit Zusätzen von B_2O_3, Tl_2O usw. darstellen können, beträgt für die Elemente Cr, Mn, Fe, V, Co, Ni usw. Konzentrationen im ppm-Bereich (z. T. $< 0{,}1$ ppm). Das sind um Zehnerpotenzen höhere Reinheitsforderungen als sie an Halbleitermaterial gestellt werden müssen! Die Herstellung der Faser selbst aus dem superreinen Glas ist ein weiteres Problem, wobei speziell Forderungen an die Geometrie der Wellenleiter gestellt werden müssen. Der dünne Kern der Faser — er besteht aus einem Glas höherer Lichtbrechung als der umgebende Glasmantel — muß absolut gleichmäßig vom Mantelglas umschlossen werden, wobei Streuverluste an den Grenzflächen zwischen Kern und Mantel vermieden werden müssen!

Zur Herstellung von Lichtwellenleitern, wofür außerordentliche Maßnahmen zur absoluten Sauberkeit eingehalten werden müssen, bieten sich zwei Verfahren an [279]:

1. Das Rohr-Stabzieh-Verfahren, bei dem das Kernglas in Form eines Stabes vorliegt, der genau in ein Glasrohr, das aus dem Mantelglas gefertigt ist, hineinpaßt. In einem entsprechenden Ofen werden beide Gläser miteinander verschmolzen und der entstehende Mantelstab wird zu einer Faser ausgezogen (Abb. 75a). Das Ausziehen erfolgt in mehreren Stufen.

2. Doppeltiegelverfahren: Das Prinzip dieses Verfahrens ist der Abb. 75b zu entnehmen. Mantel- und Kernglas werden im Doppeltiegel auf gleiche Temperaturen gebracht und die Glasschmelzen treten derart aus der Doppeldüse aus, daß das Kernglas vom Mantelglas gleichmäßig umschlossen wird. Bei einer entsprechenden Dimensionierung der Düsenöffnungen können Fasern mit dem

geforderten Dickenverhältnis zwischen Kern und Mantel gezogen werden.

Die auf diesem Gebiet zu erwartende Weiterentwicklung dürfte in Richtung der Verwendung extrem reiner, hoch SiO_2-haltiger Gläser laufen, die über die Gasphase durch Pyrolyse entsprechender Halogenide des Si, B, Ge usw. abgeschieden werden, mit dem Ziel der Herstellung von Lichtleitkabeln mit Längen > 1 km. Entsprechende Hinweise lassen sich der Literatur entnehmen [280].

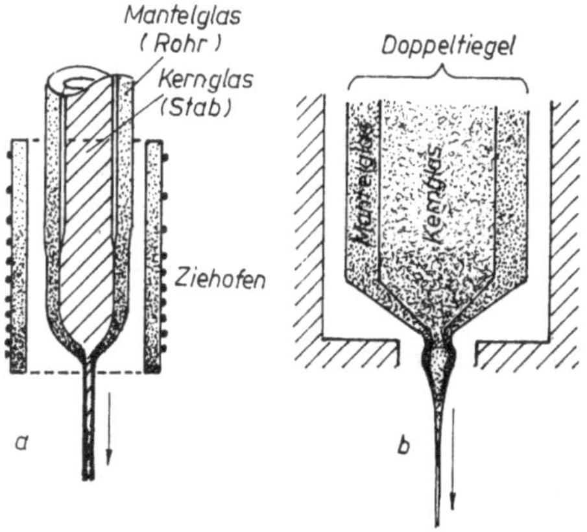

Abb. 75. Herstellung von Lichtwellenleitfasern (Mantelfasern), schematisiert.
a) Rohr-Stabziehverfahren
b) Doppeltiegelverfahren

5.6.6. *Schaum- und Sintergläser*

Die Entbindung von Gasen aus hochviskosen Schmelzen mit niedrigen Werten der Oberflächenspannung führt zur Ausbildung von Schäumen, mit einer durch das jeweilig entbundene Gasvolumen bedingten Struktur. Die als vulkanische Auswürflinge entstandenen Bimssteine stellen ein natürliches Schaumglas dar, dessen Hohlräume, entsprechend der Inhomogenitäten magmatischer Schmelzen und deren unterschiedlichen Gasgehaltes, recht uneinheitlich sind.

Die künstliche Herstellung von Schaumglas — für Wärmeisolationszwecke — wurde erstmals 1945 in den USA patentiert. Seitdem wurde den Möglichkeiten, die das Schaumglas bietet, zunehmende Aufmerksamkeit geschenkt. Es wurden recht wirksame Herstellungsverfahren entwickelt.

Folgende drei prinzipielle Möglichkeiten können zur Schaumglasherstellung Anwendung finden:

1. Erzeugung von Gasblasen in einer Glasschmelze, im geeigneten Viskositätsbereich, durch Einrühren oder Einblasen von Gasen, durch Einbringen gasentbindender Stoffe oder durch Evakuieren eines ungeläuterten, feinblasigen Glases.

2. Erhitzen von Glasgemenge, dem entsprechende gasabspaltende Komponenten beigegeben werden.

3. Sintern eines Glaspulvers, dem Stoffe beigemengt sind, die bei bestimmten Temperaturen eine intensive Gasentbindung ermöglichen.

Die unter 1. und 2. genannten Verfahren finden praktisch kaum Anwendung, da sie ungleichmäßige Schaumprodukte liefern und die Prozesse schwer steuerbar sind, ganz im Gegensatz zu den unter 3. genannten Verfahren, für die eine ganze Reihe unterschiedlicher Methoden existieren, die in vielfach abgewandelter Form praktisch genutzt werden. Das Ziel ist in jedem Fall die Herstellung eines sog. „Polyederschaumes“ mit geschlossenen Poren, im Idealfall mit „Bienenwabenstruktur“.

Ausgangsmaterialien für die Herstellung von Schaumgläsern sind im allgemeinen Na—Ca-Silicatgläser einfacher Zusammensetzung, die gemeinsam mit Treibmitteln in Kugelmühlen aufgemahlen werden. Als Treibmittel finden z. B. die Carbonate der Erdalkalien und vor allem Kohlenstoff in Form von Ruß Verwendung. Die mit Kohlenstoff versetzten Gläser müssen einen konstanten Anteil an Na_2SO_4 bzw. SO_3 enthalten, und der gemeinsame Mahlprozeß (Glasscherben + Kohlenstoff) muß einen bestimmten Anteil an Feinstkorn liefern, ohne den der Schäumprozeß nicht in der richtigen Weise anläuft. Die feinaufgemahlene Mischung (etwa 8000 cm^2/g) wird in Metallformen mit Deckel gegeben, wobei die Menge der Mischung im richtigen Volumenverhältnis zum geschäumten Glas mit 94 bis 96 Volumenprozent Hohlraum stehen muß. Der Schaumglasherstellungsprozeß erfolgt in zwei Stufen, kontinuierlich in Tunnelöfen.

Stufe 1: Sinterung der Mischung bei 600–650 °C, Schäumung bei 850–900 °C und Stabilisierung des Schaumes.

Stufe 2: Kühlung und Temperaturausgleich. Es werden infolge der guten Wärmeisolation des Schaumglases hierfür ungewöhnlich lange Zeiten benötigt.

Anstelle von Kohlenstoff, der durch Reaktion mit H_2O und SO_3 zur Bildung von CO_2 und H_2S Anlaß gibt, kann auch Wasserdampf zur Schaumbildung Verwendung finden. Das Glas wird hierfür einfach mit Wasser zusammen in einer Kugelmühle feist aufgemahlen. Die hierbei sich stark vergrößernde Glasoberfläche reagiert mit dem Wasser unter Bildung von Kieselgelschichten, die das Wasser sehr fest halten und erst bei hohen Temperaturen in Form von Wasserdampf wieder abgeben und dadurch das Glas aufschäumen.

Die Bezeichnung Sinterglas wird auf Erzeugnisse angewandt, die aus mehr oder weniger feingemahlenem Glasgrieß oder -pulver, unter gelegentlicher Hinzufügung von „Füllstoffen“, durch Formsinterprozesse hergestellt werden und durch Einschlüsse feinster Luftblasen meist ein porzellanähnliches Aussehen erhalten. Sintergläser können in Abhängigkeit von der Dauer und der Temperaturhöhe des Sinterprozesses völlig dicht, also gasundurchlässig sein oder auch eine poröse Struktur aufweisen. Zur Herstellung von Sinterglas bieten sich zwei Verfahrensarten an:

1. Durch Sinterung von Glasgrieß in Graphitformen ohne Anwendung von Druck. Der Glasgrieß im Körnungsbereich von 150 bis 700 µm wird in Graphitformen eingefüllt, und einzuschmelzende Metallteile z. B. Metalldurchführungen von Tellerfüßen für Elek-

tronenröhren usw., werden hierbei mit eingebettet und von Aussparungen in den Graphitformen gehalten. Der Sinterprozeß erfolgt unter Inertgasatmosphäre. Die so hergestellten Metallstiftdurchführungen sind vakuumdicht.

Für die Eigenschaftsbildung derartiger Sinterglaserzeugnisse gelten als Grundsatz: je kleiner der mittlere Korndurchmesser des Glasgrießes, um so größer ist die Schrumpfung beim Sintern und um so höher ist der Blasengehalt der Sintererzeugnisse. Beim Verschmelzen mit anderen Gläsern oder Metallen werden von den Sintergläsern höhere Ausdehnungsunterschiede, ohne Auftreten schädlicher Spannungen, vertragen als bei Verwendung normal massiver Gläser. Ebenso kann der Kühlprozeß in kürzerer Zeit durchgeführt werden. Mit Hilfe der Sinterglastechnik sind Konstruktionen z. B. für den Innenaufbau von Spezialröhren möglich, die mit geschmolzenem Klarglas nicht oder nur unter großen Schwierigkeiten zu realisieren wären (s. Espe [59]).

Abgesehen von den genannten Einsatzzwecken, für die im allgemeinen ein Dichtsintern erforderlich ist, finden Sintergläser auch für die Herstellung von Filterplatten für Flüssigkeitsfilter Verwendung, die jeweils nur soweit gesintert werden, daß eine bestimmte Porosität verbleibt.

Aus Mischungen von Glasgrieß und Sand als Füllstoff, lassen sich relativ billige Sintererzeugnisse für die Bauindustrie in Plattenform herstellen, die z. B. als farbige Mauerverkleidungen Verwendung finden können [282]. Die hierfür einzusetzenden Gläser stellen im allgemeinen Sekundärrohstoffe dar.

2. In Kugelmühlen feinst aufgemahlenes Glaspulver ($< 150\,\mu m$) läßt sich nach keramischen Verfahren verarbeiten, z. B. durch Vergießen von „Schlicker“ in Gipsformen, der unter Zusatz von Wasser, Binde- und Stellmitteln aus dem Glaspulver bereitet wird, oder durch Trockenpressen von Glaspulver unter Zusatz organischer Bindemittel. Die so erhaltenen Formkörper werden oberhalb der Erweichungstemperatur ($\eta > 10^6$ P) des zur Verwendung gelangenden Glases dichtgebrannt. Erzeugnisse dieser Art können ebenfalls frei von durchgängigen Poren sein oder aber

eine gewünschte Porosität aufweisen, entsprechend der gewählten Sinterbedingungen. Die Erzeugnisse haben infolge der eingeschlossenen feinsten Gasblasen das Aussehen von Porzellan. Die Eigenschaften dieser als Multiformgläser bezeichneten Stoffe unterscheiden sich kaum von denen der Ausgangsklargläser.

Auch diese Verfahrenstechnik bietet die Möglichkeit, kristalline Füllstoffe gemeinsam mit dem Glas aufzumahlen und diese Mischung nach den genannten Verfahren zu verformen. Die entstehenden Werkstoffe bestehen dann ganz ähnlich wie z. B. das Porzellan aus einer kristallinen Phase, die durch eine Glasphase gebunden ist. Im Unterschied zum Porzellan, in dem sich die Glasphase erst beim Brand bildet, wofür relativ hohe Temperaturen erforderlich sind, ist bei den genannten Produkten die Glasphase Bestandteil der Ausgangsmischung, so daß vergleichsweise niedrige Brenn- und Sintertemperaturen bereits zu einem vergleichbaren Ergebnis führen.

5.6.7. *Optisches Glas und die Glaskühlung*

Optische Gläser unterscheiden sich von allen anderen technischen und Gebrauchsgläsern, abgesehen von den speziellen Lichtbrechungs- und Dispersonswerten, durch eine wesentlich größere optische Homogenität. Diese ist bedingt durch den Gehalt des Glases an Schlieren, die sowohl durch thermische als auch chemische Inhomogenitäten hervorgerufen werden. Völlig schlierenfreies Glas ist praktisch nicht herstellbar, aber durch geeignete Schmelz- und Homogenisierungseinrichtungen kann die Anzahl und Intensität der Schlieren (= Lichtbrechungsunterschied zwischen der Schliere und der umgebenden Glasmatrix) auf ein dem jeweiligen Verwendungszweck des Glases angepaßtes Minimum verringert werden.

Die Herstellungsverfahren der optischen Gläser wurden seit dem Ende des zweiten Weltkrieges ganz wesentlich verbessert, so daß heute optische Gläser in höchster, nahezu schlieren- und blasenfreier Qualität im Handel sind.

Ursprünglich wurden die optischen Gläser im Tonhafen erschmolzen — meist in gasbeheizten Einhafenöfen — und nach dem Läuterprozeß wurde mittels Rührer — ebenfalls aus gebranntem Ton — die Homogenisierung nach einem empirisch ermittelten Temperatur-Zeitprogramm vorgenommen. Die hierbei erfolgende ständige Auflösung des Hafen- und Rührermaterials im Glas, sowie die Verdampfung von Glasbestandteilen aus der Oberfläche der Schmelze, ergibt laufend neue Schlieren, so daß es unter den genannten Bedingungen nur möglich ist, einen bestimmten Grenzwert der Homogenität in Abhängigkeit von der jeweiligen Glasart zu erreichen. Für die Herstellung von optischen Gläsern, an die auf Grund der Art ihrer Verwendung z. B. für Brillenglas nur relativ geringe Homogenitätsforderungen gestellt werden, wird dieses Verfahren noch heute aus ökonomischen Gründen angewandt.

Zur Herstellung hochwertiger optischer Gläser finden als Schmelzbehälter Platintiegel oder mit Platin ausgekleidete Wannen Verwendung, und der Rührvorgang wird ebenfalls mit Platinrührern, die eine intensive Durchmischung der Schmelze bewirken, vorgenommen. Die Platintiegel — es sind solche mit mehr als 50 l Inhalt im Gebrauch — werden zum Teil im Mittelfrequenzfeld induktiv erhitzt bzw. die Schmelze erfolgt im Elektroofen mit Widerstandsbeheizung. Unter diesen Bedingungen kann eine den Erfordernissen angepaßte Gasatmosphäre über der Schmelze eingestellt werden, wodurch auch die Verdampfung der Glaskomponenten vermindert werden kann. Auflösungsprodukte, die zur Schlierenbildung und zur Verunreinigung des Glases durch färbende Ionen Anlaß geben, scheiden hierbei aus, abgesehen von Verunreinigungen durch minimale Platinmengen, die kolloidal im Glas gelöst werden und nur in ganz speziellen Fällen einen störenden Einfluß haben (z. B. bei der Herstellung von Laser-Gläsern und Lichtleitfasern). Eine derartige Schmelzeinrichtung ist schematisch in Abb. 76a dargestellt. Die fertige Glasschmelze fließt durch Aufheizen des Glasauslaufstutzens aus dem Tiegel in eine Metallform, in der das Glas einem sorgfältigen Kühlprozeß unterworfen wird.

Aus den in Tonhäfen hergestellten optischen Glasschmelzen werden ebenfalls durch Ausgießen in Metallformen große Gußblöcke erzeugt (Abb. 76b), die nach der erforderlichen Kühlung, die mehrere Wochen oder Monate in Anspruch nehmen kann, zerteilt werden. Die Weiterverarbeitung des optischen Rohglases erfolgt z. B. durch Heißpressen, Formsenken oder Herausschneiden und -schleifen von optischen Körpern. Eine besondere Forderung bei der Herstellung optischer Gläser ist die Reproduzierbarkeit der optischen Werte (n_d und ν_d), die nur in relativ kleinen Grenzen von Schmelze zu Schmelze schwanken dürfen. Um eine solche Reproduzierbarkeit zu gewährleisten, ist es erforderlich, begonnen beim Gemenge, alle Einflußfaktoren, z. B. die Menge der jeweils in den Hafen eingelegten Rohstoffmischung, die Anzahl und die zeitliche Folge der Gemengeeinlagen, die Schmelztemperatur und -zeit usw. peinlichst genau nach einer einmal erarbeiteten Verfahrensvorschrift einzuhalten.

Der Kühlprozeß des Glases, d. h. das Erreichen eines spannungsfreien, optisch isotropen Zustandes, spielt ganz besonders bei der für optische Gläser erforderlichen Reproduzierbarkeit der Eigenschaften eine entscheidende Rolle, da auch die Lichtbrechung der Gläser vom jeweiligen Kühlzustand abhängig ist. Die Lichtbrechung läßt sich im Bereich der vierten Dezimale durch die Kühlung derartig verändern, daß große Abkühlgeschwindigkeiten zu niedrigeren Brechwerten führen als langsamere (vgl. das Volumen-Temperaturdiagramm in Abb. 16). Die Kühlung der Gläser hat generell das Ziel, einen Temperaturausgleich zwischen den äußeren Schichten und dem Inneren des Glaskörpers herbeizuführen, der auf Grund der geringen Wärmeleitfähigkeit des Glases nur langsam vonstatten geht. Bei großen Glasblöcken (optisches Gußglas) benötigt ein solcher Prozeß naturgemäß wesentlich längere Zeit, als bei dünnwandigen Hohlgläsern. Bei einem zu schnellen Abkühlen des Glases entstehen infolge von Ausdehnungsunterschieden in Abhängigkeit von der Temperatur Spannungen im Glas, die bei Überschreiten

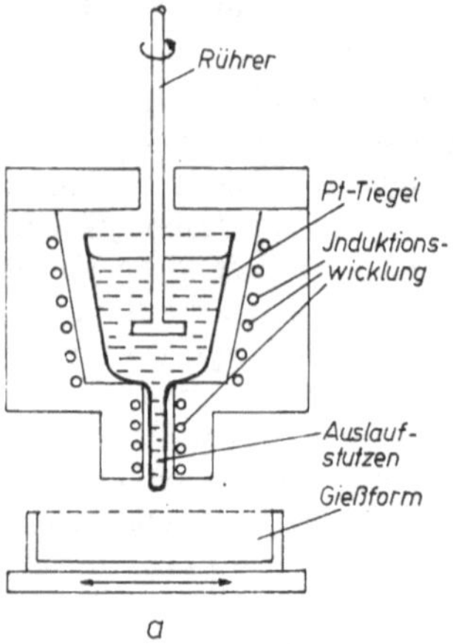

Abb. 76. Verfahren zur Herstellung optischer Gläser.
a) induktive Platinschmelze

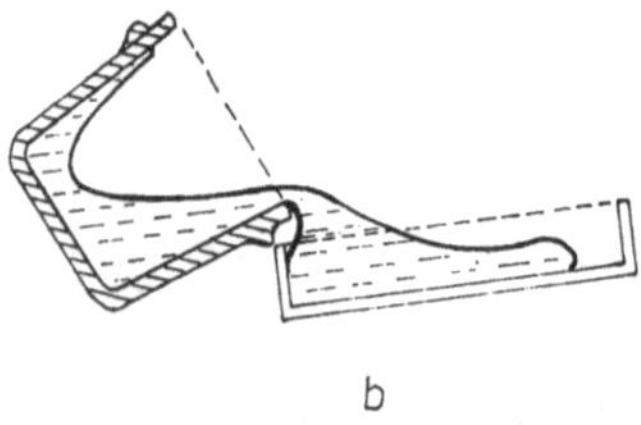

b) Hafengußverfahren

der Elastizitätsgrenze zum Bruch führen. Spannungen im Glas bilden sich aus beim Erreichen von Temperaturen, die zu Viskositätswerten unterhalb 10^{13} Poise (= oberer Kühlpunkt) führen, da hiermit die viskose Fließgrenze des Glases unterschritten wird und ein Ausgleich der Volumenunterschiede der unterschiedlich warmen Glasschichten nicht mehr möglich ist. Die eigentliche Kühlung des Glases setzt also beim oberen Kühlpunkt an und ist möglich bis zur unteren Kühltemperatur bei Viskositätswerten von $10^{14,5}$ Poise. Innerhalb dieses Kühlintervalles ist durch ein Halten der Temperatur eine spannungsfreie Abkühlung des Glases möglich. Ist innerhalb dieses Temperaturintervalles Spannungsfreiheit erreicht, was nahe der oberen Kühltemperatur naturgemäß schneller geschieht als im Temperaturbereich der unteren Kühlgrenze, so kann die weitere Abkühlung des Glasgegenstandes relativ schnell erfolgen. Die Kühltemperaturen sind abhängig von der Glasart, z. B. liegen sie bei Na—Ca-Silicatgläsern zwischen 420 und 480°C und bei Gläsern vom Pyrex-Typ zwischen 550 und 570 °C.

Praktisch erfolgt die Kühlung technischer Gläser in Tunnelöfen, die mit einem langsam laufenden Transportband ausgestattet sind. Flachgläser werden in den Ziehschächten gekühlt.

Für optische Gläser finden spezielle Kühlöfen Verwendung (Kühlhauben), die elektrisch beheizt werden und in ihren Abmessungen den Gußformen angepaßt sind. Die Kühlung erfolgt für die unterschiedlichen Gläser nach jeweils speziellen Kühlprogrammen. Feinkühlungen, zur Anpassung der Lichtbrechung optischer Gläser an vorgegebene Werte, werden in Luftumwälzöfen mit sehr hoher Temperaturgenauigkeit vorgenommen.

5.6.8. *Verfahren zur Kieselglasherstellung*

Die Verfahren zur Herstellung und Verarbeitung von Kieselglas unterscheiden sich grundlegend von denen der besprochenen Silicat- und Borosilicatgläser, was bedingt ist durch die hohen Erweichungs- und Verarbeitungstemperaturen, die oberhalb 1800 °C liegen [59, 293].

Die Erzeugung derartig hoher Temperaturen ist möglich durch Knallgasflammen (H_2- und O_2-Gemisch), elektrische Lichtbögen oder Plasmaflammen sowie durch elektrische Widerstands- bzw. Induktionserwärmung geeigneter Heizleiter. In Abhängigkeit von der Art der eingeschmolzenen Rohstoffe (s. Abschnitt 3.1.1.1.) entstehen Kieselglaserzeugnisse ganz unterschiedlicher Qualitäten. Bei Verwendung einfacher Quarzsande (Glassande), in die z. B. ein Graphitstab allseitig eingebettet wird, der als elektrischer Heizleiter dient, entsteht nach einer ausreichend langen Erwärmungszeit um diesen Stab herum eine Kieselglasschmelze, die mit feinen Luftblasen durchsetzt ist. Der Graphitstab kann aus der geschmolzenen Masse herausgezogen werden, ohne daß das geschmolzene SiO_2 daran haftet. Durch Walzen oder Aufblasen mittels Preßluft können daraus Platten, Rohre oder Gefäße hergestellt werden, die undurchsichtig sind und eine milchig weiße Farbe aufweisen (bedingt durch den Gasblasengehalt) dabei aber nicht porös sondern gasdicht sind. Dieses Kieselgut unterscheidet sich hinsichtlich seiner Eigenschaften nur unwesentlich von denen des Kieselglases (Tab. 3), abgesehen von der Lichtdurchlässigkeit.

Kieselgut findet vielfache Verwendung als thermisch und chemisch hochresistenter Werkstoff. Die wertvollen Eigenschaften des Materials in Verbindung mit dem billigen Rohstoff haben zu einer weitgehenden Perfektionierung der Herstellungstechnologie Anlaß gegeben. So erfolgt zum Beispiel die Herstellung von Kieselgutrohren großer Durchmesser in einer aus Metallblech gefertigten rotierenden Trommel, die mit dem aufzuschmelzenden Quarzsand gefüllt ist, der durch die Zentrifugalkraft an die Wandung der Trommel gepreßt wird. Als Wärmequelle dient ein ruhender Graphitstab, um den sich die Trommel dreht, oder aber es wird ein Lichtbogen langsam längs der Zylinderachse geführt (Abb. 77), [283]. Durch die intensive Wärmestrahlung wird die Innenseite der Sandschicht zusammengeschmolzen und nach dem Abkühlen bildet sich ein Quarzgutzylinder, der aus der Sandumhüllung herausgenommen und durch Schleifen auf den geforderten Außendurchmesser gebracht wird. In analoger Weise lassen sich alle anderen rotationssymmetrischen Körper aus Kieselgut mit Wandstärken bis zu 8 mm herstellen.

Die Erzeugung von klargeschmolzenem Kieselglas erfolgt nach technologisch ähnlichen Verfahren, jedoch

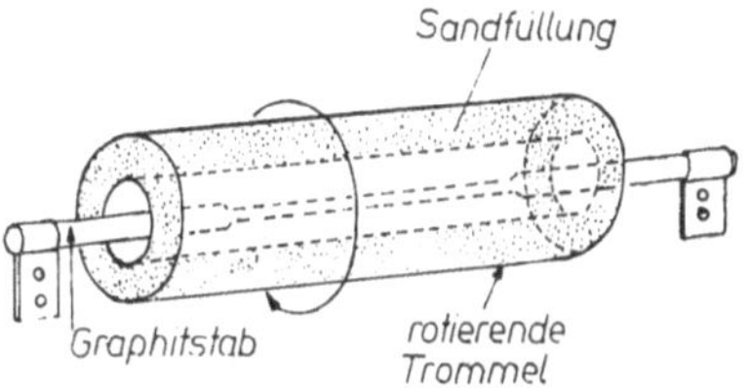

Abb. 77. Schematische Darstellung einer Rotationsschmelzanlage zur Herstellung von Kieselglas oder Kieselgut.

unter Verwendung von reinstem Bergkristall, der nach Möglichkeit pegmatitischen Ursprungs sein sollte und hauptsächlich in Brasilien vorkommt. Eine Zerkleinerung und reinigende Aufbereitung des Bergkristalls steht am Anfang jeder Kieselglasproduktion. Inzwischen sind jedoch auch Verfahren bekannt geworden, nach denen es gelungen ist auch andere extrem reine SiO_2-Rohstoffe zu einem klargeschmolzenen Kieselglas zu verarbeiten. Das älteste Verfahren zur Kieselglasherstellung besteht im manuellen Aufschmelzen von Bergkristallstücken (1 bis 3 mm ∅) in der H_2—O_2-Flamme auf einem Träger aus Kieselgut und manuelle Formung der aufgeschmolzenen Masse. Da hauptsächlich Rohre aus Kieselglas benötigt werden — und daraus auch die meisten anderen Erzeugnisse hergestellt werden können — war die Rationalisierung und Mechanisierung des Herstellungsprozesses von Rohren naheliegend.

Alle bisher bekannt gewordenen Verfahren zur Kieselglasherstellung lassen sich drei verschiedenen Gruppen zuordnen, die jeweils ähnliche Verfahrensprinzipien zur Grundlage haben:

1. Tiegelschmelzverfahren:

Bergkristallstücken werden in einem Molybdän- oder Graphittiegel unter inerter oder reduzierender Atmosphäre aufgeschmolzen. Die Tiegel, geschlossene Zylinder mit einer zum Rohrabzug am Boden befindlichen Ziehdüse, werden elektrisch erhitzt (entweder induktiv oder sie dienen selber als Heizwiderstand). Neuere Verfahren lassen den Aufschmelzvorgang unter Vakuum erfolgen, zum Zwecke der Vermeidung des Einschmelzens von Gasblasen. Grundsätzlich gilt für die Kieselglasherstellung, daß einmal in der Schmelze eingeschlossene kleinere Gasblasen auf Grund der extrem hohen Viskosität der Schmelze (bei 2000 °C noch immer 10^6 Poise) daraus nicht mehr entfernbar sind! (Der Dampfdruck der Schmelze beträgt bei dieser Temperatur bereits 100 Torr.) Die im Tiegel befindliche Schmelze fließt zur Rohrherstellung über die genannte Ziehdüse und einen Ziehdorn unter Einblasen von Schutzgas aus. Das sich bildende Rohr wird von einer Zieheinrichtung erfaßt und maschinell nach unten abgezogen. Andere Möglichkeiten bestehen darin, den Tiegel mit einem zentral angeordneten Kern zu versehen und die Schmelze im Tiegel erkalten zu lassen. Es resultiert ein dickwandiger Hohlzylinder aus Kieselglas — Ingot genannt — der in einer zweiten Verfahrensstufe nach erneuter Aufheizung zu einem Rohr ausgezogen wird.

2. Rotationsschmelzverfahren:

In Analogie zur Kieselgutherstellung im Rotationszylinder kann auch die Herstellung von klargeschmolzenem Kieselglas nach dieser Methode erfolgen (Schema s. Abb. 77).

Die Rotationstrommel läuft hierbei allerdings in einem Vakuumbehälter und zum Aufschmelzen wird Bergkristallgrieß in einer Körnung < 1 mm ∅ auf eine der Wärmeisolation dienenden Sandschicht im Inneren der Trommel aufgebracht. Als Heizelement dient wiederum ein axial angeordneter Graphitstab. Der entstehende dickwandige Ingot wird außen und innen geschliffen und nach einer erneuten Aufheizung zu Rohren verzogen. Das Verfahren, als Rotovak-Verfahren in England entwickelt, stellt eines der rationellsten Verfahren zur Kieselglasrohrherstellung dar, das bis heute bekannt geworden ist.

3. Aufsprühverfahren (Flammensprühverfahren):

Diese Verfahren arbeiten nach dem Prinzip des Aufschmelzverfahrens von Verneuille, zur Herstellung synthetischer Korunde. Der zerkleinerte Bergkristall < 1 mm Durchmesser wird kontinuierlich über eine spezielle Vorrichtung in die Flamme eines H_2—O_2-Brenners eingestreut. Die Flamme schmilzt in der zur Verfügung stehenden kurzen Zeit die Oberfläche der Körnchen auf, die mit den Verbrennungsgasen mit hoher Geschwindigkeit entweder horizontal oder vertikal nach unten auf einen von den heißen Gasen hocherhitzten, rotierenden Auffänger aus Kieselgut aufgebracht werden. Hier erfolgt die vollständige Auf- und Verschmelzung der Körnchen zu einem homogenen, blasenfreien Kompaktkörper. Diese Methode der Kieselglasherstellung, liefert besonders homogene Gläser, die meist für optische Zwecke Verwendung finden. Es existieren vielfache technische Variationen dieser Verfahrensart und es lassen sich durch eine geeignete Brenner- und Auffängeranordnung selbst dickwandige Hohlzylinder herstellen, die als Ingots zu Rohren verarbeitbar sind.

In Abwandlung der beschriebenen Art des Aufschmelzverfahrens geht man nicht vom kristallinen SiO_2-Rohstoff aus, sondern vom $SiCl_4$, das pyrolytisch in der Flamme zersetzt wird. Das hierbei entstehende SiO_2 (als feines Aerosol) wird in analoger Weise wie der Bergkristall auf einen Auffänger aufgeschmolzen. Das resultierende Kieselglas zeichnet sich durch eine besonders hohe chemische Reinheit und damit eine extrem hohe Lichtdurchlässigkeit im UV-Gebiet aus. Anstelle der H_2-O_2-Flammen kann auch zum Aufschmelzen eine H_2O-dampffreie Plasmaflamme Verwendung finden, durch die die Pyrolyse des $SiCl_4$ erfolgt.

Die Eigenschaften des Kieselglases werden, wie bereits in Abschnitt 3.1.1.1. dargestellt, von der Art und Menge der darin enthaltenen Verunreinigungen beeinflußt. Entsprechend der unterschiedlichen Herstellungsverfahren lassen sich nach Brückner [284] vier verschiedene Kieselglastypen unterscheiden:

Typ 1: Hergestellt aus Bergkristall unter elektrischer Erwärmung im Tiegel unter Vacuum oder Schutzgasatmosphäre. Die Gläser enthalten praktisch keine OH-Gruppen (< 5 ppm), aber reichlich Verunreinigungen von Al_2O_3, Fe_2O_3, Erdalkali- und Alkalioxiden (30 bis 100 ppm), die zum Teil aus dem Tiegelmaterial stammen.

Typ 2: Hergestellt aus Bergkristall nach dem Flammensprühverfahren (in H_2-O_2-Flamme). Diese Gläser enthalten einen hohen OH-Gruppenanteil (≈ 150 bis 400 ppm) jedoch einen geringeren Anteil an Verunreinigungen, wie die Gläser des Typ 1, da sie nicht mit einem Tiegel- oder Behältermaterial während des Schmelzens in Berührung kommen.

Typ 3: Hergestellt durch Pyrolyse von $SiCl_4$ in einer H_2-O_2-Flamme. Das Glas ist praktisch frei von Verunreinigungen durch andere Oxide, enthält aber einen sehr hohen OH-Ionenanteil (≈ 1000 ppm) und etwa 100 ppm Cl-Ionen.

Typ 4: Hergestellt durch Pyrolyse von $SiCl_4$ in einer wasserdampffreien Plasmaflamme. Das Glas ist praktisch frei von oxidischen Verunreinigungen. Der OH-Ionenanteil liegt bei etwa 0,4 ppm, während der Cl-Ionenanteil bei 200 ppm liegt.

Für die unterschiedlichen Einsatzmöglichkeiten der genannten 4 Kieselglasarten, in der optischen Industrie, im wissenschaftlichen Geräte- und Apparatebau, in der Lichtquellenindustrie usw. ist das physikalisch und auch chemisch recht verschiedenartige Verhalten dieser Gläser bestimmend, so daß die unterschiedlichen Herstellungsmethoden ein sinnvolles Spektrum an Möglichkeiten bieten [285]. Es sei darauf hingewiesen, daß es kaum ein Gebiet auf dem Glassektor gibt, daß einen so hohen empirischen Anteil am Produktionsgeschehen aufweist, wie gerade die Kieselglasherstellung, so daß im Vordergrund immer wieder das von allen Kieselglaserzeugern gut gehütete „know how“ steht!

5.7. *Verfahren der Glasbearbeitung*

Die hüttenmäßige Herstellung und Verarbeitung der Gläser führt vielfach nicht zu Finalerzeugnissen, sondern nur zu Zwischenprodukten, die durch weitere glastechnische Bearbeitungsstufen, meist außerhalb der Hütten, laufen müssen, um zu Fertigerzeugnissen verarbeitet zu werden. Es würde den Rahmen dieses Buches weit überschreiten, auf die Vielzahl der hier möglichen Bearbeitungsverfahren eingehen zu wollen. Einige der wesentlichen Nachbearbeitungsverfahren seien jedoch zumindest genannt:

Das Glasblasen:

Der Glasbläser verformt das vom Glasmacher in der Hütte vorgeformte Material, wie Rohre, Stäbe, Kolben usw., unter Erwärmung vor einer Gebläseflamme zum Zwecke der Herstellung von meist komplizierten Glasapparaturen und Geräten. Als solche seien beispielsweise genannt: Thermometer, Büretten, Laborgeräte jeder Art, wie Destillationskolonnen und -kühler, aber auch Weihnachtsbaumschmuck, Kunstglaserzeugnisse oder Glasaugen sind es, die mit bewundernswerter Fertigkeit hergestellt werden.

Das Schleifen und Polieren von Glas:

Beide Vorgänge dienen der Abtragung und Glättung von Glasoberflächen zum Zwecke der Anpassung an vorgegebene Formen oder zur Dekoration wie beim sog. Kristallglas. Schleifarbeiten sind z. B. erforderlich für die

Herstellung präziser Oberflächen von optischen Körpern, wie Prismen und Linsen, für die Herstellung von Laborschliffapparaturen usw. Die rauhe, undurchsichtige Schliffoberfläche, die durch verschiedenartigste Schleifmittel (Korund, Siliciumcarbid, Sand usw.) erzeugt werden kann, wird durch einen meist erforderlichen Polierprozeß nachfolgend soweit geglättet, daß eine klare Durchsicht wieder möglich ist. Die Politur, ein komplizierter chemisch-physikalischer Vorgang, wird mit geeigneten Poliermitteln auf speziellen Polierunterlagen erzielt. Zur Theorie des Poliervorganges gibt es unterschiedliche Auffassungen [286, 287]. Für die unterschiedlichen Zwecke werden sehr verschiedenartige Politurqualitäten benötigt. Den höchsten Qualitätsgrad erreicht die optische Politur auf Polierpech als Polierunterlage, durch die eine Glättung von Unebenheiten bis in molekulare Größen hinein, etwa bis zu 4 Å, erfolgt. Auf Polierfilzen verbleiben auf dem zu polierenden Objekt Unebenheiten in der Größenordnung von etwa 400 Å. Bei einer Glättung der Glasoberfläche durch Überschmelzen mit der Flamme (Feuerpolitur) oder durch Flußsäureätzung (Säurepolitur) verbleiben wesentlich größere Unebenheiten, die bis zu 1000 Å betragen können.

Als weitere Verfahren der Glasverarbeitung, die technisch häufig Anwendung finden, seien noch genannt: Das Mattieren von Glasoberflächen, das Färben oder Beizen durch Eindiffusion färbender Stoffe, z. B. die Gelbbeize mit metallischem Silber, Rotbeize mit metallischem Kupfer usw., oder das Biegen von Flachgläsern für Autoscheiben und die Herstellung von Verbundscheiben in Kombination mit organischen Polymeren usw. Die Nutzung derartiger Verfahrenstechniken erfolgt meist in Spezialbetrieben der glasverarbeitenden Industrie.

6. Sondergläser für spezielle Anwendungszwecke

Es ist auch an dieser Stelle des Buches nicht möglich, auch nur näherungsweise vollständig zu sein, da die Zahl der heute bekannten Spezialgläser einen Umfang angenommen hat, der kaum übersehbar ist. Es soll jedoch auf einige wenige spezielle Anwendungsmöglichkeiten von Gläsern in Kurzform eingegangen werden, soweit das nicht schon im Zusammenhang mit der Besprechung der jeweiligen Glassysteme selber geschehen ist.

Lötgläser: Die Notwendigkeit, Werkstoffe unterschiedlicher Eigenschaften vakuumdicht und thermisch beständig verbinden zu müssen, ist eine besonders im Bereich der Elektrotechnik-Elektronik bestehende Forderung. Lötgläser haben sich für die Verbindung von Glas, Glimmer, Keramik und Metallbauteilen untereinander eingeführt. Voraussetzung für die Haltbarkeit einer Lötung ist eine Übereinstimmung des Ausdehnungsverhaltens von Lot und Werkstoff, besonders im Bereich der Kühltemperatur des Lotes. Ausdehnungsunterschiede von $\alpha = 3—6 \cdot 10^{-7} \cdot grd^{-1}$ werden bei Lötvorgängen noch vertragen, bei größeren Dehnungsunterschieden entstehen Spannungen, die zur Rißbildung führen. Die Lötgläser müssen eine möglichst niedrige Erweichungstemperatur aufweisen, sie enthalten deshalb meist als Hauptkomponenten PbO, B_2O_3, ZnO, P_2O_5 usw. Die chemische Beständigkeit, insbesondere von solchen Lötgläsern mit hohen Ausdehnungswerten ist meist relativ gering. Im allgemeinen sind Glaslote hinsichtlich ihrer Kristallisationsneigung stabilisiert, um zu vermeiden, daß beim Auftreten von Kristallen eine Änderung der Ausdehnung erfolgt. Für spezielle Zwecke (Mehrfachlötungen) sind jedoch kristallisierende Lote — sog. Vitrokeramlote — erforderlich, die nach dem eigentlichen Lötprozeß durch Wärmebehandlung einer gezielten Kristallisation unterworfen werden, wodurch eine Verschiebung des Schmelzpunktes zu höheren Temperaturen hin erfolgt und weitere Lötungen mit dem gleichen Lot möglich sind. Das Ausdehnungsverhalten des kristallisierten Lotes muß in diesem Falle mit dem des zu lötenden Werkstoffes übereinstimmen.

Lasergläser: Laser stellen bekanntlich Lichtquellen dar, die energiereiche, stark gebündelte kohärente Lichtstrahlen zu emittieren in der Lage sind (Laser = light amplification by stimulated emission of radiation). Anstelle der hierfür ursprünglich eingesetzten Cr^{3+}-dotierten Al_2O_3-Monokristalle, wurden Möglichkeiten gefunden, entsprechend dotierte Gläser einzusetzen, die vor allen den Vorteil der besseren Homogenität und der nahezu beliebigen Dimensionierung besitzen. Die Zusammensetzung der Lasergläser läßt sich in weiten Grenzen variieren und den jeweiligen Forderungen anpassen. Zur Verwendung kommen Trägergläser auf der Grundlage von Na—Ca—Al-Silicaten, Mg—Al—Li-Silicaten und ebenso Ca—Li-Boraten, um nur einige Beispiele zu nennen. Als laseraktive Substanzen werden vornehmlich seltene Erden wie Nd^{3+}, Ho^{3+}, Yb^{3+}, Pr^{3+}, Sm^{2+} usw. verwandt, aber auch Cr^{3+} und U^{3+}. Das Spektrum der von diesen Glaslasern emittierten Lichtwellen reicht vom infraroten bis zum ultravioletten Gebiet, und es ist möglich durch geeignete Kombinationen von Grundglaszusammensetzung und Dotierungsmaterial besondere Effekte, wie beispielsweise Verstärkung der induzierten Emissionen bei gleichzeitigem Einbau von Nd^{3+} und Yb^{3+} in Boratgläser, zu erreichen.

Die Entwicklung auf diesem Gebiet kann heute als noch nicht abgeschlossen betrachtet werden.

Fotosensitive und fototrope Gläser: Als fotosensitiv werden solche Gläser bezeichnet, die in geringen Konzentrationen Ceroxid und Edelmetalle (Au, Ag) zunächst in gelöster Form enthalten und bei denen sich durch eine Bestrahlung mit kurzwelligem ultravioletten Licht Metallkeime bilden. Die Reduktion der Metallionen zu Metallen erfolgt bei gleichzeitiger Oxidation des Ce^{2+} zu Ce^{4+}. Bei einer thermischen Behandlung der bestrahlten Gläser wachsen die durch Lichteinwirkung erzeugten Keime (latentes Bild) so stark an, daß die belichteten Stellen eine intensiv gelbe oder rote Farbe annehmen. Es lassen sich hiermit im Glas irreversible fotografische Bilder erzeugen.

Eine andere Gruppe lichtempfindlicher Gläser hat sich einen eindeutigen Anwendungsbereich im täglichen Gebrauch erobert. Es sind dies die fotochromatischen oder fototropen Gläser, die als Lichtschutzgläser Verwendung finden. Die Lichtdurchlässigkeit dieser Gläser — im sichtbaren Bereich des Spektrums — wird durch UV- bzw. Sonnenlichteinwirkung stark herabgesetzt, was bedeutet, daß sich das Glas verdunkelt. Entscheidend ist jedoch, daß dieser Prozeß reversibel ist, sobald die Lichteinwirkung aufhört. Die Verminderung der Lichtdurchlässigkeit des Glases ist abhängig von der Intensität des eingestrahlten Lichtes und geht bis zu einem Sättigungswert. Der Verdunklungseffekt erfolgt in sehr kurzer Zeit (Sekundenbereich), während der rückläufige Prozeß der Wiederaufhellung des Glases einen längeren Zeitraum benötigt (Minutenbereich). Zur Herstellung fototroper Gläser sind hochborsäurehaltige Natriumsilicate mit Zusätzen von Silberhalogeniden (AgCl + AgBr oder AgBr + AgJ) und wirksame Sensibilisatoren, wie Cu^{2+}, Zn^{2+}, Mn^{2+} usw. geeignet. Anstelle von Silberhalogeniden läßt sich auch TlCl in das Glas einbauen. Der den fotochromatischen Effekt bedingende reversible Mechanismus kann durch folgende Gleichung dargestellt werden:

$$n\,\mathrm{AgCl} \underset{h\nu'}{\overset{h\nu}{\rightleftarrows}} n\,\mathrm{Ag} + n\,\mathrm{Cl} \quad (h\nu > h\nu')$$

Entscheidend für das Zustandekommen des fototropen Effektes ist jedoch eine bestimmte Größe der Silberhalogenidkristalle im Glas (50—300 Å), die durch eine geeignete Wärmebehandlung des fertigen Glases gebildet werden [289].

Glaserzeugung ohne Durchlaufen einer Schmelzphase: Hinweise auf die Möglichkeiten zur Herstellung spezieller Gläser auf einem unkonventionellen Weg seien an das Ende der Betrachtungen zum Werkstoff Glas gestellt.

Mehrkomponentengläser können gebildet werden, wenn chemisch reaktive Einzelkomponenten (wie Si-organische Verbindungen, Metallalkoholate, Borsäureester usw.) in organische Lösungsmittel eingebracht werden und letztere dann in Gegenwart von Luftfeuchtigkeit verdampft und der Rückstand danach langsam maximal auf Temperaturen bis zum Transformationsbereich erhitzt wird. Die Glasbildung erfolgt über Hydrolyse- und Polykondensationsreaktionen, die parallel zueinander Ablaufen [290]. Oder aber man geht von wässrigen SiO_2-Solen aus, denen die anderen Glaskomponenten in Form der Lösung ihrer Nitrate zugesetzt werden. Bei einer langsamen Entwässerung dieser Mischung bilden sich zunächst Gele, die dann schließlich sehr homogene Gläser ergeben [291]. Ebenso lassen sich Gläser, auch solche mit mehreren Komponenten, aus der Dampfphase in dünnen Filmen abscheiden [292].

Derartige Verfahren eignen sich bevorzugt zur Herstellung dünner Schichten auf geeigneten Trägermaterialien. Eine Kompaktglasherstellung wird sicherlich nicht unmöglich, aber zumindest sehr schwierig sein. Unter Berücksichtigung dieser ungewöhnlichen und von den herkömmlichen Verfahren der Glasherstellung stark abweichenden Methoden, erscheint die Definition

„Glas ist ein anorganisches Schmelzprodukt, das abgekühlt und erstarrt ist, ohne zu kristallisieren“

heute nicht mehr ausreichend.

7. Literaturverzeichnis

* = Buchliteratur

[1] NEUMANN, B.: Z. angew. Chemie **42** (1929), 835
[2] KÜHNE, K.: Zur Kenntnis silikatischer Werkstoffe und der Technologie ihrer Herstellung im 2. Jahrtausend v. u. Z. Abhandlungen der DAW zu Berlin, Jahrgang 1969
[3] KÜHNE, K.: Silikattechnik **24** (1973), 343–348
[4] TURNER, W. E. S.: Journ. of Soc. Glass Technol. (1956), 277 *T*
[5]* HAEVERNICK, TH. E.: Die Glasarmringe und Ringperlen der Mittel- und Spät La Téne-Zeit auf dem europäischen Festland, Bonn 1960
[6] KÜHNE, K.: Silikattechnik **25** (1974), 128
[7]* HINZ, W.: Silikate, Band I und II, Berlin VEB Verlag für Bauwesen 1971 und 1972
[8] WARREN, B. E.: J. Appl. Physics **8** (1937), 645
[9]* MACKENZIE, J. D.: Modern Aspects of the Vitreous State, Vol. I, Butterworths. London 1960
[10] ZAGAR, L.: Silicates Ind. **27** (1962), 279–283
[11]* SCHOLZE, H.: Glas – Natur, Struktur und Eigenschaften, Vieweg 1964
[12] POWELL, R. E. and EYRING, H.: J. Am. chem. Soc. **65** (1943), 648–654
[13] GEE, G.: Trans. Faraday Soc. **48** (1952), 515–526
[14] KREBS, H.: Angew. Chemie **65** (1953), 293–299
[14a] MOYNIHAU, C. T.; SCHNAUS, U. E.: J. Amer. Ceram. Soc. **54** (1971), 136–140
[15] ELLIS, R. C.: Inorg. Chem. **2** (1963), 22–24
[16] DIETZEL, A.: Glastechn. Ber. **22** (1948), 41–50; 81–86; 212–224
[17] RANDALL, I. T. and ROOKSBY, H. P.: J. soc. Glass Technol. **17** (1933), 287–295
[18] DIETZEL, A.: Z. f. Elektrochemie **48** (1942), 9–23
[19]* PAULING, L.: Die Natur der chemischen Bindung, Verlag Chemie, Weinheim, Bergstraße 1962
[20] SUN, K. H.: J. Amer. Ceram. Soc. **30** (1947), 277–287
[21] CARINO-CANINA, V.: C. R. hebd. Séances, Acad. Sci. **252** (1961), 3967–3969

[22] STANWORTH, J. E.: J. Soc. Glass Technol. **32** (1948), 20–31
[23]* TAMMANN, G.: Der Glaszustand, L. Voß, Leipzig 1933
[24] LEBEDEW, A. A.: Trudy Gossud. Opt. Inst. **2** (1921)
[25] RANDALL, J. T., ROOKSBY, H. P., COOPER, B. S.: J. Soc. Glass Technol. **14** (1930), 219–229
[26] WALENKOV, N., PORAI-KOSHITS, E. A.: Nature **137** (1936), 273–274 und Z. Krist. **95** (1936), 195–229
[27] ZACHARIASEN, W. H.: J. Amer. chem. Soc. **54** (1932), 3841–3851
[28] ZACHARIASEN, W. H.: Glastechn. Ber. **11** (1933), 120–123
[29] KIRBY, R. K., ROTHROCK, B. D.: J. Amer. Ceram. Soc. **51** (1968), 535
[30] BISCOE, J., WARREN, B. E.: J. Amer. Ceram. Soc. **21** (1938), 287–293
[31] WARREN, B. E., BISCOE, J.: J. Amer. Ceram. Soc. **21** (1938), 259–265
[32] JAGODZINSKI, H.: Glastechn. Ber. **32** (1959), 450–459
[33] WARREN, B. E.: J. Amer. Ceram. Soc. **17** (1934), 249–254; **24** (1941), 256–261
[33a]* MCEDLOV-PETROSJAN, B. M.: Thermodynamik der Silikate, VEB Verlag für Bauwesen, Berlin 1965
[34] OBERLIES, F. und DIETZEL, A.: Glastechn. Ber. **30** (1957), 37–42
[35] HUGGINS, M. L.: J. Amer. Ceram. Soc. **38** (1955), 172–175
[36] TILTON, L. W.: J. Res. Nat. Bur. Stand. **59** (1957), 139 bis 154
[37]* STEVELS, J. M.: Progress in the theorie of the physical properties of Glass; Elsevier Publishing Company, Inc. New York—Amsterdam—London—Brüssel 1948
[38] STEVELS, J. M.: Philips techn. Rundschau **22** (1960/61), 337–349
[39] STEVELS, J. M.: Glass Ind. **35** (1954), 69
[40] TRAPP, H. J. L.; STEVELS, J. M.: Glastechn. Ber. **32** *K* (1959), VI/31–52
[41] SMEKAL, A.: J. Soc. Glass Technol. **35** (1951), 411–420
[42]* WEYL, W. A., MARBOE, E. CH.: The constitution of Glass. A. dynamic interpretation, Vol. II, Interscience Publishers, New York and London 1962–1965
[43] WINTER-KLEIN, A.: Verres et Refract. **9** (1955), 147–156
[44] AVGUSTINIK, A. J.: Silikattechnik **10** (1959), 587–588
[45] SALMANG, H. und STOESSER, F.: Glastechn. Ber. **8** (1930). 463–481

[46] GRUNZE, H. und THILO, E.: Die Papierchromatographie der kondensierten Phosphate, Berlin, Akad. Verl. 1954
[47] SCHULZ, I. und HINZ, W.: Silikattechnik **6** (1955), 235–245
[48] KÜHNE, K.: Z. phys. Chem. **204** (1955), 20–42
[49] TURNER, W. E. S., WINKS, F.: J. Soc. Glass Technol. **10** (1926), 102–113
[50] OBERLIES, F.: Naturwissenschaften **43** (1956), 224
[51]* VOGEL, W.: Struktur und Kristallisation der Gläser, VEB Deutscher Verlag für Grundstoffindustrie, Leipzig 1971
[52] LEVIN, E. B.: J. Amer. Ceram. Soc. **50** (1957), 26–46
[53]* SKATULLA, W.: Elektronenmikroskopische Untersuchungsmethoden in der Glasforschung. In Vogel, W.: Struktur und Kristallisation der Gläser, VEB Deutscher Verlag für Grundstoffindustrie, Leipzig 1965
[54] CAHN, J. W.: J. chem. Phys. **42** (1965), 93–99
[55]* COTTRELL, A. H.: Theoretical Structural Metallurgie (226 pp) Arnold, London 1948
[56] CAHN, J. W., CHARLES, R. J.: Physics Chem. Glasses **6** (1965), 181–191
[57] GAUDIN, A.: C. R. hebd. Seanc. Acad. Sci. Paris **8** (1939), 678–679 u. 711
[58] HETHERINGTON, G., JACK, K. H.: Physics. Chem. Glasses **5** (1964), 147–149
[59]* ESPE, W.: Werkstoffkunde der Hochvakuumtechnik Band II, 1960 VEB Deutscher Verlag für Wissenschaften
[60] SOSMAN, R. B.: Bull. Am. Ceram. Soc. **43** (1964), 213
[61] FLÖRKE, O. W.: Naturwissenschaften **43** (1956), 419–420
[62] STEVELS, J. M.: J. Soc. Glass. Technol. **30** (1951), 284 bis 288 T
[63] DIETZEL, A. und WICKERT, H.: Glastechnische Ber. **29** (1956), 1–4
[64] FLÖRKE, O. W.: Fortschritt Miner. **44** (1967), 181–230
[65]* EITEL, W.: The Physical Chemistry of Silicates, The University of Chicago Press, Chicago 1954
[66] THILO, E. und MIEDREICH, W.: Z. anorg. allgem. Chem. **76** (1951), 267
[67] IMAOKA, M. a. YAMAZAKI, T.: J. Ceram. Assoc. Japan **71** (1963), 215–223
[68]* IMAOKA, M.: Advances in Glass Technology, Part I, (149 bis 164 pp) Plenum press, New York 1962
[69]* EITEL, W., PIRANI, M., SCHEEL, K.: Glastechnische Tabellen, Springer-Verlag, Berlin 1932

[70] DIETZEL, A.: Spechsaal **62** (1929), 506–509; 524–525 ...
[70a]* RAWSON, H.: Inorganic Glass-Forming Systems, Academic Press, London and New York 1967
[71] BISCOE, J., WARREN, B. E.: J. Amer. Ceram. Soc. **21** (1938), 287–293
[71a] UHLMANN, D. R., SHAW, R. R.: J. Non Crystalline Solids **1** (1969), 347–359
[71b] SCHERRER, J., MÜLLER-WARMUTH, W., ISPRA und DUTZ, H.: Glastechn. Ber. **46** (1973), 109–112
[72]* SCHAIRER, J. F.: Phase Transformations in Solids, 278 bis 295 pp John Wiley, New York 1951
[73] TRAPP, H. L., STEVELS, J. M.: Glast. Ber. **32** *k* (1959), VI, 51–52
[74] TRAPP, H. L., STEVELS, J. M.: Physics Chem. Glasses **1** (1960), 107–118
[75] MCCULLOCH, L.: J. Am. chem. Soc. **59** (1937), 2650–2652
[76] WARREN, B. E., KRUTTER, H., MORNINGSTAR, O.: J. Am. Ceram. Soc. **19** (1936), 202–206
[77] HIRAYAMA, C.: J. Am. Ceram. Soc. **44** (1961), 602–606
[78] HILL, W. L., FAUST, G. T., HENDRICKS, S. B.: J. Am. chem. Soc. **65** (1934), 794
[79] VOGEL, W.: Silikattechnik **10** (1959), 241–250
[80] RINDONE, G. E., RYDER, R. J.: Glass Ind. **38** (1957), 29–31, 51
[81] BISCOE, J., PINCUS, A. G., SMITH, C. S., WARREN, B. E.: J. Amer. Ceram. Soc. **24** (1941), 116–119
[82] THILO, E., WIEKER, W.: Z. anorgan. Allgem. Chem. **227** (1954), 27–36
[83] WESTMANN, A. E. R., CROTHER, J.: J. Am. Ceram. Soc. **37** (1954), 420–427
[84] SCHULZ, I. und HINZ, W.: Silikattechnik **6** (1955), 235–241
[85] TYUL'KIN, V. A. und SHALANENKO.: Inorgan. Materials **7** (1971), 1959–1962, USSR
[86] MORIYA, T., AKAO, Y., HATANO, V.: J. Ceram. Ass. Japan **68** (1960), 145–153
[87] DENNIS, L. H., LAUBENGAYER, A. W.: J. Phys. Chem. **30** (1926), 1519
[88] RIEBLING, E. F.: J. chem. Phys. **39** (1963), 1889–1895
[89] IVANOV, A. O., EPSTROPIEV, K. S.: Dokl. Akad. Nauk. USSR **145** (1962), 797–800
[90] SHEPERD, E. S., RAUKIN, G. A., WRIGHT, F. E.: Am. J. Sci. **28** (1909), 293–330

[91] STANWORTH, J. E.: J. Soc. Glass Technol. **32** (1948), 154–172 *T*
[92] SUN, K. H.: Glass Ind. **30** (1949), 199–200, 232
[93] HAFNER, H. C., KREIDEL, N. J., WEIDEL, R. A.: J. Am. Ceram. Soc. **41** (1958), 315–323
[94] BUSSEM, W., EITEL, W.: Z. Kristallogr. **95** (1936), 175–178
[95] BAYNTON, P. L., RAWSON, H., STANWORTH, J. E.: Nature **179** (1957), 434–435
[96]* BAYNTON at all: Proceedings IV, International Congress on Glas, Paris 1956, pp 52–61
[97] RAO, BH. V. J.: Physics Chem. Glasses **4** (1963), 22–34
[98] RAO, BH. V. J.: J. Am. Ceram. Soc. **47** (1964), 455–463
[99] HARRISON, D. E., HUMMEL, F. A.: J. Am. Ceram. Soc. **42** (1959), 487–490
[100] KORDES, E.: Z. phys. Chem **43** (1939), 173–190
[101] PLIETH, K., REUBER, E., STRANSKI, J. N.: Z. anorg. allgem. Chemie **280** (1955), 205–210
[102] KARUTZ, J., STRANSKI, J. N.: Z. anorg. allgem. Chemie **280** (1957), 330–342
[103] HEATON, H. M., MOORE, H.: J. Glass Technol. **41** (1957), 3–27 *T*
[104] BREKHOVSKICH, S. M.: Glastechn. Ber. **32** (1959), 437–442
[105] TAMMANN, G., JENKEL, E.: Z. anorg. allgem. Chemie **184** (1929), 416–420
[105a] BAYNTON, P. L., RAWSON, H., STANWORTH, J. E.: J. Electrochem. Soc. **104** (1957), 237
[106] DENTON, E. P., RAWSON, H., STANWORTH, J. E.: Nature **173** (1954), 1030–1032
[107] GRECHANIK, L. A. u. Mitarb.: Soviet Phys. Solid. St. **2** (1961), 1908–1915
[108] MUNAKATA, M.: Solid-St. Electron **1** (1960), 159–163
[109] OHASHI, S., MATSUMURA, T.: Bull. chem. Soc. Japan **35** (1962), 501–504
[110] ABON-EL-AZM, A., NASSAR, A. M. A.: Central Glass and Ceram. Res. Inst. Bull. **16** (1969), 67–74
[111] ISHII, A., AKAWA, K.: Reports of the Research Laboratory Asahi Glass Co. **15** (1965), 1–7
[112] VOGEL, W. u. Mitarb.: Silikattechnik **25** (1974), 205–209
[113] FRANCK, H. H.: Tagungsber. Chem. Ges. der DDR **1955**, 119–122
[114] ROSTKOWSKY, A. P.: Zh. russk. fiz.-Khim. Obshch. **62** (1930) 2055–2059

[115] Thilo, E., Wieker, C. und Wieker, W.: Silikattechnik 15 (1964), 109–111
[116] Stevels, J. M.: Philips techn. Rdsch. 13 (1952), 352
[117] Dietzel, A., Poegel, H. J.: Atti III. Congr. int. Vetro, Venedig, 1953, 219
[118] Urnes, S.: Glastechn. Ber. 31 (1958), 337
[119] Borgen, O., Grjotheim, K., Urnes, S.: Glastechn. Ber. 33 (1960), 52
[120] Ingram, M., Duffy, J. A.: J. Am. Ceram. Soc. 53 (1970), 317–321
[120a] Vinogradov, E. E., Kirilenko, J. A., Yu, J.: Inorgan. Materials 6 (1970), 1678–1680 USSR
[121] Bartholomew, R. F., Stanley, S.: J. Am. Ceram Soc. 53 (1970), 445–447
[122] Vogel, W. und Gerth, K.: Glastechn. Ber. 31 (1958), 15–28
[123] Vogel, W. und Gerth, K.: Silkattechnik 9 (1958), 353–358
[124] Vogel, W. und Gerth, K.: Silikattechnik 9 (1958), 495–501
[125] Sun, K. H., Callear, T. E.: US-Patent (1949), 2466506
[126] Schröder, J.: Angew. Chem. internat. Edit. 3 (1964), 376
[127] Maier, C.G.: US Bureau of Miner. Tech. Paper 1925 No. 360
[128] Glaze, F. W., Blackburn, D. H.: J. Res. natn. Bur. Stand. 59 (1957), 83–92
[129] Fraser, W. A.: J. opt. Soc. Am. 43 (1953), 823
[130] Tsugane, S., Haradome, M., Hioki, R.: Jap. J. app. Phys. 4 (1965), 77–83
[131] Vaipolin, A. A., Porai-Koshits, E. A.: Soviet. solid. St. 2 (1961), 1500–1508
[132] Goriunova, N. A., Kolomiets, B. T.: Soviet. Phys. tech. Phys. 3 (1958), 1766–1775
[133] Specker, H.: Angew. Chemie 65 (1953), 299–303
[134] Robinson, R. L.; Scott, W. E.: Z. anorg. all. Chemie 210 (1933), 57–66
[135] Savage, J. A., Nielsen, S.: Physics Chem. Glasses 5 (1964), 82–86
[136] Kamamoto, Yoji, Tsuchihashi, Shoji: J.am. Ceram. Soc. 54 (1971), 131–135
[137] Goriunova, N. A., Kolomiets, B. T., Shilo, V. P.: Soviet. Phys. Solid. St. 2 (1960), 258–261

[138] FLASCHEN, S. S., PEARSON, A. D., NORTHOVER, W. R.: J. Am. Ceram. Soc. **42** (1959), 450; **43** (1960), 274–278
[139] HILTON, A. R. at all.: Infrared Phys. **3** (1963), 69–76; **4** (1964), 213–221
[140]* PEARSON, A. D., NORTHOVER, W. R.: In Advances in Glass Technology Part I, 1962, 357–365, Plenum Press, New York
[141]* DEEG, E. W.: In Advances in Glass Technology, Part I, 1962, 348–355 Plenum Press New York
[142] MOREY, G. W.: US-Patent 1939 Nr. 2150694
[143] GOSSINK, R. G.: Technische Hogeschool, Eidhoven, Proefschrift 296 (1971)
[144] GOSSINK, R. G., STEIN, H. N., STEVELS, J. M.: Silic. ind. **35** (1970), 245–252
[145] SCHEFFLER, E.: Mitteilungsblatt der Chem. Gesellschaft der DDR **18** (1971), 121
[146]* BANDEMER, H. u. a.: Optische Versuchsplanung, Akademieverlag. Berlin 1973
[147] RASEMANN, W., EIDNER, D.: Mathematisch-Statistische Versuchsplanung Sonderheft der DBJ-Mitteilungen Nr. 2, Freiberg 1972
[148] MORITZ, H.: Jenaer Rundschau **1** (1956), 104–110
[149] SUN, K.-H., HUGGINS, M. L.: J. Soc. Glass Technol. **29** (1945), 192–196
[150] YOUNG, J. C., FINN, A. N.: J. Res. Nat. Bur. Stand. **25** (1940), 759–782
[151] KÜHNE, K.: Silikattechnik **12** (1971), 313–316; 369–376; 408–427
[152] KREIDL, N. J., WEIDEL, R. A.: J. Am. Ceram. Soc. **15** (1952), 198–203
[153] FRANKE: VDI-Z. **108** (1966), 36, 1773–1775
[154] KÖNIG: Zeiß-Nachrichten 5. Folge (1944) H. 5 152–158
[155]* LANDOLT-BÖRNSTEIN: Bd. IV Teil 3 (1957), Abschn. Lichtfilter, von W. GEFFCKEN
[156]* WEYL, W. A.: Coloured Glasses (Sheffield 1951)
[157] LÖFFLER, J.: Glastechn. Ber. **7** (1934), 299
[158]* Brockhaus ABC der Optik (VEB Brockhausverl. Leipzig 1961)
[159]* VAN WAZER, J. R.: Phosphorus and its Compounds, Interscience Publishers, Inc. New York, London 1961
[160] VOGEL, W., GERTH, K., HEINDORF, W.: Jenaer Rundschau **1** (1965), 75–87

[161] GEFFCKEN, W.: in SCHOTT: Beiträge zur angew. Glasforschung, Wissensch. Verlagsges. Stuttgart 1959, S. 255–286

[162] NÀRAY-SZABÓ, J.: Glastechn. Ber. **32** (1959), 185–189

[163] WINKELMANN, J. und SCHOTT, O.: Ann. Phys. **51** (1894), 730–746

[164] HUGGINS, M. L.; SUN, K. H.: J. Am. Ceram. Soc. **26** (1943), 4–11

[165] APPEN, A. A.: Ber. Akad. d. Wissensch. d. UdSSR **69** (1949), 841–844

[166] NÀRAY-SZABÓ, J.: Acta. Cryst. Hung. **8** (1957), 37–64

[167] KNIGHT, M. A.: J. Amer. Ceram. Soc. **28** (1945), 297–302

[168] DUFF, R. D.: J. Amer. Ceram. Soc. **30** (1947), 12

[169] HÄHNLEIN, W.: Glastechn. Ber. **10** (1932), 126–130

[170] COENEN, M.: Glastechn. Ber. **39** (1966), 81–89

[171] ENGLISH, S. a. TURNER, W. E. S.: J. Am. Ceram. Soc. **10** (1927), 551–560; **12** (1929), 760

[172] DEMKINA, L. I.: Steklo i keramika **17** (1960), 5–11

[173] LITTLETON, J. A.: J. Amer. Ceram. Soc. **10** (1927), 259–263

[174] DIETZEL, A., BRÜCKNER, R.: Glastechn. Ber. **30** (1957), 73–79

[175] MÜLLENSIEFEN, W., ENDELL, K.: Glastechn. Ber. **11** (1933), 161–170

[176]* MACKENZIE, J. D.: Viscometry in Physico-chemical measurement at high Temperatures. Butterworths scientific publications, London 1959 S. 313–333

[177] ZIJLSTRA, A. L.: Phys. Chem. Glasses **4** (1963), 143–151

[178] GEHLHOFF, G. und THOMAS, M.: Z. techn. Physik **6** (1925), 544–552; **7** (1926), 105–126; 260–278

[179] BOOW, J., TURNER, W. E. S.: J. Soc. Glass Technol: **26** (1942), 215–240

[180]* ANDRIEU, A.: Allgemeine grafische Darstellungen zur Verfolgung der Glasviskositätskurven. 7. Int. Glaskongr. Brüssel 1965

[181] DEEG, E.: Glastechn. Ber. **31** (1958), 1–9, 85–93, 124 bis 132, 229–240

[182]* KOZLOVSKAYA, E. J.: Effekt der Zusammensetzung auf die elastischen Eigenschaften des Glases, Bd. 2, Allunionskonferenz über den glasigen Zustand 1959

[183] BRIDGMAN, P. W., SIMON, J.: J. appl. Physics **24** (1953), 405–413

[184] SMYTH, H. F.: J. Am. Ceram. Soc. **42** (1959), 276–279

[185] APPEN, A. A., KOZLOVSKAYA, E. J. u. FU-SI, H.: J. angew. Chem. USSR **34** (1961), 975–981

[186] POLANYI, M.: Z. Physik, **7** (1921), 323–327

[187] NÀRAY-SZABÓ, J., LADIK, J.: Nature **188** (1960), 226–227; Acta Phys. Acad. Sci. Hungar. **12** (1960), 131

[188] BARTENEV, G. M., DEMISCHEV, G. K.: Silikattechnik **17** (1966), 344–348 und **17** (1966), 215–217

[189] GRIFFITH, A. A.: Phil. Trans. Roy. Soc. Ser. **7** (1920), 163, 221

[190] SCHULZE, R.: Feinwerktechnik **55** (1951), 190–195

[191] HENNICKE, H. W., VAUPEL, H.: Glastechn. Ber. **45** (1972), 324–331

[192] TARASOV, L. P., THIBAULT, N. W.: Trans. Amer. Soc. Met. **38** (1947), 331–353

[193] AINSWORTH, L.: J. Soc. Glass Technol. **38** (1954), 479–500

[194] PETZOLD, A., WIHSMANN, F. G., v. KAMPTZ, H.: Glast. Ber. **34** (1961), 56–71

[195] WEYL, W. A.: Glastechn. Ber. **23** (1950), 174–180

[196] GYPSER, J.: Silikattechnik **6** (1955), 372–377

[197] WIHSMANN, F. G., PETZOLD, A.: Silkattechnik **11** (1960), 151–153

[198] OWEN, A. E., DOUGLAS, R. W.: J. Soc. Glass Technol. **43** (1959), 159–178

[199] LENGYEL, B., BOKSAY, Z., VARGA, M.: Z. phys. Chem. **203** (1954), 93–102; **204** (1955), 157–164; **209** (1958), 15–21; **217** (1961), 357–367; **222** (1963), 183–192; **223** (1963), 49–58; **223** (1963), 168–192; **242** (1969), 37–41

[200] FULDA, M.: Sprechsaal **60** (1927), 769–772; 789–791; 810–813; 831–833; 853–855

[201] KÜHNE, K.: Silikattechnik **7** (1956), 451–465

[202] OWEN, A. E.: Phys. Chem. Glasses **2** (1961), 87; 152; **3** (1962), 134

[203] MOORE, H., DE SILVA, R. C.: J. Soc. Glass Technol. **36** (1952), 5–55

[204] TRAP, H. J. L., STEVELS, J. M.: Sprechsaal **97** (1964), 235–244

[205] MACKENZIE, J. D.: J.Amer. Ceram. Soc. **47** (1964), 211–214

[206] RASCH, E., HINRICHSEN, F. W.: Z. Elektrochem. **14** (1908), 41–46

[207] APPEN, A. A., BRESKER, R. J.: J. techn. Physik UdSSR **22** (1952), 946–954

[208] STEVELS, J. M.: Glastechn. Ber. **26** (1953), 227–231

[209] GEILMANN, W.: Glastechn. Ber. **29** (1956), 145–168

[210] NEWTON, R. G.: Glass Technol. **10** (1969), 40–42

[211] SCHOLZE, H.: Glastechn. Ber. **35** (1962), 105–106

[212] GEFFCKEN, W.: Kolloid-Zeitschr. **86** (1939), 11–15

[213] BOFFÈ, M.: Verr et Refract. **9** (1955), 251–263

[214] GRIFFITH, A. A.: Trans. Roy. Soc. (London) **A221** (1920), 163–198

[215] RAWSON, H.: Nature **171** (1953), 169

[216] VOGEL, W.: Z. Chemie **4** (1964), 190–192

[217] TOBER, H.: Glastechn. Ber. **33** (1960), 33; **34** (1961), 46

[218] OLCOTT, J. S.: Science **140** (1963), 1189–1193

[219] PARKS, J. R.; VAN WAZER, J. R.: J. Am. chem. Soc. **79** (1957), 4890–97

[220] HÄHNERT, M.: Silikattechnik **22** (1971), 241–246

[221] WIHSMANN, F. G.: IFL-Mitt. **9** (1970), 334–339

[222] SUGARMANN, B.: J. Mater. Sci. **2** (1967), 275–283

[223] ERNSBERGER, F. M.: Glass Ind. (1966) 422–427; 481–487; 542–545

[224] BEATTIE, J. R.: J. Soc. Glass Technol. **36** (1952), 37–45

[225] STOOKEY, S. D., OLCOTT, J. S.: US-Patent 2998675; Ceram. Abstr. **45** (1962), 58

[226]* OSTWALD, W.: Licht und Farbe in Kolloiden, Dresden 1924

[227] STOOKEY, S. D.: Ind. Eng. Chem. **45** (1953), 115

[228] VOGEL, W.: Silikattechnik **10** (1959), 241–250

[229] SKATULLA, W., VOGEL, W., WESSEL, H.: Silikattechnik **9.** (1958), 51–62

[230] NORDBERG, M. E., HOOD, H. P.: US-Patente der Corning Glass Works Nr. 2106744 (19. 3. 1934); Nr. 2215039 (20. 9. 1934); Nr. 2221709 (29. 1. 1938) Nr. 2286275 (10. 9. 1940)

[231]* VOLF, M. B.: Technická skla (Technische Gläser) Praha 1953

[232]* PORAI-KOSHITS, E. A.: „Der Aufbau des Glases", Tagungsbericht Leningrad 1953 Moskau–Leningrad: Verl. der Akad. der Wissensch. UdSSR 1955

[233] MOLTSCHANOWA, O. S.: Steklo i Keramika **14** (1957), 5–7

[234] KÜHNE, K., SKATULLA, W.: Silikattechnik **10** (1959), 105–119

[235] HINZ, W., WIHSMANN, F. G.: Silikattechnik **16** (1965), 110–113

[236] STOOKEY, S. D.: US-Patent Nr. 2920971 (4. 6. 56); DBP Nr. 962110 (18. 4. 1957); Glastechnische Ber. 32K (1959) 1–18

[237] WIHSMANN, F. G.: HINZ, W.: Bergbautechnik **14** (1964), 11
[238]* McMILLAN, P. W.: Glass-Ceramics. New York, Academic Press 1964
[239] ENSS, J.: Glastechn. Ber. **14** (1936), 279–281
[240]* WEYL, W.: Colored Glasses, Sheffield, Soc. Glass Technol. 1951
[241] FIRTH, E. M., HODKIN, F. W., PERKIN, M., TURNER, W. E. S.: J. Soc. Glass Technol. **10** (1926), 129–149
[242] TURNER, W. E. S.: Glastechn. Ber. **5** (1927/28), 57–64
[243] GINSBERGER, A. S.: Steklo i Keramika **8** (1932), 17–18, Ref. Glast. Ber. **12** (1934), 60
[244]* Coloured Glass, Jablonec **1965**, Papers presented at the Symposium on Coloured Glass, Jablonec, n. N. Czechoslovakia 1965 (**29** Vorträge)
[245]* TRIER, W.: Advances in Glass Technology, Plenum Press New York, 1962
[246]* GÜNTHER, R.: Glasschmelzwannenöfen, Verl. d. Deutschen Glast. Ges. Frankfurt/M. 1954
[247]* KITAIGORODSKI, I. I.: Technologie des Glases, 2. Aufl. VEB Verl. Techn. Berlin 1959
[248]* TOOLEY, F.: Hanbook of Glass Manufacture, Band I und II, Ogden Publishing Company, New York 1961
[249]* BEYERSDORFER P.: Glashüttenbuch VEB Deutscher Verl. f. Grundstoffind. Leipzig 1964
[250] LYLE A. K.: J. Soc. Glass Technol. **16** (1957) 220–228*T*
[251] LIEHN W.: Glastechn. Ber. **34** (1961) 482–489
[252] PENTBERTHY L.: Glass Ind. **36** (**12**) (1955) 635
[253] GELL A.: Electric Glass Melting Furnace Engineer **201** (5237), 1956
[254] PENTBERTHY, L.: Glass Ind. (1973), 18
[255] STANĚK, J., SAČEK, L., MEISSNEROVA, H.: Sprechsaal **99** (1966), 151
[256] STANĚK, J.: Silikattechnik **19** (1968), 273–276
[257] STANĚK, J.: Silikattechnik **25** (1974), 336–339; 411–417
[258] NIGGLI, P.: Z. anorg. Chem. (1914) 229; (1916) 241
[259] TAMMANN, G., OELSEN, G.: Z. anorgan. Chem. **193** (1930), 245
[260]* KRÖGER, C. u. Mitarb.: Glastechn. Ber. **22** (1948), 86, 248, 331; **25** (1952) 307; **26** (1953), 336; **27** (1954), 199; **28** (1955). 51, 89, 300; **30** (1957), 42; **32** (1959), 362
und Wärmebedarf der Silikatbildung Köln, Opladen, Westdeutscher Verl. 1958

[261] Wilburn, F. W., Metcalfe, S. A., Warburton, R. W.: Glass Technol. **6** (1965), 107–114

[262] Wondratschek, H.: Untersuchungen an Gemengeschmelzen, Vortrag, Ref. Glast. Ber. **39** (1966), 227

[263] Abon-El-Azm, A., Moore, H.: Glast. Ber. **37** (1953), 129–212

[264] Kröger, C.: Gemengereaktionen und Glasschmelze. Fortschrittsberichte d. Wissenschafts- und Verkehrsministeriums, Nordrhein-Westfalen 1956

[265] Kühl, C., Rudow, H., Weyl, W.: Glastechn. Ber. **16** (1938) 37–51

[266] Karch, Z.: Sprechsaal **103** (1970), 427

[267] Eichhorn, H. J.: Silikattechnik **26** (1975), 28

[268] Jebsen-Marwedel, H.: Glastechnische Ber. **10** (1932), 257–279

[269] Gehlhoff, G., Kalsing, H., Thomas, M.: Glastechn. Ber. **8** (1930), 1–24

[270]* Schmidt, R., Voss, M.: Die Rohstoffe der Glaserzeugung, Leipzig, Akad. Verlagsges. Geest und Portig 1958

[271]* Salmang, H.: Die Glasfabrikation, Springer-Verl., Berlin, Göttingen u. Heidelberg 1957

[272]* Giegerich, W./Trier, W.: Glasmaschinen, Springer Verl. 1964

[273] Pilkington, H., Pilkington, L. A. H., Pilkington, A.: Glass **36** (1959), 65–70

[274] N. N.: Tinting float glass within production line, Glass Ind. 1968, 20–22

[275]* Bobeth, W., Böhme, W. u. Techel, J.: Anorganische Textilfaserstoffe VEB Verl. Technik, Berlin 1955

[276] Jacobson, A., Neuroth, N.: J. Am. Ceram. Soc. **54** (1971), 186–187

[277] N. N.: Glast. Ber. **46** (1973), S. R. 168

[278]* Pearson, A. David: Tenth International Congress on Glass Nr. 6 Optical Properties II and Optical Waveguiders 1974 Kyoto, Japan

[279] Jacobson, A.: Wissenschaftliche Berichte AEG-Telefunken, Berlin 1971

[280] MacChesney, J. B.: Tenth. Intern. Congr. on Glass Nr. 6 1974 Kyoto Japan

[281] Maurer, R. D.: Proceedings of the IEEE **61** (1973), 452–462

[282] Röder, J.: DWP Nr. 13702 und DWP Nr. 47600 (WP 80b/68799) Silikattechn. 13 (1962), 278–279
[283] Bottomley, J. F., Paget, A.: DRP 170234, Herstellung von Quarzgut in Drehöfen
[284] Brückner, R.: J. Non-Crystalline Solids 5 (1970)
[285] Witzke, H. D.: Silikattechn. 26 (1975), 5–9
[286] Kaller, A.: Silikattechn. 7 (1956), 380–390 und 399; Jenaer Jahrbuch (1957) 145–167; (1959) I 181–210
[287] Klemm/Smekal: Naturwissenschaften 29 (1941), 688–690
[288] Brüche/Poppa: Glast. Ber. 28 (1955), 232–242; Silikattechn. 6 (1955), 373–384
[289] Armistead, W. H./Stookey, S. D.: Science 144 (1969), 150–154
[290] Dislich, H.: Glast, Ber. 44 (1971), 1–8
[291] McCarthy, G. J., Roy, R.: J. Am. Ceram. Soc. 54 (1971), 639–640
[292] Hänlein, W.: Travaux du IVe Congres International du Verre, Paris (1956) 419–423
[293]* Ullmann: 14. Band 1963, Quarzglas und Quarzgut
[294] Krings, A., Liehn, W., Meister, R., Merker, L. u. Schmid, O.: Fachausschußbericht Nr. 69, Mai 1973 der Deutschen Glastechn. Ges., Fachaussch. II „Schmelzgegossenen Steine für den Glasofenbau, Eigenschaften und Anwendung"
[295] Yamaguchi, A.: Tenth Int. Congr. on Glass, Japan, Kyoto 1974 S. 1–8 „Reactions between Alkaline Vapor and Refractories for Glass Tank Furnaces"
[296] Bartuška, M., Smrček, A.: Glastechn. Ber. 47 (1974), 153–158
[297] Hoff, G., Krings, A., Recasens, J.: Glas-Email-Keramo-Technik 23 (1972), 368–374
[298] Recasens, J., Delrieux, J., Blanghet, P.: Tenth Int. Congr. on Glass, Japan, Kyoto 1974, S. 55–61
[299] Sleggs, A.: Glass Ind. 54 (1973), 16ff.; 55 (1974), 12–13, 20
[300] Recasens, J., Sevin, A., Garchól, M.: Verres et Refr. 23 (1969), 19–27

8. Register

8.1. *Sachregister*

8.2. Autorenregister
(Zahlen = Nummern d. Literaturzitate)

Der Autor behandelt in diesem Band

- aus der Sicht des Chemikers die historische Entwicklung und die Anwendung des Werkstoffes Glas von den frühesten Anfängen bis zur Gegenwart

- die Kriterien des Glaszustandes im Zusammenhang mit den Vorstellungen zur Glasstruktur

- die glasbildenden Stoffsysteme und die Eigenschaften der Gläser

- die Glasrohstoffe, die Prinzipien der Glasschmelzverfahren sowie die wesentlichen Verarbeitungsmethoden des Glases zur Herstellung der unterschiedlichsten Glaserzeugnisse.

WISSENSCHAFTLICHE TASCHENBÜCHER

FSC
www.fsc.org
MIX
Papier | Fördert gute Waldnutzung
FSC® C083411

Zeitfracht Medien GmbH
Ferdinand-Jühlke-Straße 7
99095 Erfurt, Deutschland
produktsicherheit@kolibri360.de